普通高等教育"十四五"规划教材

机械工程材料综合实践教程

陈桂娟◎主编　　张旭昀◎主审

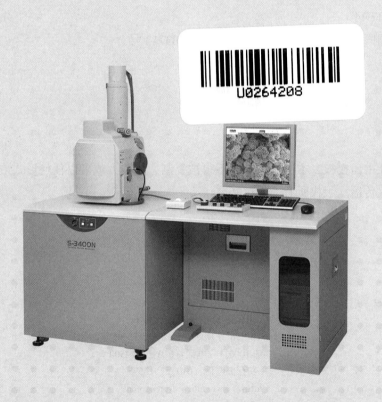

U0264208

中国石化出版社

·北京·

内容提要

本书以机械工程材料的基础知识为主线,详细介绍了工程材料的实验技术与方法,旨在为学习者和研究者提供一本全面、实用的教材和参考书。全书共分为机械工程材料组织结构分析实验、机械工程材料工艺实验、机械工程材料性能实验和热加工工艺模拟仿真实验四大部分。结合省一流课程"工程材料"的建设目标和改革需求,全书纳入最新科研成果、行业标准、先进生产工艺等内容,强化理论与实践融合共进,配套可供选择的习题和实验案例,兼具科学性与实用性。

本书既可作为高等院校机类或近机类专业的工程材料课程实验教材,也可作为工科大类学生进行工程实践的辅助教材,还可供相关工程技术人员参考。

图书在版编目(CIP)数据

机械工程材料综合实践教程 / 陈桂娟主编 . --北京:
中国石化出版社,2024.8. --(普通高等教育"十四五"
规划教材). --ISBN 978-7-5114-7575-6

Ⅰ.TH14

中国国家版本馆 CIP 数据核字第 2024JB3713 号

中国石化出版社出版发行

地址:北京市东城区安定门外大街58号
邮编:100011 电话:(010)57512500
发行部电话:(010)57512575
http://www.sinopec-press.com
E-mail:press@sinopec.com
北京科信印刷有限公司印刷
全国各地新华书店经销

*

787 毫米×1092 毫米 16 开本 17 印张 388 千字
2024 年 8 月第 1 版 2024 年 8 月第 1 次印刷
定价:52.00 元

《机械工程材料综合实践教程》编委会

主　　编：陈桂娟

副主编：梁　言　谭秀娟　徐　岩　张茗瑄
　　　　李　阳

参　　编：王金雷　都宏海　王晓敏　杜柏霖
　　　　刘　春　朱文学　刘陈雷　张敬洲
　　　　冯艳东

主　　审：张旭昀

前　言

　　材料是人类社会发展的重要物质基础之一，材料的进步推动了人类文明的发展，而人类文明的进步也促进了更先进材料的发展和应用。从石器时代到青铜器时代，再到铁器时代和钢铁时代，直到今天的新材料时代，材料的发展与人类社会的发展相伴而行。回顾漫长的材料发展历史，在绝大多数时间里，材料的发展受社会历史发展必然性所支配，处于盲目的自发状态或半自觉状态，实践性是这一阶段材料发展的主要特征，缺乏理论的指导。1864年，索尔比用显微镜研究钢铁的组织，标志着材料科学的开始。到20世纪70年代，计算机材料设计方法大量应用，标志着材料科学逐渐进入成熟阶段。进入21世纪以来，材料的设计与计算突飞猛进，第一性原理、分子动力学、蒙特卡洛方法等不断获得应用，并且与机器学习和AI技术相结合，开创了材料研究的崭新阶段，材料的研究进入了几乎完全自觉的阶段，预示着材料发展的美好前景。

　　无论材料的理论设计与计算多么先进，最终材料的制备、加工和应用都离不开实践，材料科学是理论和实践结合非常紧密的科学。概括材料科学的基本研究思路就是材料的成分、组织结构和加工工艺决定材料的性能，在材料的成分、组织、结构、工艺和性能研究中，均涉及多种实验研究方法，诸如光谱仪成分分析、扫描电镜形貌观察、X射线结构分析、硬度测试实验等。实验是工程材料研究的主要方法，是工程实践教育的重要手段，也是培养学生动手能力和创新意识的根本途径。

本书以工程材料为主要对象，从工程材料的成分分析、组织形貌观察、晶体结构确定、加工工艺优选、机械性能测试等方面，选取国家标准中相关内容，设计了相应的实验项目，希望为材料类、机械类相关专业的本科生、研究生提供与工程材料有关的实验指导，也同时为相关专业工程技术人员提供参考。

全书包括机械工程材料组织结构分析实验、机械工程材料工艺实验、机械工程材料性能实验和热加工工艺模拟仿真实验等四章。陈桂娟主编了第一、二、三章部分内容，共计15万字；梁言编写了第二、四章部分内容，共计6万字；谭秀娟编写了第二、四章部分内容，共计6万字；徐岩编写了第一、二章部分内容，共计5.5万字；张茗瑄编写了第二、三章部分内容，共计5.5万字；李阳、王金雷、都宏海、王晓敏、杜柏霖等企业专家参编了部分工程案例内容；张旭昀教授对教材的内容进行了审阅。

一部优秀的教材需要编者付出大量心血，虽然编者兢兢业业、字斟句酌，但错误和纰漏在所难免，希望读者批评指正。

目　　录

第一章 机械工程材料组织结构分析实验

第一节 光学显微镜形貌观察

实验一 金相显微镜的构造及使用

一、实验目的

(1)了解金相显微镜的光学原理和构造。

(2)初步掌握金相显微镜的使用方法。

(3)学习利用显微镜进行显微组织分析。

二、实验原理

利用金相显微镜来观察金属及合金的内部组织及缺陷是在金属材料的研究方法中最基本的一种实验技术。它在金相研究领域中占有很重要的地位，利用金相显微镜在专门制备的试样上放大 100～1500 倍来研究金属及合金的组织与缺陷的方法称为金属的显微分析法。显微分析可以研究金属及合金的组织及其化学成分的关系；可以确定各类金属经不同的加工与热处理后的显微组织；可以鉴别金属材料质量的优劣，如各种非金属夹杂物——氧化物、硫化物等在组织中的数量及分布情况，以及金属晶粒度大小等。

在进行显微分析时，使用的主要仪器是金相显微镜。金相显微镜主要是利用光线反射将不透明物体(如金属、岩石、塑料等)放大后进行观察研究的。在讨论金相显微镜的构造和应用之前，先简要地介绍一些有关显微镜的基本理论。

三、实验设备

1. 金相显微镜的构造

金相显微镜的种类和型式很多，最常见的型式有台式、立式和卧式三大类。金相显微镜通常由光学系统、照明系统和机械系统三大部分组成，有的显微镜还附设有照相摄影装置。下面对这三个系统分别进行介绍。

(1)光学系统

光学系统主要包括物镜和目镜。

1）物镜

物镜在显微镜中是主要的且是最重要的组成部分，它由许多不同形状、不同种类的玻璃制成的透镜组成。位于物镜前端的透镜是一块平凸的玻璃，叫作前端透镜，其他位于前端透镜之后的透镜叫作校正透镜。前端透镜的用途是放大，校正透镜是用来校正前端透镜所引起的光学上的缺陷。

2）目镜

目镜可分为普通的、校正的及投影的目镜。普通目镜构造最简单，由两个平凸透镜组成。两个平凸透镜间放一光圈，安装光圈是为了限制显微镜的视场，它也能限制边缘的光线。

校正目镜能够补偿透镜光学上的缺陷，通常在镜筒上标有"C"或"卡"字样。

（2）照明系统

各种型号的金相显微镜的照相原理基本相同，但有不同的结构，现以重庆光学仪器厂生产的 XJP－2B 型金相显微镜光学系统（见图 1－1）为例进行说明。

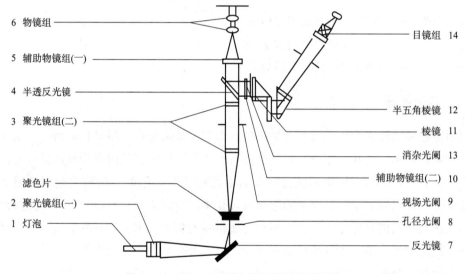

图 1－1　XJP－2B 型金相显微镜光学系统

由灯泡 1 发出一束光线，经聚光镜组 2 的会聚及反光镜 7 的反射，将光线聚集在孔径光阑 8 上，之后经过聚光镜组 3 再度将光线聚集在物镜的后焦面上，最后光线通过物镜使试样表面得到充分均匀的照明，从试样反射回来的光线复经物镜组 6、辅助物镜组 5、半透反光镜 4、辅助物镜组 10 以及棱镜 11 和半五角棱镜 12 等形成一个被观察物体的倒立的放大实像，该像再经过目镜组 14 的两次放大，观察者就能在目镜视场中看到试样表面最后被放大的影像。

（3）机械系统

XJP－2B 型金相显微镜的外形如图 1－2 和图 1－3 所示。下面分别对其各部件的功能及使用进行介绍。

1)底座组

底座组是该仪器的主要组成部分之一。底座后端装有低压灯泡作为光源，利用灯座孔上面两侧斜向布置的两个滚花螺钉，可使灯泡做上下和左右移动；转松压有直纹的偏心圈，灯座就可带着灯泡前后移动，然后转紧偏心圈，灯座就可紧固在灯座孔内。

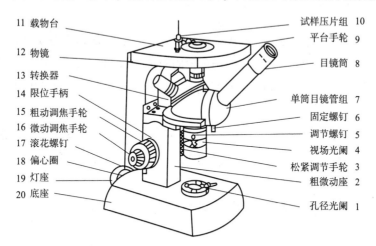

图 1-2　XJP-2B 型金相显微镜

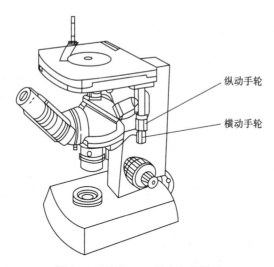

图 1-3　XJP-2B 型金相显微镜

灯前有聚光镜、反光镜和孔径光阑组成的部件，这组装置仅是照明系统的一部分，其余尚有视场光阑及另外安装在支架上的聚光镜。通过以上一系列透镜及物镜本身的作用，使试样表面获得充分均匀的照明。

2)孔径光阑和视场光阑

孔径光阑 1 装在照明反射座上面，调整孔径光阑能够控制入射光束的粗细，以保证物像达到清晰的程度。视场光阑 4 设在物镜支架下面，其作用是控制视场范围，使目镜视场明亮而无阴影。

3) 调焦装置

调焦机构采用钢球行星机构，粗、微动同轴，粗动调焦手轮 15 及微动调焦手轮 16 共轴地安置在弯臂两侧。转动粗动调焦手轮时，使物镜相对于工作台做上下迅速移动。转动微动调焦手轮时，由于滚动摩擦，钢球做行星运动，带动粗动轴使得物镜相对于工作台做上下微动。

右微动调焦手轮上刻有分度，每小格格值为 0.002mm，估读值为 0.001mm。

在左粗动调焦手轮右侧，装有粗动调焦单向限位手柄 14。当限位手柄顺时针转动锁紧后（手柄向上），载物台不再下降。但是反向转动粗动调焦手轮，载物台仍可迅速上升。

4) 物镜转换器

转换器 13 呈球面形，上面有 3 个螺孔，可安装不同放大倍数的物镜，旋动转换器可使各物镜镜头进入光路，与不同的目镜搭配使用，可获得各种放大倍数。

5) 目镜筒

目镜筒 8 呈 45°倾斜安装在附有棱镜的单筒目镜管组 7 上。

6) 载物台

载物台 11 用于放置金相样品，其采用机械移动式，在载物台右下方有一平台手轮 9，转动手轮可使载物台做前后左右移动。

载物台上可安装试样压片组 10，用以压紧试样。

2. 金相显微镜的使用方法及注意事项

金相显微镜是一种精密的光学仪器，使用时要求细心谨慎。在使用显微镜进行工作之前，首先应熟悉其构造特点及各主要部件的相互位置和作用，然后按显微镜的使用规程进行操作。

（1）金相显微镜的使用规程

1) 将灯源与变压器连接，然后将变压器与电源接好，再接通电源。

2) 根据放大倍数选用所需的物镜和目镜，分别安装在物镜座上及目镜筒内，并使转换器转至固定位置。

3) 将试样放在样品台中心，使观察面朝下。

4) 转动粗调手轮先使载物台下降，同时用眼观察，使物镜尽可能接近试样表面（但不得与试样相碰），然后相反转动粗调手轮，使载物台渐渐上升以调节焦距，当视场亮度增强时，再改用微调手轮调节，直到物像调至最清晰程度为止。

5) 适当调节孔径光阑，以获得最佳质量的物像。

（2）使用注意事项

1) 操作时必须特别细心，不能有任何剧烈的动作，光学系统不允许自行拆卸。

2) 显微镜镜头的玻璃部分和试样磨面严禁手指直接接触，若镜头中落有灰尘，可用镜头纸或软毛刷轻轻擦拭。

3) 在旋转粗调（或微调）手轮时动作要慢，碰到某种阻碍时应立即停止操作，报告指导教师查找原因，不得用力强行转动，否则会损害机件。

3. 金相显微摄影的操作过程

金相显微摄影在蔡司 ZEISS Axiovert 25 CA 型金相显微镜上进行，该显微镜属倒立式光程，配有转轴式双筒目镜组。本次摄影的配置为：物镜 5 ×、10 × 和 50 ×，目镜 10 ×，总放大倍数 50 × ~ 500 ×，孔径光阑调至中等大小，视场光阑调至略大于目镜筒（见图 1 － 4）。数码相机采用尼康 Nikon D5100 单反相机。

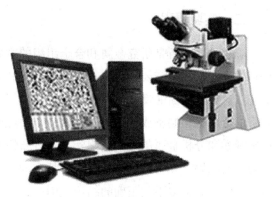

图 1 － 4　金相显微镜及所配摄影装置

（1）将样品台高度调节至贴近物镜的上方，然后再将试样放在样品台中心孔处，眼睛从目镜中观察，同时细心旋转粗调（焦）旋钮，使样品台缓慢上升，当视场中显现影像后，再通过细调旋钮调节使图像最清晰。

（2）通过数码接口装置连接数码相机，接通数码相机的光路，检查数码相机的工作方式置于自动挡。然后从数码相机的液晶屏上查看金相组织的成像情况，必要时可再做调整。当确认无误后，先半按住数码相机照相快门，待相机自动聚焦后，再将快门全部按下，金相组织即被摄录。

（3）数码相机摄取的金相组织保留在相机内部的存储器中，可通过 USB 接口传输至计算机和相应的打印机进行打印，从而获得金相组织的图像。

四、实验报告要求

（1）画出 XJP － 2B 型光学系统图。
（2）简要说明光学显微镜的使用方法。
（3）简述显微镜的维护方法。

五、思考题

（1）金相显微镜的基本构造是什么？各部分的功能是什么？
（2）金相显微镜的放大倍数是如何计算的？它对观察结果有哪些影响？
（3）通过金相显微镜的观察和分析，可以获得哪些有关金属材料的信息？这些信息对于实际生产有哪些指导意义或应用价值？

实验二　金相显微试样制备方法

一、实验目的

（1）掌握金相显微试样的制备过程。

(2)掌握金相显微组织的显示方法。

二、实验原理

金相显微分析是研究金属和合金组织的主要方法之一，在生产实际中，为了探索金属材料的性能，经常需要进行金相组织的检查和分析。金相分析是利用显微镜的光学理论借助光线对试样表面的反射特点来进行的。为了对金相显微组织进行鉴别和研究，需要将所分析的金属材料制备成一定尺寸的试样，并经磨制抛光与腐蚀等工序，最后通过金相显微镜来观察和分析金属的显微组织状态及分布情况。金相样品制备的质量好坏，直接影响组织观察的结果。如果样品制备不符合特定的要求，就有可能由于出现假象而产生错误的判断，使整个分析得不到正确的结论。因此，为得到合乎理想的金相显微试样，需要经过一系列的制备过程。

金相显微试样的制备过程包括以下工序：取样、镶嵌、磨制、抛光、浸蚀等，下面对各道工序进行简要说明。

1. 取样

取样是进行金相显微分析中很重要的一个步骤，显微试样的选取应根据研究的目的，取其具有代表性的部位。例如：在检验和分析失效零件的损坏原因时(废品分析)，除了损坏部位取样外，还需要在距破坏处较远的部位截取试样，以便进行比较；在研究铸件组织时，由于偏析现象的存在，必须从表面层到中心同时取样进行观察；对于轧制和锻造材料则应同时截取横向(垂直于轧制方向)及纵向(平行于轧制方向)的金相试样，以便于分析比较表层缺陷及非金属夹杂物的分布情况；对于一般经热处理后的零件，由于金相组织比较均匀，试样截取可在任一截面进行，确定好部位后就可把试样截下，试样的尺寸通常采用 $\phi 12 \sim 15\text{mm}$，高度(或边长)为 $12 \sim 15\text{mm}$ 的圆柱体或方形试样(见图 2−1)。

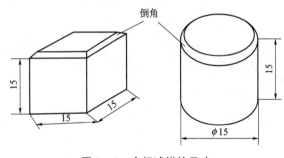

图 2−1　金相试样的尺寸

试样的截取方法视材料的性质不同而异，对软的金属可用手锯或锯床切割；对硬而脆的材料(如白口铸铁)则可用锤击打；对极硬的材料(如淬火钢)则可采用砂轮切片机或电脉冲加工等切割。但是，无论采用哪种方法，在切取过程中均不宜使试样温度升得过高，以免引起金属组织的变化，影响分析结果。

2. 镶嵌

对于尺寸过于细小的金属丝、片及管等，用手来磨制，显然很困难，需要使用试样夹或利用样品镶嵌机把试样镶嵌在低熔点合金或塑料(如胶木粉、聚乙烯聚合树脂等)中，如图 2−2 所示。

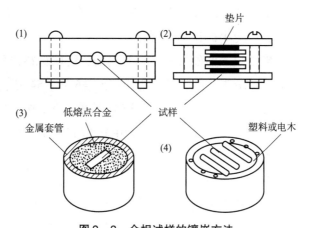

图2-2　金相试样的镶嵌方法

(1)和(2)机械镶嵌；(3)低熔点合金镶嵌；(4)塑料镶嵌

3. 磨制

试样的磨制一般分为粗磨与细磨。

（1）粗磨

粗磨的目的是获得一个平整的表面，钢铁材料试样的粗磨通常在砂轮机上进行。但在磨制时应注意：试样对砂轮的压力不宜过大，否则会在试样表面形成很深的磨痕，从而增加细磨和抛光的困难；要随时用水冷却试样，以免受热的影响而引起组织的变化；试样边缘的棱角如果没有保存的必要，可先行磨圆（倒角），以免在细磨及抛光时撕破砂纸或抛光布，甚至造成试样从抛光机上飞出伤人。当试样表面平整后，粗磨就完成了，然后将试样用水冲洗擦干。

粗磨的目的主要有以下三点：

1）修整。有些试样，如用锤击法敲下来的试样，形状很不规则，必须经过粗磨，修整为规则形状的试样。

2）磨平。无论用什么方法取样，切口往往不十分平滑，为了将观察面磨平，同时去掉切割时产生的变形层，必须进行粗磨。

3）倒角。在不影响观察目的的前提下，需将试样上的棱角磨掉，以免划破砂纸和抛光织物。

黑色金属材料的粗磨在砂轮机上进行，具体操作方法是：将试样牢牢地捏住，用砂轮的侧面磨制。在试样与砂轮接触的瞬间，尽量使磨面与砂轮面平行，用力不可过大。由于磨削力的作用往往出现在试样磨面的上半部分，磨削量偏大，所以需要人为进行调整，尽量加大试样下半部分的压力，以求整个磨面均匀受力。另外在磨制过程中，试样必须沿砂轮的径向往复缓慢移动，防止砂轮表面形成凹沟。必须指出的是，磨削过程会使试样表面温度骤然升高，只有不断地将试样浸水冷却，才能防止组织发生变化。

砂轮机转速较快，一般为 2850r/min，工作者不应站在砂轮的正前方，以防被飞出物击伤。操作时严禁戴手套，以免手被卷入砂轮机。

关于砂轮的选择，一般是遵照磨硬材料选稍软些的，磨软材料选稍硬些的基本原则。用于金相制样方面的砂轮大部分是：磨料粒度为 40 号、46 号、54 号、60 号(数字越大越细)；材料为白刚玉(代号为 GB 或 WA)、绿碳化硅(代号为 TL 或 GC)、棕刚玉(代号为 GZ 或 A)和黑碳化硅(代号为 TH 或 C)等；硬度为中软 1(代号为 ZR1 或 K)的平砂轮，尺寸多为 250mm×25mm×32mm(外径×厚度×孔径)。

有色金属，如铜、铝及其合金等，因材质很软，不可用砂轮而要用锉刀进行粗磨。以免磨屑填塞砂轮孔隙，且使试样产生较深的磨痕和严重的塑性变形层。

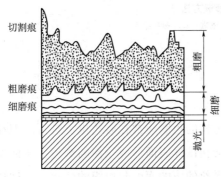

图 2-3　试样磨面上磨痕变化情况示意

(2)细磨

经粗磨后的试样表面虽较平整但仍存在较深的磨痕(见图 2-3)。因此，细磨的目的就是消除这些磨痕，以获得一个更为平整而光滑的磨面，并为下一步抛光做准备。

粗磨后的试样，磨面上仍有较粗较深的磨痕，为了消除这些磨痕必须进行细磨。细磨可分为手工磨和机械磨两种。

1)手工磨

手工磨是将砂纸铺在玻璃板上，左手按住砂纸，右手捏住试样在砂纸上做单向推磨。细磨时可将砂纸放在玻璃板上，手指紧握试样并使磨面朝下，均匀用力向前推行磨制，在更换另一号砂纸时，须将试样的研磨方向调转 90°，即与上一道磨痕方向垂直，直到把上一道砂纸所产生的磨痕全部消除为止。

金相砂纸由粗到细分许多种，其规格可参考表 2-1。

表 2-1　常见金相砂纸的规格

金相砂纸编号	01	02	03	04	05	06
粒度序号	M28	M20	M14	M10	M7	M5
砂粒尺寸/μm	28~20	20~14	14~10	10~7	7~5	5~3.5

用砂轮粗磨后的试样，要依次由 01 号磨至 05 号(或 06 号)。操作时必须注意以下事项：

①加在试样上的力要均匀，使整个磨面都能磨到；

②在同一张砂纸上磨痕方向要一致，并与前一道砂纸磨痕方向垂直，待前一道砂纸磨痕完全消失时才能换用下一张砂纸；

③每次更换砂纸时，必须将试样、玻璃板清理干净，以防将粗砂粒带到细砂纸上；

④磨制时不可用力过大，否则，一方面因磨痕过深增加下一道磨制的困难，另一方面

因表面变形严重影响组织真实性；

⑤砂纸的砂粒变钝，磨削作用明显下降时，不宜继续使用，否则砂粒在金属表面产生的滚压会增加表面变形；

⑥磨制铜、铝及其合金等软材料时，用力更要轻，可同时在砂纸上滴些煤油，以防脱落砂粒嵌入金属表面。

用金相砂纸手工磨制时不能加水，因为金相砂纸所用胶黏剂溶于水。但是在干磨过程中，脱落的砂粒和金属磨屑留在砂纸上，随着移动的试样来回滚动，砂粒间的相互挤压以及金属屑粘在砂粒缝隙中，都会使砂纸磨削寿命减短，试样表面变形层严重，摩擦生热还可能引起组织变化。为克服干磨的弊端，目前多采用手工湿磨的方法，所用砂纸是水砂纸，其规格可参考表2-2。

表2-2　常用水砂纸的规格

水砂纸序号	240	300	400	500	600	800	1000	1200
粒度/目	160	200	280	320	400	600	800	1000

用水砂纸手工磨制的操作方法和步骤与用金相砂纸磨制相同，只是将水砂纸置于流动水下边冲边磨。由粗到细依次更换数次，最后磨到1000号或1200号砂纸，因为水流不断地将脱落砂粒、磨屑冲掉，所以砂纸的磨削寿命较长。实践证明：试样磨制的速度快、质量高，有效弥补了干磨的不足。

砂纸磨光表面变形层消除过程如图2-4所示。

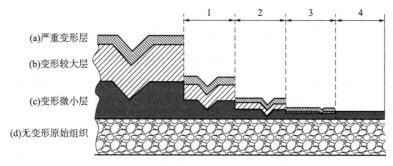

图2-4　砂纸磨光表面变形层消除过程示意

1—第一步磨光后试样表面的变形层；2—第二步磨光后试样表面的变形层；
3—第三步磨光后试样表面的变形层；4—第四步磨光后试样表面的变形层

2）机械磨

目前普遍使用的机械磨设备是预磨机。电动机带动铺着水砂纸的圆盘转动，磨制时，将试样沿盘的径向来回移动，用力要均匀，边磨边用水冲。水流既起到冷却试样的作用，又可以借助离心力将脱落砂粒、磨屑等不断地冲到转盘边缘，机械磨的磨削速度比手工磨制快得多，但平整度不够好，表面变形层也比较严重。因此要求较高的或材质较软的试样应采用手工磨制。机械磨所用水砂纸规格与手工湿磨相同（可参考表2-2）。

4. 抛光

细磨后的试样还需进行最后一道磨制工序——抛光。抛光的目的是去除细磨后遗留在磨面上的细微磨痕，得到光亮无痕的镜面。抛光的方法包括机械抛光、电解抛光和化学抛光三种，其中最常用的是机械抛光。

（1）机械抛光

机械抛光在抛光机上进行，将抛光织物（粗抛常用帆布，精抛常用毛呢）用水浸湿、铺平、绷紧并固定在抛光盘上。启动开关使抛光盘逆时针转动，将适量的抛光液（Al_2O_3、PbO 或 Fe_2O_3 抛光粉加水的悬浮液）滴洒在盘上即可进行抛光。

抛光机主要由电动机和水平抛光盘组成，转速为 300 ~ 500r/min。抛光盘上铺以细帆布、呢绒、丝绸等，抛光时在抛光盘上不断滴注抛光液，抛光液通常采用 Al_2O_3、MgO 或 Cr_2O_3 等细粉末（粒度为 0.3 ~ 1μm）在水中的悬浮液（每升水中加入 Al_2O_3 5 ~ 10g）或采用由极细钻石粉制成的膏状抛光剂等。

机械抛光就是靠极细的抛光粉末与磨面间产生的相对磨削和滚压作用来消除磨痕的。操作时将试样磨面均匀地压在旋转的抛光盘上（可先轻后重），并沿盘的边缘到中心不断做径向往复移动，抛光时间为 3 ~ 5min。最终抛光后，试样表面应看不出任何磨痕而呈光亮的镜面。需要指出的是，抛光时间不宜过长，压力也不可过大，否则将会产生紊乱层而导致组织分析得出错误的结论。

抛光时应注意以下事项：

1）试样沿盘的径向往返缓慢移动，同时逆抛光盘转向自转，待抛光快结束时做短时定位轻抛；

2）在抛光过程中，要经常滴加适量的抛光液或清水，以保持抛光盘的湿度，如发现抛光盘过脏或带有粗大颗粒时，必须将其冲刷干净后再继续使用；

3）抛光时间应尽量缩短，不可过长，为满足这一要求可分成粗抛和精抛两步进行；

4）抛有色金属（如铜、铝及其合金等）时，最好在抛光盘上涂少许肥皂或滴加适量的肥皂水。

机械抛光与细磨本质上都是借助磨料尖角锐利的刃部，切去试样表面隆起的部分。抛光时，抛光织物纤维带动稀疏分布的极细的磨料颗粒产生磨削作用，将试样抛光。

目前，人造金刚石研磨膏（最常用的有 W0.5、W1.0、W1.5、W2.5、W3.5 五种规格的溶水性研磨膏）代替抛光液，正得到日益广泛的应用。用极少的研磨膏均匀涂在抛光织物上进行抛光，抛光速度快，质量也好。

（2）电解抛光

电解抛光装置示意如图 2－5 所示。阴极用不锈钢板制成，试样本身为阳极，二者同处于电解抛光液中，接通回路后在试样表面形成一层高电阻膜，由于试样表面高低不平，膜的厚薄也不同。试样表面凸起部分膜薄，电阻小，电流密度大，金属溶解速度快。相对而言，凹下部分溶解速度慢，这种选择性溶解结果使试样表面逐渐平整，最后形成光滑干面。

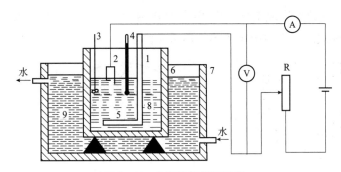

图2-5　电解抛光装置示意

1—阴极；2—试样阳极；3—搅拌器；4—温度计；5—阴极；
6—电解槽；7—冷却槽；8—电解液；9—冷却液

电解抛光是一个纯化学溶解过程，因此它消除了机械抛光难以避免的疵病，不会引起试样表面变形。与机械抛光相比较，既省时间又操作简便。然而，电解抛光也有其局限性，因其对材料化学成分不均匀的偏析组织以及非金属夹杂物等比较敏感，会造成局部强烈侵蚀而形成斑坑。另外，镶嵌在塑料内的试样，因不导电也不适用，目前仍然以机械抛光为主。

电解抛光时，先按要求配制好电解抛光液。将待抛试样劈面浸入抛光液中，接通电源，按规范调整到所需电压、电流，一般只需十几秒至几十秒即可取出。取出后立即用流动水冲洗干净，而后吹干即可。如抛光过程中已同时具有浸蚀作用，可省去抛光后的浸蚀步骤。铜合金、铝合金、奥氏体不锈钢及高锰钢等材料常用电解抛光。

（3）化学抛光

化学抛光是依靠化学试剂对试样表面凹凸不平区域的选择性溶解作用将磨痕去除的一种方法。化学抛光不需要专用设备，具有成本低、操作方便等优点。在抛光的同时还兼有化学浸蚀作用，省掉了抛光后的浸蚀步骤。但化学抛光的试样平整度略差些，仅适于低、中倍观察。

对于一些软金属，如锌、铅、锡、铜等，实践证明，利用化学抛光要比机械抛光和电解抛光效果好。目前，其应用范围在逐渐扩大。

化学抛光液，大多数由酸或者混合酸（如草酸、磷酸、铬酸、醋酸、硝酸、硫酸、氢氟酸等）、过氧化氢（H_2O_2）及蒸馏水组成。混合酸主要起化学溶解作用，H_2O_2能增进金属表面的活化性，有助于化学抛光的进行，而蒸馏水为稀释剂。

抛光结束后用水冲洗试样并用棉花擦干或吹风机吹干，若只需观察金属中的各种夹杂物或铸铁中的石墨形状时，可将试样直接置于金相显微镜下进行观察。

5. 浸蚀

经抛光后的试样磨面，如果直接放在显微镜下观察，能看到的只是一片光亮，除某些夹杂物或石墨外，无法辨别出各种组织的组成物及其形态特征。因此，必须使用浸蚀剂对试样表面进行"浸蚀"，才能清楚地显示出显微组织。

最常用的金相组织显示方法是化学浸蚀法。化学浸蚀法的主要原理是：利用浸蚀剂对试样表面引起的化学溶解作用或电化学作用(局部电池原理)来显示金属的组织,见图2-6。它们的浸蚀方式则取决于组织中组成相的性质和数量。

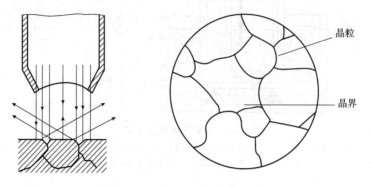

(a)晶界处光线的散射　　(b)组织显示(直射光反映为亮色晶粒,散射光反映为晶界)

图2-6　浸蚀显示原理示意

对于纯金属或单相合金来说,浸蚀仍是一个纯化学溶解过程。由于晶界上原子排列的规律性差,具有较高的自由能,所以晶界处较易浸蚀而呈凹沟。若浸蚀较浅,则在显微镜下可显示出纯金属或固溶体的多面体晶粒(见图2-7)。若浸蚀较深,则在显微镜下可显示出明暗不一的晶粒。这是由于各晶粒位向不同,溶解速度不同,浸蚀后的显微平面与原磨面的角度不同,在垂直光线照射下,反射光线方向不同,显示出明暗不一。

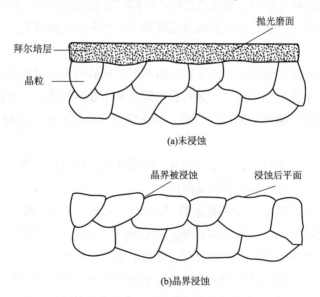

(a)未浸蚀

(b)晶界浸蚀

图2-7　纯金属及单相合金化学浸蚀时各阶段的情况

二相合金的浸蚀主要是一个电化腐蚀过程。两个组成相具有不同的电位,在浸蚀剂(电解液)中,形成极多的微小的局部电池。较高负电位的一相称为阳极,被迅速溶入电解液中,逐渐凹下去。而较高正电位的另一相称为阴极,保持原光滑平面,在显微镜下可清楚显示出两相(见图2-8)。

(a)Sn-Sb合金　　　　　　　　　　　　(b)珠光体组织

图2-8　二相合金的浸蚀

多相合金的浸蚀，也是一个电化溶解过程。其方法如下：

(1)选择浸蚀法。选用几种合适的浸蚀剂，依次浸蚀，使各相均被显示。

(2)薄膜浸蚀法。浸蚀剂与磨面各相起化学反应，形成一层厚薄不均匀的氧化膜层(或反应产物的沉积)，在白色光的照射下，由于光的干涉现象，使得各相出现不同色彩而显示组织。

浸蚀方法通常是将试样磨面浸入浸蚀剂中，也可用棉花蘸上浸蚀剂擦拭表面，浸渍时间要适当，一般使试样磨面发暗时就可停止。如果浸蚀不足，可重复浸蚀，浸蚀完毕后立即用清水冲洗，然后用棉花蘸上酒精擦拭磨面并吹干。至此，金相试样的制备工作全部结束，即可在显微镜下进行组织观察和分析研究。

钢及铸铁等黑色金属最常用的浸蚀剂为硝酸酒精溶液(硝酸的体积分数$\varphi = 4\%$，习惯写为4%硝酸酒精溶液)。

浸蚀后的试样在显微镜下进行观察时，如发现表面变形严重影响组织的清晰度时，可采取反复抛光、浸蚀的办法去除变形层。

三、实验设备及材料

砂轮机、镶嵌机、抛光机、金相显微镜、水砂纸($150^\#$、$400^\#$、$800^\#$、$1200^\#$等)、金相砂纸($6^\#$、$8^\#$、$10^\#$、$14^\#$、$20^\#$等)、抛光膏、硝酸、酒精。

四、实验内容与步骤

每名同学领取一块试样，按照上述试样制备过程进行操作，并对所制备金相组织进行提取，具体步骤如下：

(1)用砂轮打磨，获得平整磨面；

(2)使用金相砂纸按照先粗后细顺序依次进行磨制；

(3)在抛光机上进行抛光，获得光亮镜面；

(4)用浸蚀剂浸蚀试样磨面；

(5)用显微镜观察；

(6)对所制备的金相组织进行照片提取，分析组织。

注：在操作时必须遵照每一步骤中的要点及注意事项。

五、思考题

(1)分别在直径为50mm圆内画出所观察的各种试样的显微组织图，并注明材料、状态、腐蚀剂、放大倍数，并用箭头标明各部分组织名称。

(2)简述试样的制备过程。

(3)简述金相试样制备要点及注意事项。

实验三　铁碳合金平衡组织观察与分析

一、实验目的

(1)掌握铁碳合金的平衡组织。

(2)掌握含碳量对铁碳合金平衡组织的影响规律。

二、实验原理

铁碳含金的显微组织是研究和分析铁碳材料性能的基础，平衡状态的显微组织是指合金在极为缓慢的冷却条件下(退火状态，即接近平衡状态)所得到的组织。因此可以根据 Fe－Fe$_3$C 相图来分析铁碳合金在平衡状态下的显微组织(见图 3－1)。

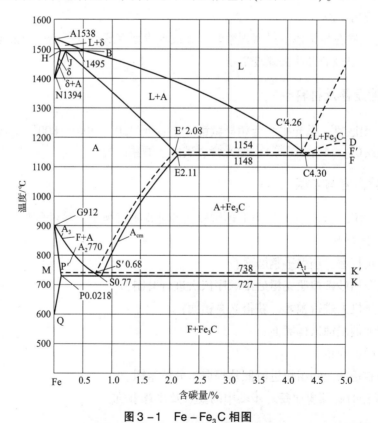

图 3－1　Fe－Fe$_3$C 相图

铁碳合金的平衡组织是指碳钢和白口铸铁组织，其中碳钢是工业上应用最广泛的金属材料，它们的性能与其显微组织密切相关。此外，对碳钢和白口铸铁显微组织的观察和分析，有助于加深对 Fe – Fe_3C 相图的理解。

从 Fe – Fe_3C 相图上可以看出，所有碳钢和白口铸铁的室温组织均由铁素体（F）和渗碳体（Fe_3C）这两个基本相组成。但是由于含碳量不同，因而呈现各种不同的组织形态。

用浸蚀剂显露的碳钢和白口铸铁，在金相显微镜下具有以下几种基本组织。

1. 铁素体（F）

铁素体（F）是指碳在 α – Fe 中的间隙固溶体。F 为体心立方晶体，具有磁性及良好塑性，硬度较低。用 3% ~4% 硝酸酒精溶液浸蚀后在显微镜下呈现明亮的等轴晶粒。黑色网是晶界，这是因为晶粒晶界耐腐蚀性不同，而且各晶粒的位向不同呈现不同的颜色。亚共析钢中 F 呈块状分布，当含碳量接近共析成分时，F 则呈断续的网状分布于珠光体周围。

2. 渗碳体（Fe_3C）

渗碳体（Fe_3C）是铁与碳形成的一种化合物，其碳含量为 6.69%，质硬而脆，耐腐蚀性强，经 3% ~4% 硝酸酒精溶液浸蚀后，Fe_3C 是亮白色。按照成分和形成条件的不同，Fe_3C 可以呈现不同的形态。Fe_3C_I（初生相）是直接从液体中析出的，故在白口铸铁中呈粗大的条片状；Fe_3C_{II}（次生相）是从奥氏体中析出的，呈网状沿奥氏体晶界分布；Fe_3C_{III}是从 F 中析出的，通常呈不连续薄片状存在于 F 晶界处，数量极微，可忽略不计。

3. 珠光体（P）

珠光体（P）是 F 和 Fe_3C 的机械混合物，形态为 F 薄层和 Fe_3C 薄层交替重叠的层状复相物，也称片状珠光体。F 占 88%，Fe_3C 占 12%，由于 F 数量大大多于 Fe_3C，所以 F 层片要比 Fe_3C 厚得多。在一般退火处理情况下，P 是由 F 与 Fe_3C 相互混合交替排列形成的层片状组织。经硝酸酒精溶液浸蚀后，在不同放大倍数显微镜下可以看到具有不同特征的珠光体组织。在高倍放大时能清楚地看到 P 中平行相间的宽条 F 和细条 Fe_3C；当放大倍数较低时，由于显微镜的鉴别能力小于 Fe_3C 厚度，这时 P 中的 Fe_3C 就只能看到一条黑线，当组织较细而放大倍数较低时，P 的片层就不能分辨，而呈黑色。

4. 变态莱氏体（L′d）

变态莱氏体（L′d）是在室温时 P + 二次渗碳体（Fe_3C_{II}）+ Fe_3C 组成的机械混合物。含碳量为 4.3% 的共晶白口铸铁在 1147℃ 时形成由奥氏体和 Fe_3C 组成的共晶体机械混合物，称为莱氏体。其中，奥氏体冷却时析出 Fe_3C_{II}，并在 723℃ 以下分解为 P，这就是共晶反应，其结果是成为 L′d。L′d 的显微组织特征是在亮白色的 Fe_3C 基底上相间地分布着暗黑色斑点及细条状的 P。Fe_3C_{II} 和共晶渗碳体连在一起，从形态上难以区分。

根据含碳量及组织特点的不同，铁碳合金可分为工业纯铁、碳钢和铸铁三大类。

1. 工业纯铁

纯铁在室温下具有单相 F 组织。含碳量 <0.02% 的铁碳合金通常称为工业纯铁，其为两相组织，即由 F 和少量三次渗碳体（Fe_3C_{III}）组成。图 3 – 2 所示为工业纯铁的显微组织，其中黑色线条是 F 的晶界，而亮白色基底则是 F 的不规则等轴晶粒，在某些晶界处可以看

到不连续的薄片状 Fe_3C_{III}。

2. 碳钢

（1）亚共析钢

亚共析钢的含碳量在 0.02% ~ 0.77% 范围内，其组织由 F 和 P 组成。随着含碳量增加，F 数量逐渐减少，而 P 数量则相应地增多。

图 3 - 3 所示为亚共析钢（45 钢）的显微组织，其中亮白色为 F，暗黑色为 P。

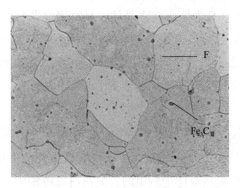

图 3 - 2　工业纯铁（400×）的显微组织
浸蚀剂：4% 硝酸酒精溶液

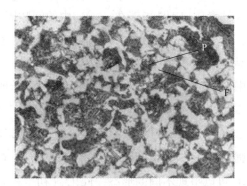

图 3 - 3　45 钢（400×）的显微组织
浸蚀剂：4% 硝酸酒精溶液

（2）共析钢

共析钢（T8 钢）是含碳量为 0.77% 的碳钢，它由单一的 P 组成，组织如图 3 - 4 所示（P 组织见概述）。黑线为 Fe_3C，中间白色层状为 F，F 与 Fe_3C 的质量比约为 7.3 : 1，所以 Fe_3C 片较薄。

（3）过共析钢

含碳量超过 0.77% 的碳钢为过共析钢，它在室温下的组织由 P 和 Fe_3C_{II} 组成。钢中含碳量越多，Fe_3C_{II} 就越多。

图 3 - 5 所示为含碳量为 1.2% 的过共析钢（T12 钢）的显微组织。组织形态为层片相间的 P 和细小的网络状 Fe_3C。经 4% 硝酸酒精溶液浸蚀后 P 呈暗黑色，而 Fe_3C_{II} 呈白色细网状。

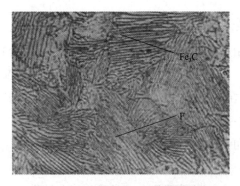

图 3 - 4　T8 钢（400×）的显微组织
浸蚀剂：4% 硝酸酒精溶液

图 3 - 5　T12 钢（400×）的显微组织
浸蚀剂：4% 硝酸酒精溶液

3. 铸铁

(1)亚共晶白口铸铁

含碳量 <4.3% 的白口铸铁称为亚共晶白口铸铁。在室温下亚共晶白口铸铁的组织为 P、Fe_3C_{II} 和 L′d，如图 3 – 6 所示。用 4% 硝酸酒精溶液浸蚀后在显微镜下呈现黑色枝晶状的 P 和斑点状 L′d。

(2)共晶白口铸铁

共晶白口铸铁的含碳量为 4.3%，它在室温下的组织由单一的共晶莱氏体(奥氏体和渗碳体混合物，常温下为 P 和 Fe_3C 的混合物)组成。经 4% 硝酸酒精溶液浸蚀后，在显微镜下呈现暗黑色细条及斑点状(枝晶状或鱼骨状)，Fe_3C 呈亮白色，如图 3 – 7 所示。

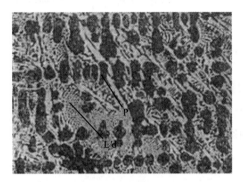

图 3 – 6　亚共晶白口铸铁(400 ×)的显微组织
浸蚀剂：4% 硝酸酒精溶液

图 3 – 7　共晶白口铸铁(400 ×)的显微组织
浸蚀剂：4% 硝酸酒精溶液

(3)过共晶白口铸铁

含碳量 >4.3% 的白口铸铁称为过共晶白口铸铁，在室温下的组织由 Fe_3C_I 和 L′d 组成。用 4% 硝酸酒精溶液浸蚀后，在显微镜下可观察到在暗色斑点状的 L′d 基底上分布着亮白色粗大条片状的 Fe_3C_I，如图 3 – 8 所示。

三、实验设备及材料

金相显微镜、金相标准试样(工业纯铁、亚共析钢、共析钢、过共析钢、亚共晶白口铸铁、共晶白口铸铁、过共晶白口铸铁)。

四、实验内容与步骤

(1)观察表 3 – 1 中各种成分的铁碳合金平衡显微组织。

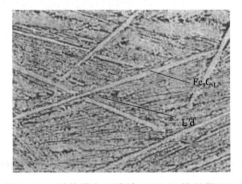

图 3 – 8　过共晶白口铸铁(400 ×)的显微组织
浸蚀剂：4% 硝酸酒精溶液

1)工业纯铁；

2)45 钢、T8 钢、T12 钢；

3)亚共晶白口铸铁、共晶白口铸铁、过共晶白口铸铁。

(2)观察组织时注意观察各种组织的特点。

表 3 – 1　实验用材料组织特征

序号	类别	合金牌号	碳含量/%	浸蚀剂	金相显微组织
1	工业纯铁		0.01	4%硝酸酒精	$F + Fe_3C_{III}$
2	亚共析钢	45	0.45	4%硝酸酒精	$F + P$
3	共析钢	T8	0.77	4%硝酸酒精	P
4	过共析钢	T12	1.2	4%硝酸酒精	$P + Fe_3C_{II}$
5	亚共晶白口铸铁		3.0	4%硝酸酒精	$L'd + P + Fe_3C_{II}$
6	共晶白口铸铁		4.3	4%硝酸酒精	$L'd$
7	过共晶白口铸铁		5.0	4%硝酸酒精	$L'd + Fe_3C_I$

五、思考题

(1)分别在直径为50mm圆内画出所观察的各种试样的显微组织图，并注明材料、状态、腐蚀剂、放大倍数，用箭头标明各部分组织名称。

(2)简要说明含碳量对铁碳合金平衡组织的影响规律。

实验四　铝合金熔炼及组织观察

一、实验目的

(1)掌握铝合金的熔炼特点、炉料配制及熔炼工艺。

(2)了解精炼、变质处理的原理及工艺。

(3)了解变质处理对铝硅合金组织及性能的影响。

(4)了解实验设备的特点及操作方法。

二、实验原理

铝合金包括铝硅类、铝铜类和铝镁类合金。其中，铝硅类合金使用最多、最成熟。铝硅二元合金根据硅元素的质量分数不同可分为亚共晶[$\omega(Si) < 12.6\%$]、共晶[$\omega(Si) = 12.6\%$]和过共晶[$\omega(Si) > 12.6\%$]合金。特别是共晶成分的铝硅合金，具有良好的铸造性能，流动性、致密性好，收缩小，耐蚀性好，不易开裂。但此类合金若不进行变质处理，硅呈片状分布，由于它粗而脆，使合金的强度及伸长率都很低，而通过变质处理后，其中大片状的硅消失，成为 $\alpha - Al$ 固溶体和细致的铝硅共晶组织。硬度、伸长率均大大提高，因此在生产中得到广泛应用。

为改变共晶硅或初晶硅的形态，铝合金可以用含 Na、Sr、Sb 的盐类或中间合金及稀土(RE)进行变质。变质机理一般观点认为，在铝硅合金凝固时加入以上元素，这些加入的元素或者吸附在共晶硅片的固有台阶上，或者富集在共晶液凝固结晶前沿，阻碍共晶硅沿惯有方向生长成大片状，使得硅依靠孪晶侧向分枝反复调整生长方向，达到与 $\alpha(Al)$ 固溶体协调生长，最终形成纤维状共晶硅。

三、实验设备及材料

设备：坩埚电阻炉(见图 4 – 1)、热电偶温度控制仪、电热鼓风干燥箱、圆柱形金属模、石墨坩埚、坩埚钳、石墨搅拌棒、钟罩、砂轮机、金相试样组合式抛光机、金相显微镜、智能多元元素分析仪。

材料：铝锭、铝硅中间合金、坩埚涂料(水玻璃涂料或氧化锆涂料)、精炼剂(六氯乙烷或氯化锌)、变质剂、金相砂纸、腐蚀剂。

图 4 – 1　井式坩埚电阻炉

四、实验内容与步骤

铝硅二元合金的代表是 ZL102，其成分为典型的共晶成分，即硅的质量分数为 10% ~ 14%，其余为 Al，金相组织为 $\alpha - Al$ 固溶体 + $(\alpha + \beta)$ 共晶体。

1. 铝硅合金的熔化及精炼工艺

(1)将坩埚内壁清理干净后，放入电阻坩埚炉内，加热至 150℃左右在内壁涂刷涂料并烘干，同时将所用的工具(如坩埚钳、搅拌棒及钟罩等)刷涂料并烘干。

(2)将称好的炉料(铝锭及铝硅中间合金)放入坩埚中加热熔化。

(3)当温度升到 720 ~ 740℃时进行精炼，将事先烘烤过的 $ZnCl_2$(0.2%)或者 C_2Cl_6 包装好放入预热过的钟罩内，然后将钟罩放入合金液面以下缓缓移动，反应完毕后，将钟罩取出。

(4)精炼完后静置 2min，撇渣，在 740℃左右进行浇注，浇注一组试棒(变质处理前)。

2. 变质处理

(1)称量所得试棒的质量，算出坩埚中剩余合金的质量，然后计算变质剂质量。

(2)变质剂可用钠盐，其成分(质量分数)为 62.5% NaCl、12.5% KCl 和 25% NaF，其加入量一般为棒料质量的 2% ~ 3%。此变质剂易吸潮，用前应在 150 ~ 200℃下长期烘干。变质剂也可用 Al – Sr 或者 Al – RE 中间合金。

(3)温度为 720 ~ 740℃时进行处理，先撇去液面的氧化渣，再将变质剂均匀撒在其表面，保持 12min 左右，然后用预热的搅拌棒搅拌 1min 左右，搅拌深度为 150 ~ 200mm。变质完后，将液面的渣扒净。

（4）720～740℃时进行浇注，浇注一组试棒。

（5）将剩余金属倒入铸锭模中。

（6）坩埚内壁趁热清理干净。

（7）在试棒上打上标记。

3．进行金相组织观察

（1）自试棒上切下两个试片（变质前后各一片），将试片磨好抛光进行腐蚀。

（2）在放大150～250倍下进行观察，做好原始记录。

五、实验报告要求

（1）简述铝合金熔化及精炼过程。

（2）描绘变质前后的显微组织（见图4－2），并分析其与性能的关系。

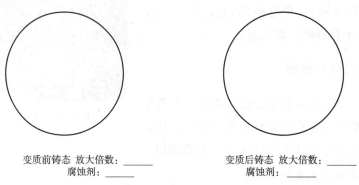

变质前铸态　放大倍数：_____ 　　　变质后铸态　放大倍数：_____
腐蚀剂：_____ 　　　　　　　　腐蚀剂：_____

图4－2　变质前后的显微组织

六、实验注意事项

（1）实验前对实验指导书及教材有关内容进行预习，以便对实验内容有一个全面了解。

（2）操作中严格按照规程进行，注意安全，熔化中所用工具须刷有涂料并预热后才能放入金属液中，以免引起金属液飞溅或带入夹杂。

（3）锭模使用前也须刷涂料及预热。

（4）浇注前拉断电源，浇注完后清理场地，并分别在铸锭及试样上打上标记。

七、思考题

（1）若用Sr或者RE（稀土）变质二元铝硅合金，其加入量应为多少？

（2）精炼温度过高或过低对合金有什么影响？

（3）铝合金熔炼时为什么要用石墨而不用铁坩埚？

（4）熔炼时坩埚、熔化过程中用到的工具及浇注模具为什么要刷涂料？

实验五　镁合金熔炼及组织观察

一、实验目的

(1)掌握镁合金的熔炼特点、炉料配制及计算、熔炼过程及熔炼工艺。
(2)了解镁合金精炼、变质的原理及工艺。
(3)了解变质处理对镁合金组织及性能的影响。
(4)了解实验设备的特点及操作方法。

二、实验原理

镁铝系合金是应用最为广泛的一类合金，压铸镁合金主要是镁铝系合金。为改善合金的性能，如韧性、耐高温性、耐腐蚀性，以镁铝系为基础添加一系列合金元素形成了 AZ($Mg-Al-Zn$)、AM($Mg-Al-Mn$)、AS($Mg-Al-Si$)、AE($Mg-Al-RE$)系列合金。

铸造镁铝系合金中 Al 是作为主要合金化元素加入的。当 Al 的质量分数小于10%时，随着 Al 的质量分数增加，镁铝合金的液相线及固相线温度均降低，从而可降低镁合金的熔炼和浇注温度，有利于减少镁合金液的氧化和燃烧。但凝固温度范围加大易使铸件产生缩松缺陷。随着 Al 的质量分数增加，Al 在 Mg 中的固溶强化及时效强化作用使镁铝合金的抗拉强度提高，伸长率则随着 Al 的质量分数增加先提高然后下降。而 Al 的质量分数提高，有利于提高镁铝合金的耐腐蚀性能。

重力浇注成的 AZ91 镁合金，组织粗大，性能有时无法满足使用要求，需要变质处理以细化晶粒，提高性能。对于不含 Al、Mn 元素的镁合金，Zr 是一种非常有效的晶粒细化剂。而对于镁铝系合金，目前尚未开发出一种在生产中通用的晶粒细化剂，一般是在镁合金熔体中加入少量的碳粉或碳化物($MgCO_3$、SiC、Al_4C_3、TiC)变质剂。其中，Al 与 C 可发生反应生成 Al_4C_3 颗粒，此颗粒是高熔点强化相，晶体结构为密排六方且晶格常数与 $\alpha-Mg$ 相近，其与 $\alpha-Mg$ 晶格常数错配度小于9%。根据金属结晶原理，Al_4C_3 可作为非均质形核的衬底，通过异质形核促进镁铝合金的晶粒细化。但是，碳化物细化剂的加入容易引入更多的气体与夹杂。最近也在镁铝系合金中加入难溶于 $\alpha-Mg$ 固溶体的 Si、Ca、Sr、Ba 等金属和稀土(RE)元素，通过元素富集在合金结晶凝固前沿阻碍晶粒长大，或形成化合物钉扎晶界，以细化晶粒，达到变质效果。

三、实验设备及材料

设备：坩埚电阻炉(见图4-1)、热电偶温度控制仪、电热鼓风干燥箱、圆柱形金属模、铁坩埚、坩埚钳、铁制搅拌棒、钟罩、砂轮机、金相试样组合式抛光机、金相显微镜、智能多元元素分析仪。

材料：1号镁锭、0号铝锭、0号锌锭；Al-Mn、Al-Be中间合金；覆盖剂；精炼剂；变质剂；涂料；金相砂纸；腐蚀剂。

四、实验内容与步骤

实验用镁铝合金 AZ91 成分（质量分数）为 8.5% ~ 10.0% Al、0.8% ~ 1.5% Zn、0.1% ~ 0.5% Mn，其余为 Mg。

1. AZ91 合金的配料、涂料涂刷及熔剂准备

（1）配料时，按照 AZ91 合金成分配比进行计算，称量。对炉料先进行除油和吹砂，除去表面的腐蚀物及熔剂、砂粒、氧化皮等，以防止其与镁溶液反应，并防止 Si、Fe、H、氧化夹杂等进入溶液中。

（2）涂料的涂刷。在实验过程中必不可少地要用到涂料，涂料的作用主要是保护铸型和便于出模。镁合金的涂料配制方法有很多种，但不论哪一种，滑石粉是必不可少的，变化的只是黏结剂。黏结剂有的用水玻璃，有的用亚硫酸纸浆废液等。本次实验采用水、硼酸、水玻璃和滑石粉来配制涂料。涂料成分（质量分数）为：10% 滑石粉、5% 硼酸、2.4% 水玻璃，余量为水。先在容器中加入硼酸，用少量热水将硼酸溶化，再分别加入水玻璃、滑石粉，最后加入冷水搅拌，使之混合均匀。将坩埚、铸型、搅拌工具等加热到300℃，然后用毛刷均匀地将涂料涂到熔化工具上，再充分烘烤，去掉水分待用。

（3）熔剂准备。为防止镁溶液的氧化燃烧，采用在熔剂保护下熔炼。镁合金熔剂有以下两个作用：①覆盖作用，熔融的熔剂借助表面张力的作用，在镁溶液表面形成一连续、完整的覆盖层，隔绝空气，阻止 Mg 与 O_2 及 Mg 与 H_2O 反应，防止 Mg 的氧化，也能扑灭 Mg 的燃烧。②精炼作用，熔融的熔剂对非金属夹杂物具有良好的润湿、吸附能力，可利用熔剂与金属的密度差把金属夹杂物随同熔剂自溶液中排除。镁合金熔剂主要由 $MgCl_2$、KCl、CaF_2 和 $BaCl_2$ 等氯盐、氟盐的混合物组成。镁铝合金一般采用 RJ-2 熔剂作为熔剂。RJ-2 主要成分（质量分数）为：38% ~ 46% $MgCl_2$、32% ~ 40% KCl、3% ~ 5% CaF_2、5.5% ~ 8.5% $BaCl_2$、杂质（NaCl + $CaCl_2$）含量小于 8%、1.5% 不溶物、1.5% MgO 及 3% H_2O。

2. AZ91 合金熔炼和精炼

（1）将坩埚预热到暗红色（400 ~ 500℃），在坩埚内壁及底部均匀地撒上一层粉状 RJ-2 熔剂。

（2）炉料预热至250℃以上，依次加入镁锭、铝锭、Al-Be 中间合金，并在炉料上撒一层 RJ-2 熔剂，装料时熔剂用量占炉料质量的 1% ~ 2%。升温至 700 ~ 720℃熔炼，在装料及熔炼的过程中，一旦发现溶液漏出并燃烧，应立即用 RJ-2 熔剂覆盖。

（3）待合金液完全熔化后，加入锌锭及 Al-Mn 中间合金，待锌锭及 Al-Mn 中间合金完全熔化后，扒渣，精炼。

（4）精炼剂为 RJ-2，用量为炉料质量的 2.0%。精炼时将 RJ-2 均匀地撒在坩埚内，搅拌溶液约2min，使溶液自上而下地翻滚，不得飞溅，并不断在溶液波峰上撒以精炼剂，

精炼结束后，去渣，重撒 RJ – 2。

（5）将熔液升温至 730℃，保温静置 20min，然后降温至 700℃ 出炉，浇入已刷好涂料并预热到 200℃ 的金属型中。

3. AZ91 镁合金的变质

在 710～740℃ 进行变质处理，用钟罩将占炉料质量 0.3%～0.4% 的 $MgCO_3$ 分批压入镁液，钟罩压入镁液深度一半处，缓慢水平移动至镁液中不再冒泡为止。变质后进行第二次精炼(710～740℃)，然后浇注试样。

五、实验报告要求

（1）实验过程记录见表 5 – 1。

表 5 – 1　实验过程记录

项目	开始	结束	备注
送电时间			
炉子设定温度			
到温时间			
覆盖时间			
熔化时间			
加入合金元素 1 时间			
加入合金元素 2 时间			
均匀合金元素时间			
精炼时间			
保温时间			
变质时间			
保温时间			
浇注时间			

（2）观察合金变质前后的金相组织，并描绘出组织图(见图 5 – 1)。

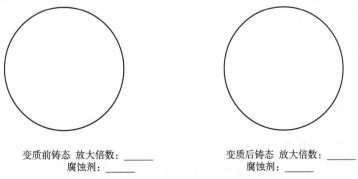

变质前铸态　放大倍数：_____　　　　变质后铸态　放大倍数：_____
腐蚀剂：_____　　　　　　　　　　腐蚀剂：_____

图 5 – 1　变质前后的显微组织

（3）测出合金成分并与标准成分进行对比，分析元素烧损情况。

六、实验注意事项

（1）实验前对实验指导书及教材有关内容进行预习，以便对实验内容有一个全面了解。

（2）操作中严格按照规程进行，注意安全，熔化中所用工具须刷有涂料并预热后才能放入金属液中，以免引起金属液飞溅。

（3）锭模使用前也须刷涂料及预热。

（4）浇注工序直接影响镁合金铸件的质量，在通常的浇注条件下，镁合金铸件的氧化夹杂及熔剂夹杂往往来自浇注过程。因此，浇注时应采取下列措施：

1）充填铸型的条件下，尽可能采用较低的浇注温度（一般700℃以下），以降低溶液的氧化速度；

2）浇注时浇包嘴应尽可能接近浇口杯，熔液流动力求平稳，以防止涡流及飞溅，浇注不可断流，浇口杯始终保持有2/3以上溶液。

（5）浇注前拉断电源，浇注完后清理场地，并分别在铸锭及试样上打上标记。

七、思考题

（1）若用碱土金属或稀土金属变质 AZ91 镁合金，组织和性能如何变化？

（2）镁合金熔炼时为什么要用覆盖剂？

（3）镁合金熔炼时除了用覆盖剂，还可以用哪些保护措施？

（4）镁合金熔炼时为什么要刷涂料？

第二节　电子显微镜形貌观察

实验一　扫描电子显微镜的构造、工作原理及操作

一、实验目的

（1）了解扫描电子显微镜的工作原理及构造。

（2）初步学习 Sirion – 200 扫描电镜的操作方法。

二、实验原理

1. 扫描电子显微镜的构造

扫描电子显微镜（Scanning Electron Microscope，SEM）简称扫描电镜，是目前较先进的一种大型精密分析仪器设备，在材料科学、地质、石油、矿物、半导体及集成电路等方面

得到了广泛的应用。其优点是：①景深长、图像富有立体感；②图像的放大倍率可在大范围内连续改变，而且分辨率高；③样品制备方法简单，可动范围大，便于观察；④样品的辐射损伤及污染程度较小；⑤可实现多功能分析。扫描电镜在追求高分辨率、高图像质量发展的同时，也向复合型发展，即成为把扫描、透射及微区成分分析、电子背散射衍射等结合为一体的复合型电镜，实现了表面形貌、微区成分和晶体结构等多信息同位分析。

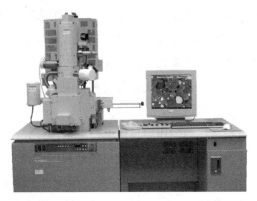

图 1-1 所示为 Sirion-8000 扫描电镜外观，其构造如图 1-2 所示。它由四部分构成：①电子光学系统，包括电子枪、电磁聚光镜和扫描线圈及光阑组件；②机械系统，包括支撑部分、样品室(可同时或分别装各种样品台、检测器及其他附属装置)；③真空系统，包括机械泵、扩散泵等；④样品所产生信号的收集、处理和显示系统。

图 1-1　Sirion-8000 扫描电镜外观

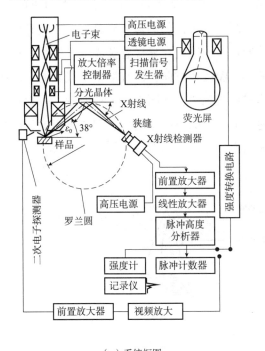

（a）系统框图

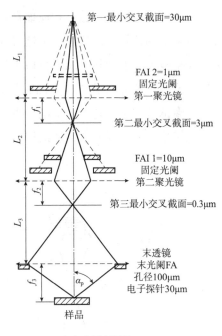

（b）电子光路图

图 1-2　Sirion-8000 扫描电子显微镜构造示意

(1)电子光学系统

1)电子枪

电子枪是电子光学系统的一个重要组成部分，其作用是提供一个连续不断的稳定的电子源，以形成电子束。扫描电镜的电子束应具有较高的亮度和尽可能小的束斑直径，因为这直接关系到在样品上获得的信号强度及图像的质量和分辨率（尤其是 SE 像），而束斑的尺寸及亮度与电子枪的设计类型有直接关系。

2）电磁聚光镜

电磁聚光镜的功能是把电子枪的束斑逐级聚焦缩小，因照射到样品上的电子束光斑越小，其分辨率越高。扫描电镜通常都有三个聚光镜，前两个是强透镜，缩小束斑，第三个为弱透镜，焦距长，便于在样品室和聚光镜之间装入各种信号探测器。为了降低电子束的发散程度，每级聚光镜都装有光阑。为了消除像散，装有消像散器。

3）扫描线圈

扫描线圈的作用是使电子束偏转，并在样品表面做有规则的扫动，电子束在样品上的扫描动作和在显像管上的扫描动作严格保持同步，因为它们是由同一扫描发生器控制的。图 1-3 所示为电子束在样品表面进行扫描的两种方式。进行形貌分析时都采用光栅扫描方式，如图 1-3（a）所示。当电子束进入偏转线圈时，方向发生转折，随后又由下偏转线圈使它的方向发生第二次转折。发生二次偏转的电子束通过末级聚光镜的光心射到样品表面。在电子束偏转的同时还带有一个逐行扫描动作，电子束在上、下偏转线圈的作用下，在样品表面扫描出方形区域，相应地在样品上也画出一幅比例图像。样品上各点受到电子束轰击时发出的信号可由信号探测器接收，并通过显示系统在显像管荧光屏上按强度描绘出来。如果电子经上偏转线圈转折后未经下偏转线圈改变方向，而直接由末级聚光镜转折到入射点位置，这种扫描方式称为角光栅扫描或摇摆扫描，如图 1-3（b）所示。入射束被上偏转线圈偏转的角度越大，则电子束在入射点上摆动的角度也越大。扫描电镜通过改变电子束偏转角度来实现放大倍率的调节，放大倍率一般是 $20 \sim 20 \times 10^4$ 倍。

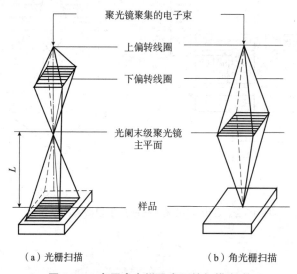

（a）光栅扫描　　　　　　　　　（b）角光栅扫描

图 1-3　电子束在样品表面的扫描方式

（2）机械系统

机械系统主要包括支撑部分和样品室，样品室中有样品台和信号探测器，样品台除了能夹持一定尺寸的样品外，还能使样品做平移、倾斜、转动等运动。同时，样品还可以在样品台上加热、冷却和进行力学性能实验（如拉伸和疲劳）。

（3）真空系统

在任何电镜中，都必须避免或减少电子与气体分子的碰撞。为保证扫描电镜电子光学系统的正常工作，对镜筒内的真空度有一定的要求。一般情况下，如果真空系统能够提供 $1.33 \times 10^{-3} \sim 1.33 \times 10^{-2}$ Pa 的真空度，就可以防止样品污染。如果真空度不足，除样品被严重污染外，还会出现灯丝寿命下降、极间放电等问题。

（4）信号的收集、处理和显示系统

样品在入射电子束作用下会产生各种物理信号，有二次电子、背散射电子、特征 X 射线、阴极荧光和透射电子。不同的物理信号要用不同类型的检测系统。检测器大致可分为三类，即电子检测器、阴极荧光检测器和 X 射线检测器。

常用的检测系统为电子检测器，它位于样品上侧，由闪烁体、光导管和光电倍增器组成，如图 1 - 4 所示。闪烁体一端加工成半球形，另一端与光导管相接，并在半球形的接收端上喷镀几百埃厚的铝膜作为反光层，既可阻挡杂散光的干扰，又可作为高压电极，产生 6 ~ 10kV 的正高压，吸引和加速进入栅网的电子。另外在检测器前端栅网上加 250 ~ 500V 正偏压，吸引二次电子，增大检测有效立体角。这些二次电子不断撞击闪烁体，产生可见光信号沿光导管先到光电倍增器进行放大，输出电信号可达到 10mA，再经视频放大器稍加放大后作为调制信号，最后转换为在阴极射线管荧光屏上显示的样品表面形貌扫描图像，供观察和照相记录。通常荧光屏有两个，一个供观察用，另一个供照相用；或者一个供高倍观察用，另一个供低倍观察用。

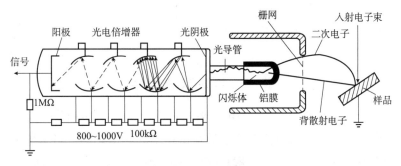

图 1 - 4　电子检测器

2. 扫描电镜的基本原理

扫描电镜的基本工作原理如图 1 - 5 所示。由电子枪的热阴极或场发射阴极发射出的电子受阳极电压（1 ~ 50kV）加速并形成笔尖状电子束，其最小直径为 10 ~ 50μm 量级（场发射枪中为 100 ~ 1000Å）。经过 2 个或 3 个（电）磁透镜的作用，在样品表面会聚成一个直径可小至 10 ~ 100Å 的电子探针束（probe），也称电子探针。携带束流量为 $10^{-20} \sim 10^{-12}$ Å，有时根据某些工作模式的要求，束流量可增至 $10^{-9} \sim 10^{-8}$ Å，相应的束直径将变成 0.1 ~ 1 μm。同时，镜筒内的偏转线圈使该电子束在试样表面做光栅式扫描。即从左上方向右上方扫，扫完一行再扫其下相邻的第二行，直到扫完一幅。如此反复运动。在扫描过程中，入射电子束依次在试样的每个作用点激发出各种信息，如二次电子、X 射线和背散射电子等。安装在试样附近的各类探测器分别把检测到的有关信号经过放大处理后输送给阴极射线管(简称 CRT)栅极调制其亮度，从而在与入射电子束做同步扫描的 CRT 上显示出试样表面的图像。根据成像信号不同，在 SEM 的 CRT 上分别得到试样表面的二次电子像、背散射电子像、射线元素分布图和吸收电流像等。

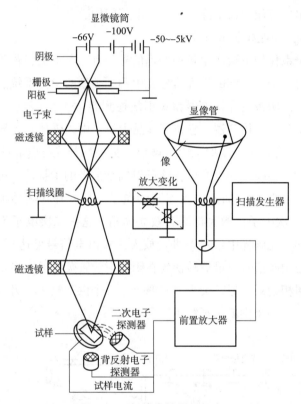

图 1-5　扫描电镜原理示意

　　扫描电镜的分辨率取决于：①入射电子束的直径与束流；②成像信号的信噪比；③入射电子束在试样中的扩散体积和被检测信号在试样中的逸出距离。这些因素都和 SEM 装备的电子枪类型及加速电压有关。一般扫描电镜的分辨率为 4 ~ 5nm，而场发射枪的 SEM 可优于 3nm。为了充分发挥 SEM 的仪器性能，获得尽可能高的分辨率与高质量的图像，操作人员应了解入射电子束直径与束流的关系及信噪比对成像的影响。

　　3. 扫描电镜样品的制备

　　扫描电镜观察的试样必须是固体(块状或粉末)，在真空条件下能够保持长时间的稳定。对于含有水分的样品要事先干燥。表面有氧化层或污物者，要用丙酮等溶剂清洗。有些样品必须用化学试剂浸蚀后才能显露显微组织结构，如玻璃必须用质量分数为

3% ~ 5% 的 HF 酸(氢氟酸)浸蚀约 10s 才显露出金相结构。扫描电镜样品制备的具体步骤如下。

(1)选择合适的试样

首先要选择合适的试样,把需要观察的面朝上,且保证观察区在表面(有些试样需要敲开或掰开)。对于非脆性的试样,如橡胶、高分子材料等,需先用液氮冷却,然后再脆断。如在冷却前,先在需脆断的位置画上一条线,然后再用液氮冷却、脆断,断口的部位和效果都会更佳。

(2)样品固定

扫描电镜的样品用导电胶固定在样品座上,以确保高倍时图像不抖动。样品固定根据不同的试样采用不同的方法。

1)块状样品

样品直径为 10 ~ 15mm,厚度约为 5mm。对于导电材料只要切取适合于样品座大小的试样块,注意不要损伤所要观察的新鲜断面,用导电胶粘贴在铜或铝质样品座上,即可直接放到扫描电镜中观察。如有一批样品需要同时放进样品室,应尽可能使这批样品高度一致,然后用导电胶分别固定在样品座上。这样将大为简化这批样品的序号和连续观察。对于导电性差或绝缘的非金属材料,由于在电子束作用下会产生电荷堆积,阻挡入射电子束进入样品及样品内电子射出样品表面,图像质量下降。因此,这类样品用导电胶粘贴在样品座上后,要在离子溅射镀膜仪或真空镀膜仪中喷镀一层约 10nm 厚的金、铝、铜或碳膜导电层。导电层厚度通常根据颜色来判断,也可用喷镀金属的质量来控制。导电层太厚,将掩盖样品表面细节;导电层太薄时造成不均匀,会局部放电,进而影响图像质量。

2)粉末样品的制备

粒径小于 0.01mm 的为粉末试样,粉末样品的制备包括样品收集、固定和定位等环节。其中粉末的固定是关键,通常用表面吸附法、火棉胶法、银浆法、胶纸(带)法和过滤法。最常用的方法是胶纸法,先把两面胶纸粘贴在样品座上,然后把粉末撒到胶纸上,吹去未粘贴在胶纸上的多余粉末即可。因其颗粒微小,用双面胶带粘样品,颗粒易嵌入胶带,使观察效果不佳。这类样品有时需用悬浮法,再用超声波分散,滴在盖玻片或割小的载玻片上(盖玻片或载玻片的表面平整),自然干燥后,再粘在样品座上观察。对于不导电的粉末样品也必须喷镀导电层。

3)粒状试样

粒径为 0.01 ~ 1mm 的颗粒试样,取少量均匀撒在贴有导电双面胶带的样品座上,抖掉浮在表面的粉末即可;或用贴有导电双面胶带的样品座,放在颗粒上,根据颗粒的大小适当加压,抖掉浮在表面的粉末,也可达到同样的目的。需要逐个颗粒观察的样品,最好将颗粒按顺序排列成行,粘在样品座上(在双目镜下),并做出方向标记,以便于在扫描电镜中进行逐个观察而不至于费时寻找或重复混淆。

对于观察化学成分衬度(背散射电子像、吸收电子像和特征射线扫描像)的样品，表面必须抛光。

4. 扫描电镜的调整

(1)电子束合轴

处于饱和的灯丝发射出的电子束通过阳极进入电磁聚光镜系统。通过三级聚光镜及光阑照射到样品上，只有在电子束与电子光路系统中心合轴时，才能获得最大亮度。调整电子束对中(合轴)的方法包括机械式和电磁式。机械式是调整合轴螺钉，电磁式则是调整电磁对中线圈的电流，以此移动电子束相对光路中心位置达到合轴目的。这是一个细致的工作，要反复调整，通常以在荧光屏上得到最亮的图像为止。

(2)放入试样

将试样固定在试样座上，并进行导电处理，使试样处于导电状态。将试样座装入样品更换室，预抽 3min，然后将样品更换室阀门打开，将试样盘放在样品台上，在抽出试样座的拉杆后关闭隔离阀。

(3)图像调整

1)高压选择

扫描电镜分辨率随着加速电压增大而提高，但其衬度随着电压增大反而降低，并且加速电压过高污染严重，所以一般在 20kV 下进行初步观察，而后根据不同的目的选择不同的电压值。

2)聚光镜电流的选择

聚光镜电流与像质量有很大的关系，聚光镜电流越大，放大倍数越高。同时，聚光镜电流越大，电子束斑越小，相应的分辨率也会越高。

3)光阑选择

光阑孔为 400μm、300μm、200μm、100μm 四挡，光阑孔径越小，景深越大，分辨率也越高，但电子束流会减小。一般在二次电子像观察中选用 300μm 或 200μm 的光阑。

4)聚焦与像散校正

在观察样品时要保证聚焦准确才能获得清晰的图像。聚焦分为粗调、细调两步。由于扫描电镜景深大、焦距长，所以一般采用高于观察倍数二三挡进行聚焦，然后再回过来进行观察和照相，即"高倍聚焦，低倍观察"。

像散主要是电磁聚光镜不对称造成的，尤其是当极靴孔变为椭圆时。此外物镜中光阑的污染和不导电材料的存在也会引起像散。出现像散时在荧光屏上产生的像会漂移，其漂移方向在过焦及欠焦时相差 90°。像散校正主要是调整消像散器，使其电子束轴对称直至图像不漂移为止。

5)亮度与对比度的选择

要得到一幅清晰的图像必须选择适当的亮度和对比度。二次电子像的对比度受试样表面形貌凸凹不平而引起二次电子发射数量不同的影响。通过调节光电倍增管的高压来控制光电倍增管输出信号的强弱，从而调节荧光屏上图像的反差。亮度调节是调节前置放大器的直流电压，使荧光屏上图像亮度发生变化。反差与亮度的选择则是当试样凸凹严重时，衬度可选择小一些，以获得图像明亮、对比清晰的效果，使暗区的细节也能观察清楚。也可选择适当的倾斜角，以达到最佳的反差。

5. 样品的观察

(1)形貌衬度——二次电子像及其衬度原理

表面形貌衬度是利用对样品表面形貌变化敏感的物理信号作为调制信号得到的一种像衬度。荧光屏上的图像是样品表面形貌的反映，它是用二次电子成像的。二次电子之所以能成像是因为二次电子有以下几个特征：①相对其他散射而言，由于信号作用范围小，所以分辨本领高；②对样品微区原子序数差别不敏感，而对样品微区几何形状却很敏感；③二次电子信号强度与样品表面微区取向(相对入射束)关系密切。基于这些优点，使得二次电子像成为扫描电镜应用最广泛的一种方式，尤其在失效工件的断口检测、各种材料形貌特征观察上，成为目前最方便、最有效的手段。

由于二次电子作用范围靠近表层，所以表面凸起部分，如台阶、棱角、韧窝的边沿发生二次电子的强度大，呈现在荧光屏上很亮。

(2)微区成分(原子序数)衬度原理(背射电子成像衬度)

由原子序数差别引起的衬度称为原子序数衬度。背射电子成像在电子显微分析中占有重要地位，它能很好地显示微区成分分布状况。

背射电子系数 η 与原子序数 Z 的关系。原子序数越大，背射系数越大，探测器接收的信号也越强，在荧光屏上显示越亮。在图像上有暗有亮，这个衬度是原子序数不同引起的，所以称为原子序数衬度，或称为背射电子衬度。背射电子衬度比二次电子的形貌衬度好，但背射电子像有"阴影"，因为背射电子的能量较大，探测器不能将小 θ 角的面激发的背射电子吸引过来，所以在荧光屏上成为"阴影"。

用背射电子像来显示第二相分布状况很有效。例如在某个试样中，已知有 M_6C 和 MC 两种碳化物，但分布状况不知，可用背射电子像来显示分布状况，由于 $Z_{M_6C} > Z_{MC}$(M_6C 的平均原子序数总和大于 MC 的)，在荧光屏上显示亮、暗。

(3)样品研究观察的基本方法

扫描电镜分析结果的好坏，取决于选取的试样是否包含了要研究的对象、样品的制备技术、观察者的专业知识水平，以及对扫描电镜工作原理的基本认识和对使用仪器性能、操作技巧的理解等的掌握情况和工作经验。

在进行扫描电镜分析前，特别是对以前从未做过的试样，应尽可能地熟悉背景资料，做到对试样有基本了解，对进行扫描电镜分析要达到的预期目的比较明确。这样才能事半功倍，以小见大，真正达到显微分析的目的。

1)工作条件的选择

要获得一张好的扫描电镜照片，除了要求灯丝饱和、电镜对中、像散尽可能小等理想的工作状态外，还要求样品固定牢固且确保良好的导电性；另外还要根据样品的特点，选择合适的参数。因为参数之间互相联系，要综合考虑，复杂的时候主要靠经验，下面给出最简单的关系，以便参考。

电压：一般图像须拍高倍像，且样品耐得住电子束的轰击，选高电压；反之，选低电压。

束斑：高倍时选小束斑，因为扫描电镜的分辨率主要由束斑直径决定；反之，束斑可相对大一点。

工作距离：指样品与物镜光阑之间的距离。高倍时，选择工作距离短以防电子束扩展；反之，选择工作距离长，景深大的。工作距离短时，操作者要特别小心，因样品倾斜或样品表面粗糙或一批样品高度差别较大时，容易撞到物镜光阑，在这种情况下，一般选择工作距离长的。

扫描速度：高倍时，常用细束斑扫描，故扫描速度须增加；低倍时，束斑可适当放大，扫描速度可相对快。当然，这些因素相互牵制，一般须经专业工作人员指导。

2) 图像的观察

一般扫描图像的观察分析可从低倍率(从几十倍到几百倍)开始，对样品做较大范围的观察，确定可能观察点再逐步放大仔细观察，找到预期要研究的对象作为观察的重点，详细观察其微观形态特点，然后选择有代表性的、特殊性的微观图像进行拍照，需要时同时可获取对应点的能谱分析数据和图谱。扫描图像的拍摄要注意对拍摄对象选用合适的放大倍率。在已能清晰反映所需图像细节时，不要过分追求高放大倍率。要把突出的重点放在照片中间部位，并很好地反映它和周边的关系，且尽量使图像分布合理美观，明暗反差合适，这样才能得到一张满意的扫描分析照片。

三、实验报告要求

(1) 简要说明扫描电镜的结构、工作原理及特点。
(2) 举例说明扫描电镜的应用。

四、思考题

(1) 扫描电镜对样品的要求是什么？
(2) 扫描电镜的加速加压与样品的成像质量有什么关系？
(3) 样品的导电性与电镜测试参数的选择有什么关系？

实验二　金属断口形貌扫描电镜观察

一、实验目的

(1) 利用二次电子像对断口形貌进行观察。

（2）理解扫描电镜二次电子像的成像原理。

（3）理解扫描电镜背散射电子像成像原理。

（4）掌握扫描电镜形貌分析方法。

二、实验原理

1. 断口分析

断口分析包括断口的宏观分析和微观分析两个方面。断口宏观分析方法是指用人的肉眼，放大镜或低倍光学显微镜对大面积的断口进行观察和分析，这是断口分析的第一步，是断口分析的基础。宏观断口分析的目的如下：

（1）识别金属的断裂性质，如脆性、延性、疲劳、腐蚀等。

（2）判断材料的质量和力学性能。一般来说，延性断口有明显的塑性变形，呈灰色，无金属光泽和结晶颗粒，呈亮灰色，具有明显的结晶颗粒和金属光泽，称为"结晶状"断口；或者看上去非常致密，类似于细瓷碎片断裂面，称为"瓷状"断口。

（3）判断材料的断裂源和裂纹的传播方向，如果知道构件的形状和受力状态，断裂源的位置比较容易判断。例如，旋转弯曲疲劳试样，表面应力最大，因此裂纹源往往位于表面的某薄弱地方。有一些标志可以用于判断裂纹源的位置，如裂纹在快速扩展时，在断面上留下"放射状"或"人字形"条纹，它们总是逆指向断裂源的方向。疲劳裂纹源一般发生在表面，也可能发生在构件的表皮下或内部区域。

从断裂力学的观点来看，金属材料的断裂过程存在着共同特征：裂纹生核、快速扩展和最后瞬时断裂。裂纹发生发展的不同阶段，在断口上相应形成了具有不同特征的几个区域，这在宏观断口上是可以大体划分的。

2. 典型断口形貌观察

（1）断口试样的来源及保护

首先要弄清楚金属断口在断裂前的受力情况，如拉伸、冲击、弯曲、剪切或扭转等受力情况，有些零件的断裂是由多种力和外界自然环境的综合因素造成的，如温度、腐蚀环境等情况都要了解，无论是事故样品，还是典型的试样断口，都要保持清洁，不可用手或其他物品擦拭断口，以免污染。更不能将已断开的两个断口进行匹配或相碰撞，试样应放在干燥的器皿中保存或者立即观察。若要长期保存，可在断面上涂一层丙酮－醋酸纤维素溶液，晾干以后保存。观察时把试样放于丙酮中，将醋酸纤维素膜溶解，再用酒精清洗，然后用导电胶将试样固定在样品台上，进行观察。

（2）污染或锈蚀的陈旧断口处理

对于断口表面有污染、生锈及腐蚀产物，首先应弄清楚是否是断裂以后造成的，如果确认是，应当进行化学清洗除油垢，再进行超声波振动清洗，目的是将凹陷处污物清除，然后用吹风机吹干等待观察。如果新鲜断口试样表面有氧化物或腐蚀产物，工件又在该环境下服役，则说明断裂与工作环境有关。这样的腐蚀产物不能去掉，可直接观察，如因腐蚀产物导电性不好，而影响观察效果，可对断口进行喷碳或喷金处理，厚度一般可控制在几纳米到几十纳米，操作者可参考非金属样品镀膜技术。

（3）穿晶断裂形貌观察

裂纹穿过晶粒内部发生断裂又分为两种类型：穿晶脆性断裂和穿晶韧性断裂。图2－1和图2－2所示为低碳合金钢正火态静拉伸断口和BHW35钢两相区淬火冲击断口。从图中可以观察到前者为典型的韧窝及韧窝内夹杂物特征，后者能观察到解理型断口形貌特征。

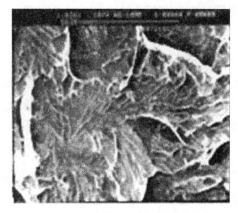 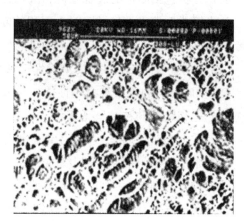

图2－1　韧窝断口形貌特征（928×）　　　　图2－2　解理型断口形貌特征（1020×）

（4）沿晶断裂形貌观察

由于某种原因导致晶界结合力减弱，造成金属构件在受力情况下，沿着晶界发生断裂。它又可分为两种类型：沿晶脆性断裂、沿晶韧性断裂。金属钼棒的高温沿晶断口如图2－3所示、沿晶－穿晶解理混合断口如图2－4所示。

抽油杆（27CrMoA钢）在工作中突然断裂的应力腐蚀疲劳断口如图2－5所示，可以观察到明显的海滩状疲劳纹。

 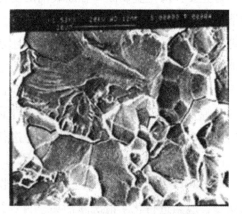

图2－3　沿晶断口形貌特征（100×）　　　　图2－4　沿晶－穿晶解理混合
　　　　　　　　　　　　　　　　　　　　　　　　　断口特征（1580×）

图2-5　疲劳断口海滩状形貌特征(160×)

三、实验设备及材料

(1)实验设备：JSM-6000型扫描电镜。
(2)实验用品：拉伸和冲击断口试样数个。

四、实验报告要求

根据实验观察结果，简述韧窝断口、穿晶解理断口、脆性沿晶断口、疲劳断口的典型形貌特征。

五、思考题

(1)韧窝断口与穿晶解理断口的异同点是什么？
(2)样品表面形貌与二次电子相衬度有什么关系？
(3)样品表面不导电颗粒对二次电子成像质量的影响有哪些？
(4)样品的原子序数大小对背散射电子像的影响有哪些？
(5)样品的取向衬度所形成的背散射电子像的形貌如何？

实验三　透射电子显微镜的构造、工作原理及操作

一、实验目的

(1)熟悉透射电子显微镜的基本结构和成像原理。
(2)熟悉样品装入、图像观察与记录、摄像等基本操作。

二、实验原理

1. 透射电子显微镜的基本构造

透射电子显微镜(Transmission Electron Microscope，TEM)简称透射电镜。第一台商用

透射电镜，诞生于 1936 年。电子显微镜的商业化生产实际上是在 1939 年从德国的 Siemens 和 Hulske 真正开始的，当时的分辨率达到 10nm。1940 年 RCA 将商用电子显微镜的分辨率提高到 2.4nm。到 1945 年电子显微镜的分辨率已达到 1nm。

透射电镜按加速电压分类，通常可分为常规电镜(100kV)、高压电镜(300kV)和超高压电镜(500kV 以上)。为提高加速电压，可缩短入射电子的波长。一方面有利于提高电镜的分辨率，另一方面又可提高对试样的穿透能力。这不仅可以放宽对试样减薄的要求，而且厚试样与近二维状态的薄试样相比，更接近三维的实际情况。就当前各研究领域使用的透射电镜来看，其三个主要性能指标大致如下。

加速电压：80 ~ 3000kV。

分辨率：点分辨率为 0.2 ~ 0.35nm、线分辨率为 0.1 ~ 0.2nm。

最高放大倍数：30 万 ~ 100 万倍。

透射电镜是以波长极短的电子束作为照明源，利用电磁聚光镜聚焦成像的一种高分辨率、高放大倍数的电子光学仪器。它由电子光学系统、真空系统及供电系统三部分组成。

图 3 - 1   透射电镜(Tecnai G2 F20 S - Twin)的外观

(1)电子光学系统

电子光学系统通常称为镜筒，是透射电镜的核心，它分为三部分，即照明系统、成像系统和观察记录系统。图 3 - 1 所示为透射电镜(Tecnai G2 S - Twin)的外观，图 3 - 2 所示为透射电镜镜筒结构示意。整个镜筒类似于积木式结构，自上而下排列着电子枪、双聚光镜、样品室、物镜、中间镜、投影镜、观察室和照相室等装置。

1)照明系统

照明系统由电子枪、双聚光镜、光阑组、电子束平移和倾斜调节装置及消像散器组成。其作用是提供一束高亮度、照明孔径角小、平行度好、束流稳定的电子束照射到待分析的样品上。

①电子枪。所有的电子显微镜都需要一个电子源来获得一束近乎单色的电子束来照明试样，但仅仅有电子源是不够的。从电子源发射出的电子是发散的，需要一个包含电子源的装置来控制电子源发射的电子束，该装置就是电子枪。电子枪类似于一个透镜，将从电子源发射的电子束流进行聚焦，保证电子束的亮度、相干性和稳定性。电子枪位于电子显微镜最上部(见图 3 - 2)，由阴极、栅极和阳极组成。阴极通常用 0.1mm 直径的钨丝做成 V 形，也可采用 LaB_6 晶体或场发射电子枪，目前常用的灯丝是 LaB_6，阴极的作用就是发射电子。栅极(也称控制极)由一个圆筒形金属帽做成，并和阴极一起组装到一个高压瓷瓶上。栅极电位较阴极为负，通过改变它的电位来控制电子束

流的大小和像的亮度。阳极则是一个圆形中空金属圆筒。阴、阳两极之间有较高的电位差，阳极下面还有四级加速极，可使电子进一步加速，电子束进一步聚焦准直。阴极发射的电子经阳极加速后可获得足够高的动能，形成定向高速电子流。为了安全，阳极接地，而灯丝处于负高压状态。Tecnai G2 F20 S – Twin 型透射电镜，加速电压可分为6挡，分别为 20kV、40kV、80kV、120kV、160kV 和 200kV。对于易受辐射损伤的试样一般采用较低的加速电压，对于金属薄膜样品通常采用 200kV 的加速电压。电子枪还设有电磁对中装置，在更换灯丝或在操作过程中，可调整它使电子枪合轴。

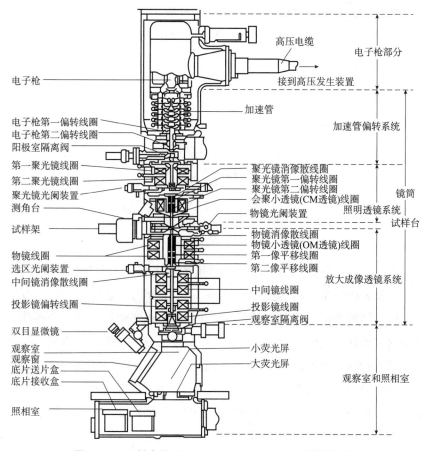

图 3 – 2 透射电镜（Tecnai G2 F20 S – Twin）镜筒简图

②双聚光镜。聚光镜是电磁透镜，用来会聚电子枪射出的电子束，以最小的损失照明样品。电磁透镜由带缺口的高导磁软磁材料回路和嵌入其中的励磁线圈组合而成，励磁线圈通电时，缺口间隔会形成轴对称磁场。电磁透镜的强度，也就是缺口间隙处磁场强度，与线圈匝数 N 以及线圈中流过的电流 I 的乘积（NI）成正比，一束进入轴对称磁场的电子束会由于电磁交互作用而会聚于一点，这一点称为透镜的焦点，焦点到透镜中心的距离称为焦距，电磁透镜的焦距可表示为：

$$f = \frac{KU_r}{(IN)^2} \qquad\qquad (3-1)$$

式中　　K——常数；

　　　U_r——电子加速电压；

　　　IN——励磁电流。

由式(3-1)可以看出，电磁透镜焦距与$(IN)^2$成反比，无论励磁方向如何，焦距总是正的，这表明电磁透镜总是会聚透镜。通常励磁线圈匝数N总是固定不变的，而励磁电流可以根据需要通过透镜电源电子线路来调节。每当改变励磁电流时，透镜的焦距、放大倍率会发生相应的变化。因此，电磁透镜又是一个变焦或变倍率的会聚透镜。进一步研究指出，与光学透镜相似，电磁透镜物距L_1、像距L_2和焦距f三者之间也可用透镜公式表示：

$$\frac{1}{L_1}+\frac{1}{L_2}=\frac{1}{f} \tag{3-2}$$

透镜放大倍率：

$$M=\frac{L_2}{L_1} \tag{3-3}$$

并且有

$$M=\frac{f}{L_1-f} \tag{3-4}$$

或

$$M=\frac{L_2-f}{f} \tag{3-5}$$

由式(3-5)可知，当像距L_2一定时，透镜的放大倍率与焦距成反比；当透镜物距$L_1\geq 2f$时，透镜放大倍率$M\leq 1$，当透镜物距在$f<L_1<2f$时，透镜放大倍率$M>1$。

几乎所有的高性能电镜都采用双聚光镜设计，两个聚光镜组合成一个整体，从而简化了它们之间的对中操作。其中，第一聚光镜为短焦距的强磁透镜，其作用是将电子束最小交叉截面缩小为$1\sim 5\text{Å}^2$，并成像在第二聚光镜的共轴面(第二聚光镜的物平面)上，因此光斑的大小由改变第一聚光镜焦距控制(励磁电流)。而第二聚光镜是弱励磁透镜，是在第一聚光镜确定的光斑条件下，进一步改变样品上的照明面积和照明孔径角。

2)成像系统

对透射电镜进行的任何操作都涉及放大和聚焦。使用透射电镜的主要目的就是获得高质量的放大图像和衍射花样，因此成像系统是电子光学系统中最核心部分。

成像系统主要由样品室、物镜、中间镜和投影镜组成。样品室位于照明部分和物镜之间，其作用是通过样品传递移动装置，在不破坏镜筒真空的前提下，使样品在物镜的极靴孔内平移或倾转。

样品平移的方向、大小以及倾转角度均可由计算机控制系统读出并显示在操控软件界面上。其α角(α轴为沿样品杆轴线)倾转范围为$\pm 45°\beta$角(β轴与α轴垂直并与α轴共同构成样品平移平面为$\pm 30°$)。

在成像系统中，物镜系统最重要，它决定了仪器的分辨本领和图像的分辨率和衬度，而所有其他透镜系统只是产生最终图像所需的放大倍数。任何由物镜带来的缺陷都会被进一步放大。物镜系统包括物镜、物镜光阑和消像散器。物镜是用来形成第一幅高分辨率电子显微图像或电子衍射花样的透镜。透射电镜分辨率的高低主要取决于物镜。在透射电镜中通常采用强励磁、短焦距的物镜，像差小。物镜分辨率主要决定于极靴的形状和加工精度。为了改变物镜成像的孔径张角、衬度及减小物镜的像散，在物镜的背焦平面上径向插入一个孔径分别为 $70\mu m$、$60\mu m$、$50\mu m$、$40\mu m$、$30\mu m$、$20\mu m$ 和 $10\mu m$ 的可动光阑。为了消除物镜不对称磁场引起的像散，物镜的极靴附近还装有一组电磁消像散器，以便能在任意方向形成一个附加的非对称的矫正磁场，起到消除像散的作用。物镜的像平面处还安放着一个选区可动光阑，在选区电子衍射操作中，通过使用不同的光阑，来限制和选择所需的视场。

中间镜是一个弱励磁的长焦距变倍率透镜，可在 0～20 倍范围内调节。在电镜操作过程中，主要利用中间镜的可变倍率来控制电镜总的放大倍数。如果把中间镜的物平面和物镜的像平面重合，则在荧光屏上得到一幅放大像，这就是透射电镜的成像操作。如果把中间镜的物平面和物镜的背焦面重合，则在荧光屏上得到一幅电子衍射花样，这就是透射电镜的电子衍射操作。投影镜的作用是把经中间镜放大(或缩小)的像(或电子衍射花样)进一步放大，并投影到荧光屏上，它和物镜一样，是一个短焦距的强励磁透镜。

3) 观察记录系统

在投影镜下面是电子显微镜的观察记录系统。这部分由带铅玻璃窗口顶端的观察室和装有发片盒和收片盒的照相室及 CCD(数码相机)组成。观察室内的荧光屏用发黄绿色光的硫化锌镉类荧光粉制作，荧光屏在电子束照射下，呈现出与样品的组织结构相对应的电子图像，从而将肉眼看不到的电子像转化成可见光像。移动样品台可以观察到不同区域样品的组织结构，调节物镜励磁电流(聚焦)可以使荧光屏上的图像清晰。图像调清晰后，按观察室外的按钮，荧光屏转动 $90°$，将荧光屏从光路上移开，使电子束继续沿光轴下行，放置在荧光屏下发片盒内的电子感光板(电镜底片)就可以把观察到的样品图像连同该操作条件下的加速电压、放大倍率以及底片顺序等一起记录，现在多数 TEM 都在平板照相板下方安装了慢扫描 CCD，即科学级的数码照相机。它可以实现及时看到拍摄效果并及时调整，使 TEM 的使用效率和效能大幅提升。目前除了拍摄衍射花样仍需使用底片外，其他方面的所有应用都可以使用 CCD 采集图像的方法来代替拍摄底片。

(2) 真空系统

电子显微镜镜筒内，凡是电子运行的区域都应有尽可能高的真空度。镜筒内真空度达不到要求时，高速电子与气体分子相互作用会产生电离。一方面，它会引起电子束不稳定，使荧光屏上的图像发生抖动；另一方面，它会使灼热的灯丝发生氧化，灯丝的寿命会大幅缩短。此外，它也会使样品受到严重污染。真空系统的作用就是不断排除镜筒内的气体(空气、水蒸气和碳氢化合物气体)，使镜筒内保持极高的真空度(一般为 10^{-8} Torr，1Torr = 133.32Pa 以上)。

（3）供电系统

加速电压和透镜励磁电流不稳定将会产生色级差及降低电镜的分辨本领。因此，加速电压和透镜电流的稳定度是评价电镜性能优劣的一个重要标志。加速电压和透射电流分属于两个独立的电源供给，前者要求小电流高电压，后者要求大电流低电压。

2. 透射电镜的成像原理

透射电镜中，除了电子枪使用静电透镜原理外，均使用电磁透镜，即利用通过电流的轴对称短线圈产生的磁场，使电子束改变运动方向而起到聚焦、放大的作用。描述电磁透镜性能的指标用焦距 f 表示，f 与该透镜的磁场的关系为：

$$\frac{1}{f} = \frac{e}{8mU} \int_{-\infty}^{\infty} H_Z^2 \mathrm{d}Z \qquad (3-6)$$

式中　H_z——磁场在透镜轴方向上的分量；

　　　U——电子的加速电压；

　　m、e——电子的质量和电荷。

对于半径为 R，载有电流 I 的 N 匝线圈，轴上磁场 H_Z 为：

$$H_Z = \frac{2\pi R^2 NI}{(Z^2 + R^2)^{3/2}} \qquad (3-7)$$

因此，电磁透镜的焦距是通过改变透镜电流而进行调整的。而透镜的放大倍数是由焦距决定的，故电镜中的聚焦与放大都通过改变透镜电流来达到。运动电子在电磁透镜的磁场中运动，由于受洛伦兹力的作用，不仅受到向轴靠拢力的作用，同时还受到绕轴旋转力的作用，加速电压为 U 的电子通过励磁强度为 H_Z 的磁场后，旋转角度为：

$$\theta = \left(\frac{e}{8nU}\right)^{\frac{1}{2}} \int_{-\infty}^{\infty} H_Z^2 \mathrm{d}Z \qquad (3-8)$$

在电子显微镜中，对于一般像的观察无须考虑像的旋转，但在分析物相的晶体学特征时，就要考虑这种相对旋转角的关系。式（3-7）和式（3-8）均在轴对称磁场和旁轴成像前提下成立，若此条件被破坏，则焦距 f 和像转角将与 H_r 及 H_Q 有关，即放大倍数与像转角均为 r 与 Q 的函数，这必导致像与物的对应性破坏，产生像差。为此，透射电镜的严格合轴（满足旁轴条件）以及附加一可调节的磁场（消像散器），确保磁场满足轴对称性是获得高质量像的必要条件。

3. 透射电镜的调整与操作

（1）合轴调整

为保证电镜用等轴光成像及改变放大倍率时视场中心基本保持不变，要对电镜进行合轴调整。合轴调整，简单地说就是使电镜的照明和成像的各组成部分严格同轴和消除透射像散，从而简化和获得高质量图像的操作。电镜的合轴调整通常包括灯丝尖端与栅极孔、电子枪与聚光镜、照明部分与物镜、中间镜和投影镜的对中以及消除聚光镜、物镜的像散。电镜中有些合轴相当稳定，仅在拆开镜筒清洗或修理后才需要重新调整。

（2）透射电镜的操作

1）抽镜筒真空

Tecnai G2 20 型透射电镜的真空系统由三级泵构成，第一级为机械泵，用于获得镜筒粗真空和抽油扩散泵真空；第二级为扩散泵，用于实现 $10^{-5} \sim 10^{-4}$ Torr 镜筒真空；第三级为离子泵，主要用于实现 $10^{-9} \sim 10^{-2}$ Torr 的高真空。目前，Tecnai G2 F20 S – Twin 型透射电镜只要接通冷却水和机内总电源，整个镜筒或局部的抽真空工作（从低真空到高真空）就能由控制系统自动完成。当真空度达到 10^{-9} Torr 时，操控系统界面显示"Ready"，表明可以上机工作了。

2）更换样品

将试样架水平送入样品更换室（过渡室），抽样品更换室低真空并使其达到真空度要求。打开样品更换室与样品室间的空气锁紧阀门，调节或使用样品传送装置，将试样放在样品观察位置上。通常在电子枪高压条件下更换样品。为了避免更换样品过程中可能出现真空度下降而损坏灯丝和泄漏 X 射线，更换样品时应关闭电子枪和镜筒间的阀门。

3）加电子枪高压和灯丝电流

打开聚光镜和成像透镜电源开关，由低挡开始逐步给电子枪加上所需的加速电压（高压）。扳动电子枪灯丝加热旋钮，逐级加大电流，并注意电子束流表的指示和荧光屏亮度，调节灯丝电流使荧光屏的亮度和束流不再增大时为止。为延长灯丝的寿命，应将灯丝加热旋钮退回一挡使用。灯丝加热电流过大，温度过高，易使灯丝损坏；反之，灯丝加热电流过小，不仅使照明光斑亮度不够，还会影响电子束流的稳定。如果随着灯丝电流的增加，荧光屏反而变暗，则应按电子枪合轴的规定方法进行调节。通常透射电镜中设有高压和真空的联锁控制装置。一旦镜筒真空度达不到要求，高压就会加不上或自动脱开。

4）观察图像

观察图像时，一般将透镜成像系统置于低放大倍率范围选择样品的成像区域，然后调节中间镜电流，确定放大倍率，精心地调节像焦距，使荧光屏上显示的电子图像达到清晰为止。为得到高质量的图像，根据样品的厚度和反差，有时把电子枪的加速电压调到高挡或采用孔径小的物镜光阑孔成像。加速电压越高，电子束穿透样品的深度越大，在荧光屏上形成的图像的亮度也越大。物镜光阑孔径越小，像差越小，图像的衬度也越好。

5）照相记录

在荧光屏上已显示清晰并确定了放大倍率的图像后即可进行摄照记录。为了有利于显示图像的细节和提高图像的衬度，摄照前应将第二聚光镜适当地散焦。根据图像的亮度确定曝光时间，操纵曝光快门，对图像进行摄照。通常曝光时间为 $2 \sim 5$ s。若图像亮度大，则曝光时间要短；反之，应适当延长曝光时间。

现代计算机控制的 TEM（如 Tecnai G2 F20 S – Twin 型），在照相记录控制装置中。若给定了图像的曝光时间，则计算控制系统就能自动地选出图像的最佳亮度。若给定了图像的亮度，则计算机控制系统就能自动地选择最佳曝光时间。这样，使操作简化，曝光均匀，提高了效率，也保证了图像的质量。

6）关机

①关闭灯丝电流。

②关闭 CCD 电源。

③关闭电子枪与镜筒间的阀门。

三、实验设备及材料

（1）实验设备：Tecnai G2 20 型透射电镜。

（2）实验用品：单晶 Fe_2O_3 晶体（粉末试样）。

四、实验内容与步骤

（1）了解电子显微镜面板上各个钮的位置和作用。

（2）在电子显微镜正常运转下，加高压，逐渐升高灯丝加热电流，使之达到饱和点，在荧光屏上观察到均匀亮度。再逐渐降低灯丝加热电流，同时改变第二聚光镜电流，获得聚焦的灯丝像。

（3）改变第一、第二聚光镜，物镜和中间镜的电流，观察各透镜的作用。

（4）检查电子显微镜中部不严格合轴造成的影响，如移动聚光镜光阑，观察当改变第二聚光镜电流时光的移动情况。

（5）在无试样时，检查聚光镜是否存在像散，并通过聚光镜消像散器进行调整，使像散消失。如果改变第二聚光镜电流时，光斑呈同心收扩，则像散已消除。加入微栅试样用以观察物镜的像散情况。改变物镜电流，使处于过聚焦状态，在微栅试样的微洞内侧出现黑色条纹，即菲涅尔衍射环。当物镜磁场均匀时，该菲涅尔衍射环是均匀的，环与微洞边缘呈等距离分布，且环的粗细也是均匀的。若呈现非均匀性，通过调节物镜消像散器，使之均匀。为使物镜磁场尽可能轴对称，调节物镜电流使之逐渐接近正聚焦状态，此时磁场的微小不均匀性均可反映。

（6）将单晶 Fe_2O_3 晶体（粉末试样）进行衍射与成像，观察形貌像。

（7）将成像模式改为衍射模式（减小中间镜电流，使中间镜的物平面由物镜的像平面上移到物镜的后焦平面），观察 Fe_2O_3 晶体的电子衍射花样。

五、实验报告要求

（1）简述透射电镜的基本构造和成像原理。

（2）以 Tecnai G2 20 型透射电镜为例，说明其操作要点。

（3）简述透射电镜电子光学系统的组成及各部分作用。

（4）绘图并举例说明明、暗场成像的原理、操作方法与步骤。

六、思考题

(1)点分辨率和晶格分辨率有什么不同，同一电镜的这两种分辨率哪个高？为什么？

(2)加速电压改变后，是否需要重新进行电镜合轴？为什么？

(3)明场像与暗场像观察到的组织有哪些差异？

实验四　透射电子显微镜薄膜试样的制备及组织观察

一、实验目的

(1)掌握透射电镜薄膜试样的制备方法。

(2)掌握薄膜样品组织观察方法。

(3)了解质厚衬度、衍射衬度的原理。

二、实验原理

由于电子同时受原子中的核电荷及核外电子的散射作用，因此电子穿透试样的能力很弱，适用于透射电镜观察的样品要求比较薄，一般为 5～200nm。这种试样可以由块状样品直接制成薄膜样品，即薄膜法。

有两种方法可以制备厚度在 5～200nm 的薄膜：第一种方法是将薄膜从大块样品上直接截取下来；第二种方法是通过真空蒸发沉积或溶液沉淀的方法直接制备薄膜。由于第二种方法制备的薄膜和实际金属材料的性质差别较大，通常用第一种方法制备金属薄膜样品。

把大块样品逐步减薄至电子束透明的厚度，一般需经 3 个步骤：①利用砂轮片、金属丝锯或电火花切割等方法从大块样品上切取厚度为 0.5mm 的薄块；②利用机械研磨、化学抛光或电解抛光把薄块预先减薄到 0.1mm 左右；③通过某些特殊的电解抛光或离子轰击等技术制成厚度小于 500mm 的薄片。

目前较普遍采用的金属薄膜制备过程大体如下：线切割→机械研磨(或化学抛光)→电解抛光→双喷电解减薄。

1. 线切割

线切割又称电火花锯，是使薄板或细金属丝制成的刀具和样品保持一定的间隙，利用其间发生断续放电引起样品局部熔化并进射出来。

为了延长刀具的寿命，通常采用运动的金属丝(钼丝)作为阴极，样品作为阳极。电火花切割适用于一切导电的样品，在控制得当的情况下，可得到厚度小于 0.5mm 的均匀薄片。电火花线切割的速度、切片表面的光洁度及热损伤层的深度，取决于每次放电的能量。不同的样品，电火花线切割引起的损伤深度差别很大，在低能放电条件下硅铁损伤层

小于 $2\mu m$，铜则达到 $80\sim300\mu m$。

2. 机械研磨(或化学抛光)

机械研磨或化学抛光具有快速和易于控制厚度的优点，但是难免发生应变损伤和样品的升温。将上述线切割下来的薄块用 502 胶粘在一块平整度较好的金属块上，用手把平，在抛光机的水磨砂纸上注水研磨，砂纸粒度要细，用力要轻而均匀，以较小自重构成的对研磨面不太大的均匀压力，在金相湿砂纸上来回研磨。一般来说，机械研磨后的薄片厚度不应小于 $100\mu m$，否则机械研磨引起的金属扰动层将贯穿薄片的整个厚度。

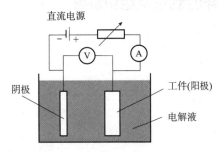

图 4 - 1　电解抛光装置示意

3. 电解抛光

用厚度为 $100\mu m$ 左右的薄片制成对电子束透明的金属薄膜，称为最终减薄。最简便和易于控制的方法是电解抛光。简单的电解抛光装置由直流电源、计测仪表、电解液容器、样品(用作阳极)和阴极组成，如图 4 - 1 所示。

为了在样品上能获得相当大透明面积的薄膜，有许多不同的抛光方法，如窗法、博尔曼法和双喷电解法，前两种方法制备的薄膜在观察时必须用电镜铜网支撑，透明区域被铜网遮蔽不少，减小了可以观察的视场。后一种方法制备的薄膜，四周留有较厚的边缘，中间有相当大的透明区域，不用铜网支撑就可以直接放在电镜下观察，非常方便并且容易操作。

4. 双喷电解减薄

用于透射电镜薄膜制备的双喷电解减薄仪有许多种类，目前国内广泛应用的有日本产的 GE - 10 型、丹麦产的 TENPOL 型及上海交大电镜室研制的 MTP - 1 型。

三、实验设备及材料

线切割机或低速锯，恒温加热器，机械研磨抛光设备(包括水砂纸、研磨膏、石蜡、AB 树脂胶、丙酮等)，凹坑仪，离子减薄仪(包括离子减薄专用树脂、高纯氧气、碳棒)。

四、实验内容与步骤

(1)透射电镜薄膜样品的制备(316L 不锈钢上制备的 $2\mu m$ 的 TaC 涂层)。

(2)用低速锯或线切割机切取尺寸为 $10mm\times10mm\times1mm$ 的薄片。

(3)用水砂纸机械研磨 316L 不锈钢一面抛光到 $100\mu m$。

(4)用凹坑仪沿 316L 不锈钢一面凹至 $10\mu m$。

(5)随后用离子减薄仪最终减薄。

(6)将减薄好的样品进行透射电镜观察，确定 TaC 涂层的形貌和结构。

五、实验报告要求

（1）简述金属薄膜样品的工艺过程及注意事项。

（2）分析观察到的 TaC 涂层的形貌和结构。

六、思考题

在透射电镜薄膜试样的制备及组织观察试验中，为什么电子穿透试样的能力很弱？

第三节　X 射线衍射分析

实验一　X 射线衍射仪结构、工作原理及操作

一、实验目的

（1）了解 X 射线衍射仪的构造和使用。

（2）掌握 X 射线衍射原理。

（3）学习样品的制备方法。

（4）学习测试参数的选择。

二、实验原理

1. X 射线衍射仪的基本构造

X 射线衍射仪由电子射线管、交流稳压器、调压器、高压发生器、整流与稳压系统、控制线路及管套等组成。图 1-1 所示为菲利浦公司生产的 X′Pert-Pro 型 X 射线衍射仪的外观。

（1）X 射线管

衍射仪按 X 射线发生器的功率分为普通衍射仪（3kW 以下）和高功率旋转阳极衍射仪（12kW 以上）两类。前者使用密封式 X 射线管，后者使用旋转阳极 X 射线管。密封式 X 射线管外壳包括玻璃管和陶瓷管两种。图 1-2 所示为目前常用的热电子密封式 X 射线管示意，主要由阴极、阳极、窗口、焦点和冷却水进出口及其构件 5 部分构成。密封式 X 射线管是一支高真空二极管；当灯丝加上电压（低电压）时，就

图 1-1　X′Pert-Pro 型 X 射线
衍射仪的外观

会产生热电子。这些电子在高电压的加速下，以高速度撞击在阳极靶上。靶材的种类有 Cr、Fe、Co、Cu 等，其中，Cu 为常用靶材；X 射线管上开有铍窗口，让 X 射线射出。

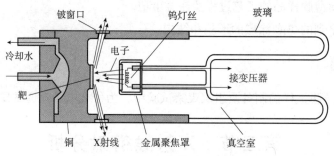

图 1-2　X 射线管结构示意

(2)测角仪及准直系统

1)测角仪

测角仪是 X 射线衍射仪的核心部分，其构造如图 1-3 所示。由光学编码定位量角器、步进电动机、光源臂、探测器臂、试样台及狭缝系统组成。根据测角仪衍射圆的取向，可分为垂直式和水平式。相比水平式测角仪，垂直式测角仪的样品水平放置且一般保持不动，因此对试样的制备要求较低，不会因为粉末试样脱落而污染试样台，甚至可以测试液态的样品。但是，垂直式测角仪由于光源臂和探测器臂重力不同，为保证精度，对制备工艺要求较高。根据光源、试样和探测器运动方式的不同，测角仪可分为 $\theta-\theta$ 型和 $\theta-2\theta$ 型。样品台(小转盘 H)与测角仪圆(大转盘 G)同轴(中心轴 O 与盘面垂直)；X 射线管靶面上的线状焦斑(S)与(O)轴平行；接收光阑(F)与计数管(C)共同安装在可围绕 O 轴转动的支架上。

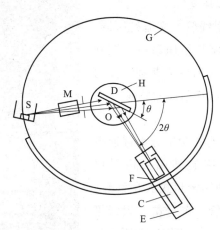

图 1-3　X 射线测角仪结构示意

衍射实验过程中，安装在 H 上的样品(其表面应与 O 轴重合)随着 H 与支架以 1：2 的角速度关系联合转动(常称为计数管与样品联动扫描，或称为 $\theta-2\theta$ 联动)，以保证入射角等于反射角；联动扫描过程中，一旦 2θ 满足布拉格方程(且样品无系统消光时)，样品将产生衍射线并被计数管接收。测角仪扫描范围：正向（顺时针）2θ可达到165°，反向（逆时针）2θ可达到 -100°。2θ测量绝对精度为0.02°，重复精度为0.001°。

X射线管焦斑S与接收光阑F处于同一圆周，即测角仪圆上。S发出的发散射线照射样品，样品产生的(hkl)衍射线在F处聚焦；按聚焦原理，S、O与F决定的圆即为聚焦圆（S、O与P共圆），如图1-3所示。在计数器与样品联动扫描过程中，点F的位置沿测角仪圆周变化，即对应不同(hkl)衍射，焦点F位置不同，从而导致聚焦圆半径不同。由聚焦几何可知，为保证聚焦效果，样品表面与聚焦圆具有相同的曲率。但由于联动扫描过程中，测角仪聚焦圆曲率不断变化，样品表面不可能实现这一要求，故X射线衍射仪只能做近似处理，即采用平板样品，使得样品表面在扫描过程中始终与聚焦圆相切。

2）准直系统

由X射线管发射出的X射线有一定的发散，通过狭缝以满足实验要求。

①索拉（Sollar）狭缝（SOS1，SOS2）：它由许多紧密相间、平行和射线源焦线垂直的金属薄片组成，使X射线有很确定的轴向发散，可减少聚焦时产生的各种畸变，索拉狭缝在设计时已经固定，发散角为2.5°，不能调整。

②发散狭缝（DS）：用来限定入射X射线束的大小及水平发散度，狭缝的大小对入射光束、衍射线强度影响很大。DS大能增加强度，但又不能太大，因样品面积有一定的大小，过大会使入射线照在样品外，降低信噪比。DS常配有1°、2°、4°三种，常用为1°。

③防散射狭缝（SS）：其主要作用是防止散射线进入接收器，增大信噪比。一般有1°、2°、4°三种，需与发散狭缝配合使用。二者之间的配对关系见表1-1。

表1-1　发散狭缝与衍射光路防散射狭缝的选择

发散狭缝/(°)	防散射狭缝/(°)
4	8
2	4
1	2
1/2	1
1/4 或更小	1/2

④接收狭缝（RS）：其使衍射后的一束很窄的衍射线进入计数管。狭缝大，衍射峰相对强度大，但峰形矮而宽；狭缝小，分辨率高，峰形尖锐。仪器配有0.1mm、0.15mm、0.3mm、0.6mm四挡可供选用。

（3）计数和计数器

在X射线衍射仪中，探测X射线的元件为计数管，计数管及其跟随电路称为计数器。通过记录X射线光子的计数来确定衍射线是否存在及其强度情况。常用的有正比计数器、闪烁计数器、半导体探测器及位敏探测器等。其中，正比计数器和半导体探测器的量子效率、分辨率均较好。但是，对于高计数率，半导体探测器漏计比较严重。对于短波长和中波长的辐射，闪烁计数器比较实用，具有高通量、高量子效率和良好的正比性。

计数器的主要功能是将 X 射线的能量转换成电脉冲信号。此外还需将所输出的电脉冲信号转变为操作者能直接读取的数值。计数电路是指完成上述转换所需的电子电路。

(4)计算机控制和测量系统

现代的衍射仪，都是用计算机控制和采集记录图谱。通过计算机软件控制管电流、管电压的升降，设定测试参数以及记录衍射数据。同时，通过商业分析软件，配上粉末衍射标准联合委员会的标准数据库即 JCPDS 卡片，对衍射图谱进行分析，如物相检索、标定以及图谱的全谱拟合结构精修等。

2. X 射线衍射仪的工作原理

衍射仪的种类很多，通常分为研究多晶结构的 X 射线多晶衍射仪、研究单晶结构的单晶衍射仪及研究微区结构的微区衍射仪等。X 射线衍射仪主要用于研究物质的微观结构。如单晶定向、检验缺陷、物相鉴定、半定量分析、晶胞参数、晶粒大小、结晶度以及应力分析、测定点阵参数、测定残余应力等。图 1-4 所示为典型的 X 射线多晶衍射图谱，横坐标为衍射角的 2 倍，纵坐标为衍射强度。衍射图谱中每个衍射峰为晶体某个晶面的衍射。当 X 射线照射到晶体上时，产生衍射的必要条件是入射角要满足布拉格方程 $2d\sin\theta = n\lambda$，如图 1-4 中插入的小图所示。其中，d 为晶面间距；θ 为衍射角；n 为衍射级数；λ 为 X 射线波长。在进行多晶衍射测试时，理想情况下试样中会存在无数个小晶粒，每个晶粒的取向随机。当改变 X 射线的入射角时，总是存在某个晶面 d_{hkl} 能满足布拉格衍射，通过记录衍射线的衍射角度和强度，即可获得一张衍射图谱。

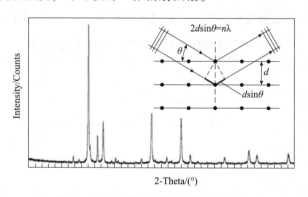

图 1-4　典型的 X 射线多晶衍射图谱

3. X 射线衍射仪的调整与操作

启动 X 射线衍射仪按下列程序进行：

(1)开机前的准备和检查，将准备好的试样插入衍射仪样品架。打开冷却水开关，使冷却水流通；

(2)检查 X 射线管窗口是否已关闭，管压、管流表是否指在最小位置；

(3)接通总电源，打开稳压电源；

(4)将制备好的试样放入样品架，关闭防护罩；

(5)开启总电源、循环水泵，待准备灯亮后，接通管电流，缓慢升高电压和电流至所需值；

(6)设置适当的衍射条件，打开记录仪和 X 射线管窗口，使探测器在设定条件下扫描；

(7)测试完毕，关闭 X 射线管窗口和记录仪电源，取出样品。使探测器复位，缓慢将管流和管压降至最小值，关闭水源、总电源；

(8)使用 X 射线衍射仪时必须注意安全，防止人身的任何部位受到 X 射线的直接照射及散射，防止触及高压部件及线路，并使工作室有经常的良好通风。

三、实验内容与步骤

(1)制备样品。

制备符合要求的样品是多晶衍射实验的重要一环。多晶衍射通常采用平板状样品。样品架及试样的制备如图 1-5 所示。衍射仪均附有表面平整光滑的玻璃或铝质的样品板，如图 1-5(a)所示。板上开有窗孔或不穿透的凹槽，样品放入其中进行测试。

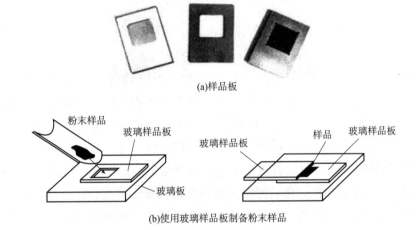

(a)样品板

(b)使用玻璃样品板制备粉末样品

图 1-5　样品架及试样的制备

1)粉晶样品的制备。将待测样品在玛瑙研钵中研成 $5\mu m$ 左右的细粉，取适量研磨好的细粉填入凹槽，并用平整光滑的玻璃板将其压紧，然后将槽外或高出样品板面的多余粉末刮去，并重新将样品压平，使样品表面与样品板面一样平齐光滑，如图 1-5(b)所示。如果样品容易发生取向，可以使用背压法或撒样法制样。

2)特殊样品的制备。对于金属、陶瓷、玻璃等一些不易研成粉末的样品，可先将其切割成窗孔大小，并研磨平一面作为测试面，再用橡皮泥或石蜡将其固定在窗孔内。

(2)测试流程。

为了获得优质的衍射图谱，需要精心地设置实验条件和参数，测试流程见图 1-6。测试前需要确定测试的目的，如物相鉴定还是定量分析等。然后根据样品所含元素，选择合适的靶材。选靶的原则是：避免使用能被样品强烈吸收的波长，否则将使样品激发出强的荧光辐射，增高衍射图的背景。

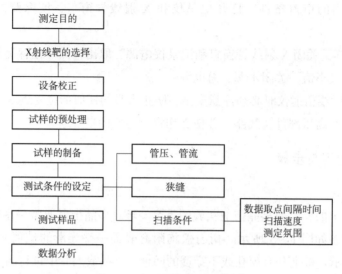

图1-6 X射线衍射测试流程

1）狭缝的选择。狭缝的大小对衍射强度和分辨率都有影响。大狭缝可得到较大的衍射强度，但降低分辨率；小狭缝可提高分辨率，但损伤强度。

2）扫描方式的选择。多晶衍射的扫描方式包括连续扫描和步进扫描两种。连续扫描时测角仪以固定速度转动，X射线检测器连续地测量X射线的衍射强度。其优点是工作效率高，如扫描速度为4°/min时，角度范围为20°~80°，衍射图谱只要15min即可测试完；而且测试也具有较好的分辨率、灵敏度和精确度。连续扫描适用于物相的定性测试。步进扫描测量时，测角仪每转过一定的步进宽度后，停留一定的时间，探测器记录下该角度下的X射线总计数。然后测角仪转动相同的步进宽度，停留设定的时间，再测量记录总计数，直到完成扫描。步进扫描一张图谱通常需要较长的时间，如对于20°~80°范围，步进宽度为0.01°，每步停留3s，则测试时间为18000s(5h)。步进扫描适合

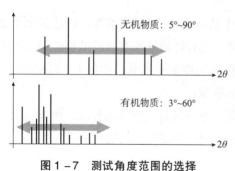

图1-7 测试角度范围的选择

定量分析、精确测定点阵常数等分析。扫描的角度范围(2θ)需要根据样品性质选择，使尽量多的衍射峰能被探测到，如图1-7所示。以Miniflex 600型衍射仪为例，通常的测试条件为：Cu靶，管电压40kV，管电流15mA，发散狭缝和防散狭缝设定为1.25°，接收狭缝为0.3mm，扫描方式为连续扫描，扫描速度一般为4°/min~8°/min。

（3）由教师介绍X射线衍射仪的构造并进行示范操作。

（4）由教师组织讨论摄照某种物质的粉末相时应选用的X射线管阳极、滤片、管压、管流及曝光时间等参数。

四、实验报告要求

(1)简述 X 射线衍射仪的工作原理。

(2)简述 X 射线衍射仪的构造。

(3)实验操作步骤以及测试参数的选定依据。

(4)写出体会与疑问,并附上测试得到的实验图谱。

五、思考题

(1)为什么说衍射现象与晶体的有序结构有关?

(2)从样品性质以及参数选择的角度,分析如何获得优质的衍射图谱?

(3)有一块状矿物样品要进行 X 射线衍射分析,如何制备测试样品并确定测试参数?

实验二 X 射线衍射物相分析

一、实验目的

(1)掌握 X 射线衍射物相定性分析的原理和实验方法。

(2)掌握 PDF 卡片查找方法和物相检索方法。

(3)根据衍射图谱或数据,学会单相样品和多相样品的物相鉴定方法。

二、实验原理

1. 物相定性分析原理

由于每种结晶物质都有其特定的结构参数(包括晶体结构类型、晶胞的大小、晶胞中原子、离子或分子数目的多少及它们所在的位置等),所以任何两种不同的结晶物质不可能给出完全相同的 X 射线衍射谱线的位置、形状和强度分布等特征。X 射线射到金属多晶体上,产生衍射的充要条件为:

$$2d\sin\theta = n\lambda \tag{2-1}$$

$$F(hkl) \neq 0 \tag{2-2}$$

式(2-1)确定了衍射方向,在一定的实验条件下衍射方向取决于晶面间距 d,而 d 是晶胞参数的函数;式(2-2)表示衍射强度与结构因子的关系,衍射强度正比于 $F(hkl)$ 模的平方。$F(hkl)$ 的数值取决于物质的结构,即晶胞中原子的种类、数目和排列方式,因此决定 X 射线衍射谱中衍射方向和衍射强度的一套 d 与 I 的数值是与一个确定的晶体结构相对应的。也就是说,任何一个物相都有一套 $d-I$ 特征值,两种不同物相的结构稍有差异,其衍射谱中的 d 与 I 有区别,这就是应用 X 射线衍射分析和鉴定物相的根据。

若某种混合物包含多种物相时，每个物相产生的衍射将独立存在，互不相干，该混合物的衍射结果是各个单相衍射图谱的简单叠加。因此，应用 X 射线衍射可鉴别出多相样品中的每个物相。一种物相衍射谱中的 $d-I/I_1$（I_1 是衍射图谱中最强峰的强度值）的数值取决于该物质的组成和结构，其中 I/I_1 称为相对强度。当两个样品 $d-I$ 的数值都对应相等时，这两个样品就是组成与结构相同的同一种物相。因此，当一未知物相样品的衍射谱上的 $d-I/I_1$ 的数值与一已知物相 M 的数据相同时，即可认为未知物就是 M 相。由此看来，物相定性分析就是将未知物的衍射实验所得的结果，考虑各种偶然因素的影响，经过去伪存真获得一套可靠的 $d-I/I_1$ 数据后与已知物相的 $d-I/I_1$ 相对照，再依照晶体和衍射理论对所属物相进行肯定与否定。目前，已经测量了约 140000 种物相的 $d-I/I_1$ 数据，每个已知物相的 $d-I/I_1$ 数据制作成一个粉末衍射文件（Powder Diffraction File，PDF），以卡片的形式存储，称为 PDF 卡片。若未知物在已知物相的范围内，物相分析工作即实际可行。

2. JCPDS 卡片

标准物质的 X 射线衍射数据是 X 射线衍射物相鉴定的基础。目前应用最为广泛的多晶衍射数据库称为 JCPDS（Joint Committee on Powder Diffraction Standards）卡片。JCPDS 卡片的电子版到现在经历了四个版本，分别为 PDF-1、PDF-2、PDF-3 和 PDF-4。PDF-2 是目前最常用的版本，有 2002 版和 2004 版等。单张 PDF-2 电子卡片可通过 PCPDWIN 等索引软件检索。

3. JCPDS 卡片检索方法

利用 JCPDS 的粉末衍射卡片档案的索引书进行人工检索是最常用的方法。索引分为"有机"和"无机"两大类，每类又分为字母排序及数字（按 d 值大小顺序）索引两种。数字索引又分为哈那瓦特法（Hanawalt Method）及芬克法（Fink Method）两种。检索手册按检索方法可分为两类：一类以物质名称为索引（字母索引），另一类以 d 值数列为索引（数值索引）。

4. Jade 物相分析过程

（1）Jade 简介采集样品的衍射图谱后，还需具有 JCPDS 卡片数据库和专业分析软件才能进行物相定性分析。Jade 软件是比较常用的一款衍射图谱分析软件。Jade 软件具有数据平滑、Kα 分离、去背底、寻峰、分峰拟合、物相检索、结晶度计算、晶粒大小和晶格畸变分析、RIR 值快速半定量分析、晶格常数计算、图谱指标化、角度校正、衍射谱理论计算等功能。从 Jade 6.0 开始，增加了全谱拟合 Rietveld 分析，可对晶体结构进行结构精修和物相定量分析。

（2）Jade 定性分析的基本原理。对于 Jade 物相定性分析，其基本原理基于以下三条原则：①任何一种物相都有其特征的衍射谱；②任何两种物相的衍射谱不可能完全相同；③多相样品的衍射峰是各物相的机械叠加。通过 Jade 软件将所测样品的图谱与 JCPDS 卡片库中的标准卡片一一对照，就能检索出样品中的全部物相。

一般来说，判断图谱中是否存在某个相有以下三个条件：①标准卡片中的峰位与样品实测图谱的峰位是否匹配。换句话说，一般情况下标准卡片中出现的峰位置，样品实测谱中必须有相应的峰与之对应，即使三条强线对应得非常好，但有另一条较强线位置明显没有出现衍射峰，也不能确定存在该相。但是，当样品存在明显的择优取向时除外，此时需要另外考虑择优取向问题。②标准卡片的峰强比与样品实测谱的峰强比大致相同，但一般情况下，对于金属块状样品，由于择优取向存在，导致峰强比不一致，因此峰强比仅作参考。③检索出的物相包含的元素在样品中必须存在。例如，物相检索出了 FeO 相，但样品中根本不可能存在 Fe 元素，则即使其他条件完全吻合，也不能确定样品中存在该相。此时，应考虑样品中存在与 FeO 晶体结构大体相同的异质同构相。另外，还要考虑样品是否被 Fe 污染，可通过元素分析来确认。对于无机材料和黏土矿物，一般参考"特征峰"来确定物相，而不要求全部峰都对应，因为一种黏土矿物中可能包含的元素会有所差异。

5. 物相分析的基本步骤

(1)制备待分析物质样品，用 X 射线衍射仪获得样品衍射花样。

(2)确定各衍射线条 d 值及相对强度 I/I_1（I_1 为最强线强度）。以 $I-2\theta$ 曲线峰位求得 d，以曲线峰高或积分面积求得 I/I_1，配备微机的衍射仪可直接打印或读出 d 与 I/I_1 值。

(3)检索 JCPDS 卡片。物相均为未知时，使用数值索引。将各线条 d 值按强度递减顺序排列；按 3 强线条 $d1$、$d2$、$d3$ 的 $d-I/I_1$ 数据查数值索引；查到吻合的条目后，核对 8 强线的 $d-I/I_1$ 值；当 8 强线基本吻合时，则按卡片编号取出 PDF 卡片。若按 3 强线条 $d1$、$d2$、$d3$ 查不到相应条目，则可将 $d1$、$d2$、$d3$ 按不同顺序排列查找。查找索引时，d 值可有一定误差范围：一般允许 $\Delta d = \pm(0.01\sim0.02)$Å。

(4)核对物相卡片与物相判定。将衍射花样全部 $d-I/I_1$ 数据与检索到的 JCPDS 卡片核对，若一一吻合，则卡片所示相即为待分析相。检索和核对 JCPDS 卡片时以 d 值为主要依据，以 I/I_1 为参考数。

6. 衍射峰的标定

直接从衍射仪得到的数据，是对应于一系列 2θ 角度位置的 X 射线强度数据。有了直接从衍射仪获得的 $2\theta-I$ 原始数据后，还要进行初步处理，初步处理包括：图谱的平滑、背底的扣除和峰位的确定。峰位的确定方法有峰巅法、交点法、弦中点法、中心线峰法、重心法、微分法。

衍射强度 I 的测量如下。

(1)高强度：以减去背底后的峰巅高度代表一个衍射峰的强度。

(2)积分强度：以整个衍射峰背底线以上部分的面积作为峰的强度。

三、实验设备及材料

本实验采用的仪器为荷兰菲利浦公司生产的 X'Tert Pro 型多功能 X 射线衍射仪，实验材料为 CaO 和 Na_2CO_3 混合粉末。

四、实验内容与步骤

1. 样品的制备

本实验中所用到的样品为粉末样品，X 射线衍射用粉末样品的粒度有一定的要求，颗粒大小为 $1 \sim 10 \mu m$。粉末过 $200 \sim 325$ 目筛子即合乎要求，但是由于在衍射仪上摄照面积较大，所以允许采用稍粗的颗粒。各取等量的 CaO 和 Na_2CO_3 粉末混合均匀后，可轻压在玻璃制的通框或浅框中。压制时一般不加黏结剂，所加压力以使粉末样品粘牢为限，压力过大可能导致颗粒的择优取向。

2. 测试参数的选择

需考虑确定的实验参数很多，如 X 射线管阳极的种类、滤片、管压、管流等，其选择原则可参考相关书籍。有关测角仪上的参数，如发散狭缝、防散射狭缝、接收狭缝的选择等，可参考相关书籍。对于自动化衍射仪，很多工作参数可由微机上的键盘输入或通过程序输入。本实验中实验条件见表 2 – 1。

表 2 – 1　X 射线衍射仪的定性分析实验条件

扫描范围	$2\theta = 20° \sim 100°$
步宽	0.033°
扫描速度	8°/min
光管电压、电流	40kV，40mA
狭缝	DS：1°，SS：2°，RS：6.6mm
扫描方式	连续扫描

3. 衍射图的分析

先将衍射图上比较明显的衍射峰的 2θ 值标出来。并计算出相应的 d 值，然后按衍射峰的高度估计出各衍射线的相对强度。有了 d 系列与 I 系列后，取前反射区三根最强线为依据，查阅索引，用尝试法找到可能的卡片，再进行详细对照。如果对试样中的物相已有初步估计，亦可借助字母索引来检索。

确定一个物相后，将余下线条进行强度的归一处理，再寻找第二相。有时亦可根据试样的实际情况做出推断，直至所有的衍射线均有着落为止。

4. 数据处理和结果输出

（1）用 Highscore 软件打开测量图谱，熟悉 Highscore 工作窗口和工作命令的使用。

（2）单击常用工具栏中的 Ide All 按钮，系统自动检索出与样品衍射谱最匹配的 PDF 卡片及列表信息。

（3）在检索结果列表中，根据谱线角度匹配情况并参考强度匹配情况，选择最匹配的 PDF 卡片作为物相鉴定结果。

（4）重复步骤（1）～（3），直到全部衍射线都有相应的物相匹配，物相鉴定完毕。

（5）选择 Reports – Great Word Report 命令，打印输出物相鉴定结果。

五、实验报告要求

(1)简述衍射仪所使用的粉末样品的制备要求。

(2)记录所分析的衍射图的测试条件，将实验数据及结果以表格列出。

(3)简述实验过程。

六、思考题

(1)对食盐进行化学分析与物相定性分析，所得信息有哪些不同？

(2)如何判定物相定性分析结果的正确性？

(3)多相物相鉴定存在哪些困难？

第二章　机械工程材料工艺实验

第一节　金属熔炼实验

实验一　消失模铸造成型实验

一、实验目的

(1)了解负压实型铸造过程。

(2)学习消失模铸造工艺设计方法及特点。

二、实验原理

消失模铸造法就是用泡沫塑料(EPS、STMMA 或 EPMMA 等)代替铸模(如木模等)进行造型，模样不取出，浇入金属液，泡沫塑料模燃烧、气化而消失；金属液取代了原来泡沫塑料所占据的空间位置，冷却凝固后获得所需铸件的铸造方法。消失模铸造的分类为：

消失模铸造
- 实型铸造法：树脂砂或水玻璃砂等造型
- 负压实型铸造：干砂 + 负压(V 法)
- 磁型铸造：铁磁性材料造型
- 实型精密铸造：壳型(类似于精密铸造)
- 负压实型陶瓷型铸造：陶瓷(刚玉粉、锆砂等耐火材料)型

消失模铸造的主要特点如下：

(1)简化工序，缩短生产周期，提高生产效率；

(2)内部缺陷大大减少，铸件组织致密；

(3)投资少，可实现大规模、大批量生产；

(4)适用于人工操作与自动化流水线生产运行控制；

(5)可以大大改善铸造生产线的工作环境与生产条件，降低劳动强度，减少能源消耗。

消失模铸造的局限性如下：

（1）铸件材质，其适用性从好到差的顺序为：灰铸铁—非铁合金—普通碳素钢—球墨铸铁—低碳钢和合金钢；

（2）铸件大小，主要考虑相应设备的使用范围（如振实台、砂箱）；

（3）铸件结构，铸件结构越复杂就越能体现消失模铸造工艺的优越性和经济效益，对于结构上有狭窄的内腔通道和夹层的情况，采用消失模工艺前需要预先进行实验才能投入生产。

现代工业生产中常用方法是用泡沫塑料 EPS 模型 + 干砂负压实型铸造法，简称 EPS 铸造。国外的称呼主要有：Lost Foam Process（美国）、Policast Process（意大利）等。

1. 消失模铸造基本工艺流程

消失模铸造基本工艺流程如图 1 - 1 所示。

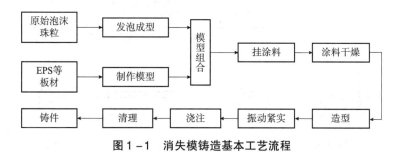

图 1 - 1　消失模铸造基本工艺流程

2. 负压实型铸造工艺设计

消失模铸造的浇注过程是金属液充型，同时泡塑模具在流动的金属液前沿的热作用下发生软化、熔融到气化分解，产生的液态产物和气态产物沿金属与塑料泡沫界面透过涂料层进入型砂排放的过程。

泡沫的热解是吸热反应，对流动的金属前沿有激冷作用，形成了从铸件最后充填部位到浇道的正的温度梯度，有利于铸件按顺序凝固方式进行。由于负压作用，金属液先于分解产物全部排除前覆盖涂层，封闭了气体逸出通道，易造成铸件缺陷。

浇注系统与普通砂型铸造一样有顶注式、底注式和阶梯式：顶注式一般采用开放式系统，能顺利充满薄壁型腔，易于形成自上而下顺序凝固，补缩效果好，但是裹气现象严重；底注式一般采用封闭式系统，充型平稳，金属液上升方向与气体流向一致，利于排气浮渣，但不利于补缩；阶梯式兼具两者优点，但是结构复杂。

负压实型铸造中模型气化吸热，其浇注系统截面积比砂型铸造适当放大，铸钢件及铝合金件放大 10% ~ 20%，铸铁件放大 20% ~ 50%。

内浇口引入位置对引起铸件产生缺陷或塌陷非常敏感。一般要求如下：

（1）内浇口离铸型底边不能太高，不能直接冲刷型壁；

（2）避免形成死角区，流程不能太长；

（3）内浇口应做成喇叭形，向着模型方向逐渐扩张；

（4）切忌采用铸造中传统的薄片浇口，宜采用变截面式内浇口。

3. 真空稳压系统

真空稳压系统为特制的"负压砂箱"制造稳定的负压场，使干砂在负压作用下定型，同时将泡沫模型气化过程产生的气体吸走，以保证浇注顺利进行。真空稳压系统组成如图 1 - 2 所示。

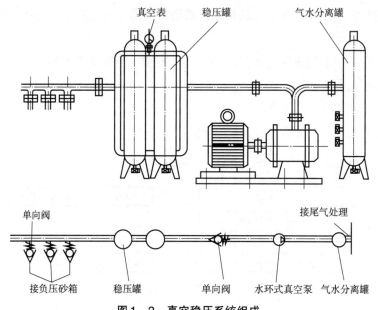

图 1 - 2　真空稳压系统组成

4. 造型

带有过滤抽气系统的"负压砂箱"为双层箱壁结构，两层箱壁之间形成真空室，砂箱内壁上钻有透气孔，两层之间设有金属丝网，可防止细砂粒和粉尘进入真空室。更大的砂箱可在内部设置真空软管，并将软管连接到真空罐与真空泵之间。

向砂箱内充填无黏结剂和附加物的干石英砂，启动振动台，将砂箱内的型砂振实并刮平砂面，放置刷好涂料、干燥的模样，分层填料，每层料高 100 ~ 300mm，振动一段时间后再填一层；型料不能直冲着模型，应冲着砂箱壁；长孔、盲孔等死角区应预先填料，一般先在其中预填含黏土的型砂并捣实后再放进砂箱。

在砂面上铺上塑料薄膜密封，打开抽气阀门，抽取型砂中的空气，使铸型内外形成压力差。由于压力差的作用，铸型成型后有较高的硬度，硬度计读数达到 80 ~ 90HBS，最高可达到 90 ~ 95HBS，如图 1 - 3 所示。此后铸型要继续抽真空，然后浇注。

浇注后待金属液逐渐冷却凝固后，逐步减小负压度，当型内压力接近或等于大气压时，型内外压差消失，砂型自行溃散，如图 1 - 4 所示。注意：保压时间要根据铸件厚度大小来决定。

铸件冷却后，去除真空管，无须振动直接将砂子同铸件一起落下。砂冷却后返回系统循环使用，将铸件取走进入清理工序。

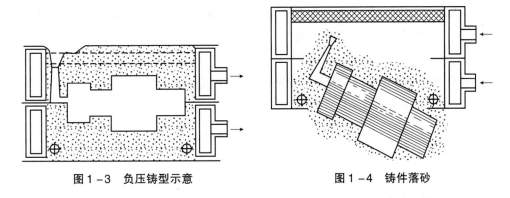

图 1-3 负压铸型示意   图 1-4 铸件落砂

三、实验设备及材料

设备：KF-SJ-450 型 EPS 泡沫预发机、模样成型机(有条件的采用)、EPS 切割机、负压砂箱、振实台、真空稳压系统、金属熔炼设备。

材料：EPS 板材、乳胶、涂料(成品或自制)、干砂、塑料薄膜等。

四、实验内容

(1)通过典型零件(如哑铃)或自选工艺品,用 EPS 泡沫板完成泡沫模型制作。

(2)完成铸件工艺设计,并用 EPS 制作浇注系统。

(3)完成金属熔炼及铸件浇注过程。

五、实验步骤

1. 泡塑珠粒的选用(有条件的进行)

消失模铸造专用的泡塑珠粒有以下 3 种:

(1)可发性聚苯乙烯树脂(简称 EPS)珠粒;

(2)可发性甲基丙烯酸甲酯与苯乙烯共聚树脂(简称 STMMA)珠粒;

(3)可发性聚甲基丙烯酸甲酯树脂(简称 EPMMA)珠粒。

常用 EPS 珠粒,用于铸造有色金属、灰铁及一般钢铸。珠粒的特点是:半透明珠粒,预发泡倍数为 40~60,粒径为 0.18~0.80mm(6 种尺寸),一般选用的原始珠粒的粒径不超过铸件最小壁厚的 1/10~1/9。

2. 模型制作

模型制作有两种情况:一种由泡塑珠粒制作;另一种由 EPS 泡塑板材制作。

由泡塑珠粒制作模型的过程为:预发泡→熟化→发泡成型→冷却出模。

(1)预发泡。EPS 珠粒在加入模具前要先进行预发泡,以使珠粒膨胀到一定尺寸。预发泡过程决定了模型的密度、尺寸稳定性及精度,是关键环节之一。适用于 EPS 珠粒预发泡的方法有 3 种:热水预发泡、蒸汽预发泡和真空预发泡。真空预发泡的珠粒发泡率高,珠粒干燥,应用较多。

（2）熟化。经预发泡的 EPS 珠粒放置在干燥、通风的料仓中一定时间，以便使珠粒泡孔内外界压力平衡，使珠粒具有弹性和再膨胀能力，除去珠粒表面的水分。熟化时间为 8~48h。

（3）发泡成型。将预发泡且熟化的 EPS 珠粒填充到金属模具的型腔内，加热，使珠粒再次膨胀，填满珠粒间的空隙，并使珠粒间相互融合，形成平滑表面，即模型。

（4）冷却出模。出模前必须进行冷却，使模型降温至软化温度以下，模型硬化定型后才能出模。出模后还应有模型干燥及尺寸稳定的时间。设备有蒸缸及自动成型的成型机两种。

由 EPS 泡塑板材制作模型时，对简单模型，可利用电阻丝切割装置，将泡塑板材切割成所需的模型；对复杂模型，首先用电阻丝切割装置，将模型分割成几个部分，然后进行黏结，使之成为整体模型。

3. 模型组合

将加工好（或外购）的泡塑模型与浇冒口模型组合在一起。

目前使用的黏结材料主要有：橡胶乳液、树脂溶剂、热熔胶及胶带纸。

4. 模型涂料涂挂

实型铸造泡塑模型表面必须涂一层一定厚度（0.5~1.5mm）的涂料，形成铸型内壳。其涂层的作用是提高 EPS 模型的强度和刚度，以及模型表面抗型砂冲刷能力，防止加砂过程中模型表面破损及振动造型和负压定型时模型的变形，确保铸件的尺寸精度。

将消失模铸造专用涂料在涂料搅拌机内加水搅拌，使其得到合适的黏度。搅拌后的涂料放入容器内，用浸、刷、淋和喷的方法将模型组涂覆。一般涂 2 遍，使涂层厚度为 0.5~1.5mm，根据铸件合金种类、结构形状及尺寸大小不同选定。涂层在 40~50℃下烘干或自然风干。

5. 振动造型

振动造型的工序包括：

（1）将带有抽气室的砂箱放在振动台上并卡紧，底部放入一定厚度的底砂（一般底砂层厚度为 50~100mm），振动紧实。振荡幅度为 0.4~0.75mm，频率为 300Hz，时间为 40~60s。经振动紧实的砂型用砂型硬度计测得表面硬度为 60~70，抽真空后可达到 95。

型砂为无黏结剂、无添加物、不含水的干石英砂。黑色金属温度高，可选用较粗的砂，铝合金采用较细的砂子。

砂箱为单面开口，并且设有抽气室或抽气管、起吊或行走机构。

（2）放置 EPS 模型。振实后，其上根据工艺要求放置 EPS 模型组，并手工培砂固定。

（3）填砂。向砂箱内充填无黏结剂和附加物的干石英砂，启动振动台（x、y、z 三个方向），时间为 30~60s，将砂箱内的型砂振实并刮平砂面，放置刷好涂料、干燥的模型，分层填料，每层料高 100~300mm，振动一段时间后再填一层；使型砂充满模型的各个部位，且使型砂的堆积密度增加。

(4)密封定型。砂箱表面用塑料薄膜密封,用真空泵将砂箱内抽成一定真空,靠大气压力与铸型内压力之差将砂粒"黏结"在一起,维持铸型浇注过程不崩散,这称为"负压定型"。

浇注时推荐的真空度范围见表 1-1。

表 1-1 浇注时推荐的真空度范围

铸件材质	砂箱内真空度/kPa	铸件材质	砂箱内真空度/kPa
铸铝、铸钢合金	40 ~ 53	铸铁、铸钢	53 ~ 66

金属液浇入型腔后砂箱内真空度会显著下降,这是由于高温金属将密封塑料膜烧穿破坏了密封状态,而金属液还未封住直浇口,因而吸进了气体;同时,EPS 泡沫气化排出。当砂箱建立起新的密封状态时,真空度又慢慢上升,直至浇注结束时,真空度基本恢复到初始真空度。

6. 浇注

EPS 模型一般在 80℃左右软化,在 420 ~ 480℃时分解。分解产物有气体、液体及固体三部分。热分解温度不同,三者含量不同。

实型铸造浇注时,在液体金属的热作用下,EPS 模型发生热解气化,产生大量气体,不断通过涂层型砂向外排放,在铸型、模型及金属间隙内形成一定气压,液体金属不断地占据 EPS 模型位置,向前推进,发生液体金属与 EPS 模型的置换过程。置换的最终结果是形成铸件。

浇注操作过程采用慢—快—慢,并保持连续浇注,应防止浇注过程断流。浇后铸型真空维持 3 ~ 5min 后停泵。浇注温度比砂型铸造的温度高 30 ~ 50℃。

7. 冷却清理

冷却后,实型铸造落砂最为简单,将砂箱倾斜吊出铸件或直接从砂箱中吊出铸件均可,铸件与干砂自然分离。分离出的干砂处理后重复使用。

六、实验注意事项

(1)消失模铸造的浇注过程,就是金属液充型,同时泡塑模具气化消失的过程。浇道始终要充满钢液,若不充满,由于涂料层强度有限,极容易发生型砂塌陷以及进气现象,造成铸件缺陷。一般铸件应采用底浇式封闭型浇注系统,这样有利于金属液平稳充型,模型不容易形成很大的空腔。

(2)为防止金属液高温辐射熔化同箱铸型内其他 EPS 模型,浇道适当离铸件模型远一点。内浇口的位置选择在整箱铸件最低位置。

(3)浇注时注意调节和控制负压真空度在一定范围内,浇注完毕后保持在一定负压状态下一段时间,负压停止、钢液冷凝后出箱。

(4)浇注钢液时要稳、准、快。瞬时充满浇口杯,并且快速不断流,以免造成塌砂现象或者铸件增多气孔的问题,导致铸件报废。

七、思考题

(1)消失模铸造能否适用于所有零件?

(2)消失模铸造与普通砂型铸造在工艺方面有哪些区别?

(3)开始浇注后,真空度为什么突然下降?

实验二 砂型铸造成型工艺实验

一、实验目的

(1)了解用黏土和呋喃树脂两种作为黏结剂的型砂的整个成型工艺过程。

(2)了解黏土与有机黏结剂所适用的范围。

(3)学会用黏土砂造外部上、下型、装配树脂砂型芯,再浇注成型。

二、实验设备及材料

(1)原砂(水洗砂50/100)、钙基膨润土、钠基膨润土、水、呋喃树脂、磷酸(工业纯)。

(2)台秤、天平、盛砂盆、量杯、托板、木模、砂箱。

(3)辗轮式混砂机、叶片式混砂机(快速混砂机)、冲样机及附件、透气性测定仪、万能强度实验仪。

三、实验内容与步骤

(1)在辗轮式混砂机内装入原砂,按拟定成分加入钙、钠基膨润土,保持水土比为3:10,开动混砂机,干混2min,将量筒中的水通过注入器倒入混砂机内继续混6min;将混好的砂卸入盛砂盆内,用麻布盖好,调均5min;然后进行造型。

(2)使用叶片式混砂机混制树脂砂。配方:原砂100%、树脂2%、磷酸(占树脂的)40%。以原砂(1kg)为基数计算树脂质量,再以树脂质量为基数计算磷酸质量,分别用台秤、天平、量杯称量好各个成分,按以下混砂工艺混制;原砂+树脂→混60s后加入磷酸混10s立即出砂,最后进行造型。

(3)分别对黏土砂进行湿透气率和湿压强度的测定,对树脂砂进行抗拉强度的测定。

(4)按照图2-1进行造型,用混制好的黏土砂造型,造好上箱、下箱,装配树脂砂型芯,最后浇注成型。

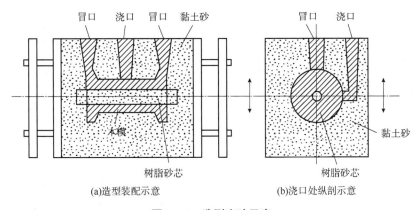

(a)造型装配示意   (b)浇口处纵剖示意

图2－1　造型实验示意

四、实验报告要求

实验数据填写在表2－1中。

表2－1　型砂性能测定实验数据

实验结果	项目											
	湿透气率			湿压强度			抗拉强度					
	1	2	3	1	2	3	1	2	3	4	5	6
钙基膨润土黏土砂							—	—	—	—	—	—
钠基膨润土黏土砂							—	—	—	—	—	—
呋喃树脂砂	—	—	—	—	—	—						

五、实验注意事项

(1)混黏土砂时，避免吸入粉尘。

(2)混树脂砂时，将固化剂磷酸快速加入，以免飞溅。

六、思考题

(1)实验过程中，黏土型砂的水土比为多少，原砂、黏土和水的量各为多少？

(2)黏结剂按组成分类，可分为哪两类，它们的黏结原理分别是什么？

(3)黏土砂湿透气率和湿压强度的测定结果和树脂砂抗拉强度的测定结果是多少？

(4)绘制出实验中砂型装配图。

实验三　石膏型精密铸造成型工艺实验

一、实验目的

(1)了解蜡型模具的基本结构。

（2）掌握模料性能测定方法及对模料性能的要求。

（3）石膏型熔模铸造是一种用石膏造型（灌浆法）代替用耐火材料制壳的铸造工艺方法，通过实验，掌握石膏型工艺的全过程，最终制成金属铸件。

二、实验设备及材料

（1）熔模（石蜡、硬脂酸各50%），铸造用石膏，石英粉，滑石粉，铝矾土，玻璃纤维，脲[$CO(NH_2)_2$]。

（2）线收缩率、抗弯强度试样压型，游标卡尺，秒表，温度计，压射筒等。

（3）液态真空注蜡设备，高温电炉，液压强度试验仪，快速搅拌机，烘干箱，箱式电阻炉，真空搅拌与灌浆设备。

三、实验内容与步骤

1. 蜡模制作

拆装蜡型模具，测量尺寸，画出蜡型的结构型式，并标出蜡型的基本结构。实验中采用自制的液态真空注蜡设备，高温液态的模料在真空状态下注入蜡型，所得蜡型的表面，质量明显高于糊状蜡压注的表面质量，装备示意如图3-1所示。

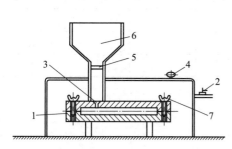

图3-1 液态真空注蜡设备示意
1—蜡型；2—真空阀；3—注蜡口；4—真空表；5—二通阀；6—加蜡室；7—锁紧构件

将石蜡、硬脂酸各50%的模料在电炉上水浴加热熔化，待熔化后，用玻璃棒不停搅拌，模料温度控制在45~48℃，把模料装入压射筒，手动压入预热保温在15~25℃的线收缩率、抗弯强度测量试样压型中，保压1min。开启压型，取出压制好的模料；再将模料温度控制在65℃左右，采用自制压射机或压蜡设备压入预热保温在15~25℃的线收缩率测量试样压型中，保压到型腔内的蜡模凝固。开启压型，取出压制好的蜡模。通过这两种不同的压注成型和挤压成型工艺，所得的压制好的模料放置24h后，进行线收缩率、针入度的性能测定。再将石蜡、硬脂酸各50%的模料在电炉上水浴加热熔化，待熔化后，用玻璃棒不停搅拌，模料温度控制在65℃左右，采用自制压射机压入预热保温在15~25℃的实验压型中，保压到型腔内的蜡模凝固。开启压型，取出压制好的熔模型，以备后面的实验使用。

2. 石膏型制作

石膏是一种开采历史悠久、用途广泛的胶凝材料。石膏具有质量轻、凝结快、热传导率小、隔音性好、有一定强度等特点。石膏的化学成分以硫酸钙为主，依结晶水的方式不同而分为无水石膏（$CaSO_4$）、半水石膏（$CaSO_4 \cdot 1/2H_2O$，烧石膏）和二水石膏（$CaSO_4 \cdot 2H_2O$）三种，铸造使用的石膏为半水石膏。

半水石膏加水后进行水化反应：

$$CaSO_4 \cdot 1/2H_2O + 3/2H_2O \Longrightarrow CaSO_4 \cdot 2H_2O$$

半水石膏加水拌和后迅速形成二水石膏过饱和溶液，出现一个诱导期，在整个诱导期内饱和度基本不变，二水石膏形核、长大，当晶核达到临界值尺寸时，二水石膏迅速结晶析出，转入水化反应激烈阶段。水化反应是一个较为复杂的物理化学变化，受很多因素的影响，各因素间又有交叉作用。

石膏型是以半水石膏作为基体材料，加填料、添加剂及水混制成浆体后，半水石膏不断溶解生成不稳定的不饱和溶液，经水化后析出二水石膏并连接生成二水石膏结晶结构网，使石膏型硬化并具有一定硬度。但二水石膏在硬化过程中不断脱水，发生相变，并随着体积的变化，特别当温度高于300℃时，线收缩急剧增加，裂纹倾向增大，经700℃焙烧收缩率达到6%以上。由于收缩过大，裂纹倾向严重，强度急剧降低。石膏型在脱蜡后型腔中尚残余一些蜡料，需经过700℃焙烧才能将残蜡清除干净。因此，铸模不能全部用石膏来制作，必须加入足够量的填料配制成石膏混合料方可用来制作石膏型。添加剂为脲[$CO(NH_2)_2$]。石膏硬化体的收缩率随着脲的添加量增多而减小。不同膏/脲比时，随着最大膨胀幅值的减小，裂纹倾向也随之减小。实验中，在石膏混合料中加入脲制作石膏型壳，石膏∶脲=5∶1。

因此，列出了以下两个不同的配方。

配方一：石膏粉50%、石英粉30%、铝矾土20%，外加水40%（占粉料比例）、$CO(NH_2)_2$（占石膏的20%）。

配方二：石膏粉40%、石英粉20%、滑石粉10%、铝矾土30%、玻璃纤维0.15%，外加水40%（占粉料比例）、$CO(NH_2)_2$（占石膏的20%）。

3. 石膏型的制壳工艺

按上述配方准备好粉料，由于各种成分的颗粒大小不同，会引起石膏型的缺陷，采用同一目数的筛子分别筛过一遍，可以保证各组分混合均匀。理论上来说，在真空中灌浆能使石膏型获得最好的表面质量，如图3-2所示。实验中也可采用室温手工涂抹法制作石膏型壳。

石膏混合料浆体制得以后，等浆体刚开始凝固时及时将浆体涂抹在蜡模上，因为实验所做的蜡模是不规则形状，在涂挂上有一定难度，为了在石膏浆体完全凝固前完成涂挂，可两人一起完成。石膏层各方向厚度为20～30mm，太薄、太厚都很容易在脱蜡和焙烧过程中产生

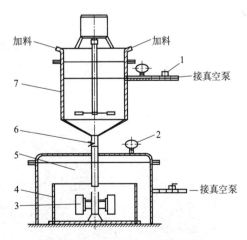

图3-2　真空搅拌与灌浆设备示意
1—真空阀；2—真空表；3—熔模模组；
4—砂箱；5—灌浆室；6—二通阀；7—搅拌室

裂纹；太厚也不利于脱蜡，费时费料。

4. 石膏型脱蜡

石膏型制作完后应自然晾干 24h 以上，先将温度控制在 30~40℃放置 3~4h，再升温至 90℃烘烤 1h，此温度小于 100℃是为了避免水分大量汽化而造成型内压力突然增大产生破裂。然后升到 120℃并保温 1~3h(具体时间看蜡模的大小及形状的复杂程度)，此时石膏型中的蜡基本已被熔化出来，石膏型制作完毕。

5. 石膏型的焙烧

石膏型经烘干排除吸附水后即可进行焙烧，焙烧的主要目的是去除残留于石膏中的模料、结晶水以及其他可燃烧发气的物体；完成石膏型中一些组成物的相变过程，使石膏型体积稳定。在加热时升温速度要慢，一般采用阶梯升温，尽可能使表里温度接近。

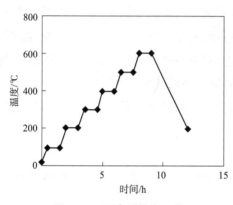

图 3-3 石膏型焙烧工艺

100℃、200℃、300℃、400℃保温是为了使石膏相变充分进行，避免产生相应力。500℃保温是为了使石英相变充分进行。另外，升温过程要保证升温平稳，以免石膏型受热不均，产生热应力。该工艺可避免石膏型在烘烤过程中产生开裂、表面脱皮等问题，从而获得强度高、表面质量好的石膏型。经过高温焙烧的石膏型随炉降温至 300℃左右即可移入保温炉内或直接浇注。常见的石膏型焙烧工艺如图 3-3 所示。

四、实验样件

本实验制作的是带槽的直角平板试样件。图 3-4 所示为蜡型模具实物；图 3-5 所示为压制的蜡模；图 3-6 所示为浇冒口设计，组焊采用浇口与冒口一体式和分体式两种方式；图 3-7 所示为石膏型成型结构；图 3-8 所示为浇注的金属铸件。

图 3-4 蜡型模具实物

图 3-5 各种模料浇注的蜡模

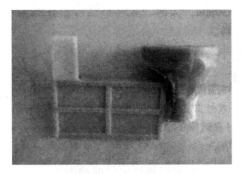

(a)浇口与冒口分体式　　　　　　　　　　　(b)浇口与冒口一体式

图3-6　蜡模浇冒口的设计

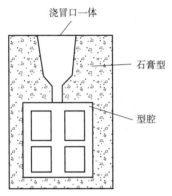

图3-7　石膏型成型结构

图3-8　石膏型金属铸件

五、实验报告要求

实验数据填写在表3-1和表3-2中。

表3-1　蜡模性能测定实验数据

实验结果	线收缩率/%			抗弯强度/MPa			针入度/10^{-1}mm			流动性/mm		
	1	2	3	1	2	3	1	2	3	1	2	3
石蜡与石蜡硬脂酸各50%												
国产蜡												
进口蜡												

注：蜡模的配方可自行拟定。

表3-2　石膏型壳实验数据

石膏型配方	透气性	抗弯强度/MPa	抗拉强度/MPa
配方一			
配方二			

六、实验注意事项

(1)自制的液态真空注蜡设备压制蜡模时,温度控制在高于模料熔点20℃。

(2)采用真空搅拌与灌浆设备制石膏型壳时,要加入一定量的缓凝剂。

七、思考题

(1)简述造型用石膏的凝结硬化过程。

(2)简述石膏型熔模铸造的工艺过程,画出石膏型实际焙烧工艺曲线图。

(3)画出实验中石膏型铸型图,标注其浇模系统。

实验四　熔模精密铸造成型工艺实验

一、实验目的

通过实验,了解熔模精密铸造是用可熔性模和型芯使铸件成型的铸造方法,熔模铸造生产的铸件精密、复杂,接近于零件最终的形状,可不经加工直接使用或只经很少加工后使用,是一种近净成型的工艺。

二、实验原理

熔模铸造的铸型可分为实体型壳和多层型壳两种,目前普遍采用多层型壳。黏结剂、耐火粉料和撒砂材料是组成型壳的基本材料。型壳是由黏结剂和耐火粉料配成涂料后,将模组浸涂在耐火涂料中取出,然后撒上粒状耐火材料,再经干燥硬化,如此反复多次,直至耐火涂料层达到所需的厚度为止。通常将其停放一段时间,使之充分干燥硬化,然后进行脱模,便得到多层型壳。

三、实验设备及材料

设备:蒸汽脱蜡釜、淋砂机、沾浆机、浮砂机、箱式焙烧炉、烘箱。

材料:硅酸乙酯、硅溶胶、石英粉、石英砂、铝矾土等。

四、实验内容与步骤

1. 制精铸型壳用耐火材料

熔模铸造生产中,耐火材料主要有三种用途:一是粉状耐火材料,它与黏结剂混合制成耐火涂料;二是粒状耐火材料,仅供制壳时撒砂用;三是用作造型芯的原材料。

熔模铸造用耐火材料通常是单一的或复合的高熔点氧化物(其中含有少量的 Na_2O、K_2O、MgO、CaO、TiO_2 和 Fe_2O_3 等杂质),主要是由一些天然硅酸盐矿物经过精选、高温锻烧(或电熔,或人工合成再煅烧)等处理而制成。

常用的耐火材料有石英、石英玻璃、电熔刚玉、铝硅酸盐及硅酸锆等。

2. 制壳用黏结剂

如果没有黏结剂,松散的颗粒耐火材料不可能使型壳成型。在制壳时,涂料的性质和型壳的性能都与黏结剂有直接关系。常用的黏结剂一般有硅溶胶、水解硅酸乙酯和水玻璃三种。本实验采用水解硅酸乙酯和硅溶胶作为黏结剂来制造硅酸乙酯–硅溶胶复合型壳。

硅溶胶在0℃以上的环境中有较好的稳定性,应用于熔模铸造工艺,具有型壳表面质量好、高温强度高和高温抗变形能力强等优点,且硅溶胶涂料性能稳定,制壳工艺简单,型壳不需化学硬化,使用方便。但硅溶胶涂料的表面张力较大,对熔模的润湿性能差。

硅酸乙酯的表面张力低,黏度小,对模料的润湿性能好,且硅酸乙酯型壳的耐火度高,高温时变形及开裂的倾向小,热震稳定性好,型壳的表面粗糙度低,铸件表面质量好。但硅酸乙酯本身并不能作黏结剂,它必须经水解后成为水解液,才具有一定的黏结能力。

3. 硅溶胶涂料的配制

硅溶胶涂料分为面层和加固层。硅溶胶面层涂料由硅溶胶、耐火粉料、表面活性剂和消泡剂等材料组成。加固层涂料则主要由硅溶胶和耐火粉料组成。硅溶胶涂料可用石英粉、刚玉粉、石英玻璃、高铝矾土等作为表面层配料,用莫来石、煤矸石等铝硅系耐火熟料配制加固层涂料。

4. 硅酸乙酯型壳涂料的配制

将乙醇、水加入水解器中,再加入盐酸搅拌1~2min至均匀为止。然后分批少量细流地加入硅酸乙酯,强烈搅拌,待全部加完后继续搅拌30~60min,控制溶液温度为40~50℃,即成了水解液(黏结剂),再将制备的黏结剂按上述配比配制涂料。配好的涂料也应停放一段时间后才能使用。实验采用的硅酸乙酯–硅溶胶复合型壳涂料的配方见表4-1。

表4-1 硅酸乙酯–硅溶胶复合型壳涂料配方

配方		耐火材料	黏结剂	流杯[①]黏度/s
第一层	浆料	石英粉200目[②]	硅酸乙酯水解液	25
	粉料	石英粉200目		
第二层	浆料	石英粉200目	硅酸乙酯水解液	18
	粉料	石英粉100目[②]		
第三层	浆料	石英粉100目	硅溶胶	15
	粉料	石英砂(细)		
第四层	浆料	石英粉100目	硅溶胶	15
	粉料	铝矾土(细)		
第五层	浆料	石英粉100目	硅溶胶	15
	粉料	铝矾土(粗)		

[①]流杯容积为100mL,流出口直径为6mm。

[②]100目=0.147mm,200目=0.074mm。

采用硅酸乙酯 - 硅溶胶复合型壳既弥补了硅溶胶面层涂料涂挂性的不足，又解决了硅酸乙酯涂料操作工艺复杂的缺陷，而且型壳强度高，表面质量好，在脱蜡和焙烧过程中不易产生裂纹，缩短了制壳周期。

5. 熔模精铸型壳制作工艺

熔模精铸型壳制作工艺如图 4 -1 所示。

图 4 -1　熔模精铸型壳制作工艺

制造蜡模：将石蜡类材料压入压型制成所需转件的复制品，这种复制品称为蜡模，如图 4 -2 所示。

蜡模组合：将单个蜡膜黏合到蜡质浇注系统上，制成蜡模组，这种模组也称蜡树，如图 4 -3 所示。

图 4 -2　制造蜡模示意

图 4 -3　蜡模组合示意

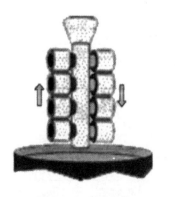

图 4 -4　制壳示意

制壳：将模组浸涂耐火涂料后，撒上粒状耐火材料，再经干燥、硬化，如此反复多次，使耐火涂料层达到所需的厚度为止，如图 4 -4 所示。

脱蜡：型壳完全硬化后便可进行脱蜡，脱蜡方法用得较多的是热水法和高压蒸汽法。它是将型壳浸泡在 85 ~ 90℃热水中，蜡模经热水法熔化而脱出，形成了具有空腔的铸型型壳，如图 4 -5 所示。

型壳焙烧：把脱蜡后的型壳送入炉内，在 800 ~ 1000℃下进行焙烧，通过焙烧，进一步排除型壳内的残余挥发物，提高型壳强度，如图 4 -6 所示。

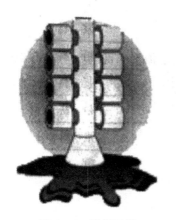

图 4-5 脱蜡示意

图 4-6 型壳焙烧示意

浇注：熔模铸造时常采用的浇注方法有以下几种：①热型重力浇注；②真空熔炼浇注；③压力下结晶；④定向凝固。浇注示意如图 4-7 所示。

脱壳：铸件冷却和凝固后，通过振动或轻轻敲击把铸件上的型壳清除。

切割：清理型壳后，采用切割工具将铸件自浇冒系统上取下。

五、实验注意事项

(1)严禁潮湿的及未预热的铝锭、熔化浇注工具接触铝液，以免引起爆炸事故。

(2)操作时，关掉电源，以免触电。

(3)穿戴好防护用品(不准穿长白大衣、凉鞋、裙子)。

图 4-7 浇注示意

六、思考题

简述熔模精铸制壳的工艺过程。

实验五 金属型铸造成型工艺实验

一、实验目的

(1)了解金属型的基本组成结构。

(2)了解金属型的浇注工序全过程。

二、实验设备及材料

设备：直尺、游标卡尺、熔炼浇注工具、浇勺、渣勺、锭模、拉力试棒钢模、坩埚电阻炉、自动控温仪、镍铬－镍硅热电偶、箱式电阻炉。

材料：ZL102、金属型模具、无公害精炼剂、变质剂。

三、实验内容与步骤

(1)拆装实验中提供的金属型模具，测量尺寸，画出金属型的结构型式，并标出金属型的基本组成。

(2)合金熔炼前的准备：将坩埚清理好，并预热至150～250℃时喷涂料；把渣勺、浇勺2个、拉力试棒钢模、锭模清理后，在箱式炉中预热至250～300℃时喷涂料，并准备好断口试样和炉前含气量检查的铸型。

(3)进行配料计算，变质剂按料总量的1%～3%计算，将金属炉料放在箱式电炉内预热至300～400℃，熔剂放在炉子旁边进行预热。

(4)合金熔化：将坩埚预热至暗红色(400～500℃)，分批加入预热的金属炉料，待炉料全部熔化后搅拌均匀，升温至680～720℃。

(5)精炼前测氢：采用常压凝固法，如氢含量过低时，在合金液中可加新鲜树脂搅拌，用常压凝固法浇测氢含量试样，检查气体析出状态和试样表面状态。

(6)变质前浇注试棒和断口试样：从箱式炉中取出预热的钢模、浇勺；把钢模放于铸铁板上用钳子夹紧；用浇勺从坩埚中取出铝水，于700～720℃时平稳地浇入钢模；当试棒冒口变硬时，打开钢模，取出零件；待试棒冷却后，在每根试棒的夹头上打上钢印标记；浇断口试样并打上钢印。

(7)变质处理：把烘干的变质剂均匀地撒在合金液面上并保持密封，变质剂在液面停留10～12min；打破液面硬壳层，用渣勺将硬壳碎块压入合金液内约150mm处，至全部吸收为止(压入合金时间为3～5min)；变质完毕，撇渣并立即浇注；待拉力试棒冷却后，锯割浇冒口并修锉好。

(8)合金质量检查：检查变质前后试样的断口组织，在万能材料试验机上测定变质前后试棒的力学性能。

(9)金属型模具浇注：清理旧涂料及脏物；加热至180～230℃后喷涂料；修光涂料层、清除通气道及分型面、滑动面上的涂料；将金属型重新加热到工作温度，对固定在专用浇注台上的大型金属型，用专用固定式或移动式电热器加热；将金属型组合装在浇注台(机)上，进行试运转，以检查各个部分是否安装正确；用机油石墨涂料润滑摩擦部位；装配型芯、活块、过滤网等，锁紧铸型准备浇注；转动倾斜浇注台，浇注金属液；铸件凝固冷却；拔芯开型，取出铸件。

（10）在前期实验制成的熔模精铸、砂图、全原形三种图腔中，浇注精炼变质完成的合金，使其成型，比较检查三种铸件的表面质量。

根据所测量的金属型模具的数据，画出金属型，并标出金属型的基本组成部分（分型面、浇冒系统）。金属型模具如图5-1所示。

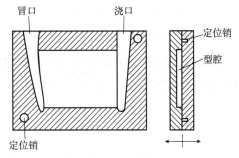

图5-1　金属型模具

四、实验注意事项

（1）严禁潮湿的及未预热的铝锭、熔化浇注工具接触铝液，以免引起爆炸事故。

（2）严禁将铝液倒入未预热的钢模、锭模内或地面，以免爆炸。

（3）操作时，关掉电源，以免触电。

（4）穿戴好防护用品（不准穿长白大衣、凉鞋、裙子）。

五、思考题

（1）金属型模具在生产不同材料零件过程中所使用的涂料、分型剂分别是什么？

（2）根据所测量的金属型模具的数据，画出金属型的结构型式，并标出金属型的基本组成部分（分型面、浇冒系统）。

（3）ZL102合金变质前后断口及力学性能各有什么不同？

实验六　合金成分设计、熔炼、成型及组织检验

一、实验目的

（1）熟悉铝合金的配料及其计算方法。

（2）掌握铝合金的熔炼、精炼基本操作与方法。

（3）掌握铝合金变质处理的基本原理与方法。

（4）掌握铝合金晶粒细化的基本原理与方法。

（5）掌握铝合金组织检验方法。

二、实验原理

铝合金的熔炼和铸造是铝合金生产过程中首要的、必不可少的组成部分。对于变形铝合金，熔铸不仅给后续压力加工生产提供所必要的铸锭，而且铸锭质量在很大程度上影响加工过程的工艺性能和产品质量。铝合金熔铸的主要任务就是提供符合使用要求的优质铸锭。

1. 合金元素在铝中的溶解

合金添加元素在熔融铝中的溶解是合金化的主要过程。元素的溶解与其性质有着密切的关系，它受添加元素的固态结构结合力的破坏和原子在铝液中的扩散速度所控制。元素在铝液中的溶解作用可用合金元素与铝的合金系相图来确定。通常与铝形成易熔共晶的元素容易溶解；与铝形成包晶转变的，由于熔点相差很大，这类元素难以溶解。如 Al – Mg、Al – Zn、Al – Cu、Al – Li 等为共晶系，其熔点也比较接近，合金元素较容易溶解，在熔炼过程中可以直接添加到铝熔体中。Al – Si、Al – Fe、Al – Be 等合金系虽然也存在共晶反应，但是由于合金元素与铝的熔点差别很大，溶解很慢，需要较大的过热才能完全溶解。Al – Ti、Al – Zr、Al – Nb 等合金系具有包晶型相图，这些合金系中的合金元素都属于难溶金属元素，在铝中溶解很困难。为了使其在铝液中尽快溶解，必须以中间合金的形式加入。

2. 铝合金熔体的净化

(1) 熔体净化的目的

在熔炼过程中，铝合金熔体中存在气体、各种夹杂物及其他金属杂质等，它们的存在使铸锭产生气孔、夹杂、疏松、裂纹等缺陷，对铸锭的加工性能及制品强度、塑性、耐蚀性、阳极氧化性和外观质量有显著影响。熔体净化是利用物理—化学原理和相应的工艺措施，除去液态金属中的气体、夹杂物和有害元素，以获得纯净金属熔体的工艺方法。根据合金的品种和用途不同，对熔体纯净度的要求有一定的差异，通常从氧的质量分数、非金属夹杂物钠的质量分数等几方面来控制。

(2) 熔体精炼净化方法

熔体精炼净化的目的是去除熔体中的非金属夹杂物和气体。熔体净化方法包括传统的炉内精炼和后来发展的炉外净化，铝合金熔体净化方法按其作用原理可分为吸附净化和非吸附净化两种基本类型。

吸附净化是指通过铝合金熔体直接与吸附体(如各种气体、液体、固体精炼剂及过滤介质)相接触，使吸附剂与熔体中的气体和固体氧化夹杂物发生化学的、物理的或机械的作用，达到除气、除夹杂的目的。属于吸附净化的方法包括吹气法、过滤法、熔剂法等。非吸附净化是指不依靠向熔体中加吸附剂，而是通过某种物理作用(如真空、超声波密度差等)改变金属 – 气体系统或金属 – 夹杂物系统的平衡状态，从而使气体和固体夹杂物从铝熔体中分离出来。属于非吸附净化的方法包括静置处理、真空处理、超声波处理等。

一般实验室条件下使用较多的是吸附净化法，常使用的精炼剂是六氯乙烷(C_2Cl_6)。C_2Cl_6 为白色粉状结晶体，压制成块使用。为了防止 C_2Cl_6 吸潮，应将它置于干燥器中备用。一般 C_2Cl_6 的用量为铝合金体总质量的 0.3% ~ 0.6%。用钟罩将其压入铝合金熔体中后，产生以下反应：

$$C_2Cl_6 \xrightarrow{\triangle} C_2Cl_4 \uparrow + Cl_2 \uparrow$$

$$3Cl_2 + 2Al \longrightarrow 2AlCl_3 \uparrow$$

$$3C_2Cl_6 + 2Al \longrightarrow 3C_2Cl_4 + 2AlCl_3 \uparrow$$

反应产物 Cl_2、C_2Cl_4、$AlCl_3$ 在上浮过程中都可起到精炼净化作用。

使用 C_2Cl_6 进行精炼净化的缺点是：其预热分解出的氯是有毒气体，恶化劳动条件，腐蚀厂房和仪器设备。近些年来国内外正在推广无毒精炼剂，且已取得了良好的效果。

3. 铸造铝合金的变质

在铸造铝合金中，铝硅合金占据了大部分。虽然这种合金具有良好的铸造性能，但是其中硅相在自然生长条件下会长成块状或片状的脆性相，严重地割裂基体，降低了合金的强度和塑性，因此需要将其改变成有利的形状。变质处理使铸造铝硅合金中的共晶硅相由粗大片状变成细小纤维状或层片状，从而改善合金性能。变质处理一般在精炼后进行，变质剂的熔点应介于变质温度与浇注温度之间。变质处理时变质剂处于液态，有利于变质反应的完成。同时，浇注时过剩的变质剂或变质反应产物已变成黏稠的熔渣，便于扒渣，不至于形成熔剂夹杂。

金属钠(Na)对铝硅共晶合金的共晶组织有很好的变质作用，但是金属钠变质剂存在钠极易烧损、变质有效时间短、吸收率低并且其含量很难测量的缺点，所以经常采用钠盐变质剂。在钠盐变质剂中的 F^- 和 Cl^- 会腐蚀铁质坩埚及熔炼工具，使铝液渗铁，导致合金铁质污染，同时会在坩埚壁上形成一层牢固的浇注后很难清除的结合炉瘤以及挥发性卤盐，会腐蚀设备等。

近些年来已经发现，碱金属中的 K、Na，碱土金属中的 Ca、Sr，稀土元素 La、Ce 和混合稀土，氮族元素 Sb、Bi，氧族元素 S、Te 等，均具有变质作用。其中，以 Na、Sr 的变质效果最佳，使用它们可获得完全均匀的纤维中共晶硅。

目前，Sr 变质引起国内外研究者和生产者的普遍重视，逐渐取代了 Na 在变质剂中的地位，并已经在工业中获得了普遍应用，因为 Sr 变质不仅与 Na 变质有同等效果，而且还具有其他方面更为重要的优点，变质处理时氧化少，易于加入和控制，过变质问题不明显，Sr 的沸点达到 1380℃，不易烧损和挥发，变质的有效作用时间长，处理方便，无蒸汽析出，变质剂易于保存，变质处理后对铸件壁厚敏感性小。Sr 变质的缺点是：Sr 中存在 SrH，去除 H 不容易，并且容易产生铸型反应，常在铸件中形成针孔。

4. 晶粒细化

铝合金晶粒细化处理的主要目的是细化铝合金的基体 α – Al 晶粒。所以，晶粒细化处理是针对变形铝合金和亚共晶铸造铝合金而进行的。晶粒细化是通过控制晶粒的形核和长大来实现的。晶粒细化最基本的原理是促进形核、抑制长大。对晶粒细化剂的基本要求如下：

(1)含有稳定的异质固相形核颗粒，不易溶解。

（2）异质形核颗粒与固相 α – Al 间存在良好的晶格匹配关系。

（3）异质形核颗粒应非常细小，并在铝熔体中呈高度弥散分布。

（4）加入的细化剂不能带入任何影响铝合金性能的有害元素或杂质。

晶粒细化剂的加入一般采用中间合金的方式。常用的晶粒细化剂有以下几种类型：二元 Al – Ti 合金、三元 Al – Ti – B 合金、Al – Ti – C 合金及含稀土的中间合金。它们是工业上广泛应用的最经济、最有效的铝合金晶粒细化剂。这些合金加入铝熔体中时，会与 Al 发生化学反应，生成 $TiAl_3$、TiB_2、TiC、B_4C 等金属间化合物。这些化合物相与 α – Al 相有良好的晶格匹配关系，如图 6 – 1 所示。这些化合物相在铝熔体中以高度弥散分布的细小异质固相颗粒存在，可作为 α – Al 形核的核心，从而增加反应界面和晶核数量，减小晶体生长的线速度，起到晶粒细化的作用。

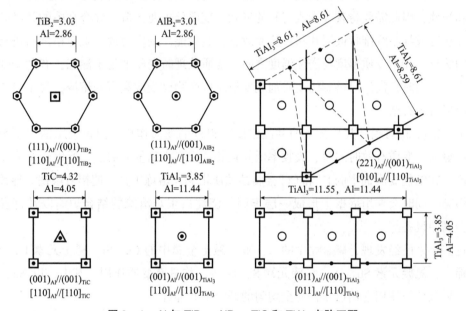

图 6 – 1　Al 与 TiB_2、AlB_2、TiC 和 $TiAl_3$ 点阵匹配

●—Al 点阵中 Al；○—化合物点阵中 Al；○—B；△—C；□—Ti

晶粒细化剂的加入量与合金种类、化学成分、加入方法、熔炼温度及浇注时间等有关。若加入量过大，则形成的异质形核颗粒会逐渐聚集，当其密度比 Al 熔体大时，会聚集在熔池底部，丧失晶粒细化能力，产生细化效果衰退现象。

晶粒细化剂加入合金熔体后要经历孕育期和衰退期两个时期。在孕育期内，中间合金完成熔化过程，并使起细化作用的异质形核颗粒均匀分布且与合金熔体充分润湿，逐渐达到最佳的细化效果。此后，由于异质形核颗粒的溶解而导致细化效果下降；同时，异质固相颗粒会逐渐聚集而沉积在熔池底部，出现细化效果衰退现象。当细化效果达到最佳值时进行浇注是最为理想的。随着合金的熔化温度和加入的细化剂种类的不同，达到最佳细化效果所需的时间也有所不同，通常存在一个可接受的保温时间范围。

合金的浇注温度也会影响最终的细化效果。在较小的过热度下浇注可以获得良好的细化效果；随着过热度的增大，细化效果将下降。通常存在一个临界温度，低于这个临界温度时，温度变化对细化效果的影响并不明显；而高于此温度时，随着浇注温度升高，细化效果迅速下降。这个临界温度与合金的化学成分和细化剂的种类及加入量有关。

5. 铝合金铸坯成型

铸坯成型是将金属液铸成尺寸、成分和质量符合要求的锭坯。一般而言，铸锭应满足下列要求：

(1)铸锭形状和尺寸必须符合压力加工的要求，以避免增加工艺废品和边角废料。

(2)坯料内外不应有气孔、缩孔、夹渣、裂纹及明显偏析等缺陷，表面光滑平整。

(3)坯锭的化学成分符合要求，结晶组织基本均匀。

铸锭成型方法目前广泛应用的包括块式铁模铸锭法、直接水冷板连续铸锭法和连续铸轧法等。

三、实验设备及材料

1. 熔炼炉、坩埚以及熔铸工具

(1)铝合金熔炼可在电阻炉、感应炉、油炉、燃气炉中进行，易偏析的中间合金在感应炉熔炼为好，而易氧化的合金在电阻炉中熔化为宜，电阻炉包括井式炉和箱式炉。

(2)铝合金熔炼一般采用铸铁坩埚、石墨黏土坩埚、石墨坩埚，也可采用铸钢坩埚。

(3)新坩埚在使用前应清理干净及仔细检查有无穿透性缺陷，坩埚要烘干、烘透才能使用。

(4)浇注铁模及熔炼工具使用前必须除尽残余金属及氧化皮等污物，经过 $200 \sim 300℃$ 预热并涂以防护涂料。涂料一般采用氧化锌和水或水玻璃调和。

(5)涂完涂料后的模具及熔炼工具使用前再经 $200 \sim 300℃$ 预热烘干。

(6)实验设备仪器还有钟罩、金相试样预磨机和抛光机。

2. 实验材料

(1)配制合金的原材料见表 6-1。

表 6-1 配制合金的原材料

材料名称	材料牌号	用途
铝锭	Al99.7	配制铝合金
镁锭	Mg99.80	配制铝合金
锌锭	Zn-3 以上	配制铝合金
电解铜	Cu-1	配制 Al-Cu 中间合金
金属铬	JCr-1	配制 Al-Cr 中间合金
电解金属锰	DJMn99.7	配制 Al-Mn 中间合金

(2)配制 Al-Cu、Al-Cr、Al-Mn 中间合金时，先将铝锭熔化并过热，然后再加入合金元素，实验中主要采用的中间合金见表 6-2。

表6-2　实验中主要采用的中间合金

中间合金名称	组元成分范围/%	熔点/℃	特性
Al - Cu 中间合金锭	Cu 48～52	575～600	脆
Al - Mn 中间合金锭	Mn 9～11	780～800	不脆
Al - Cr 中间合金锭	Cr 2～4	750～820	不脆

（3）铸造 Al - Si 合金：Al - 7Si 或 A356(Al - 7Si - 0.4Mg)。

（4）变质剂：Al - 10Sr 中间合金。

（5）晶粒细化剂：Al - 5Ti - 1B 中间合金。

（6）金相组织观察：氢氟酸(HF)、王水、砂纸等。

3. 熔剂及配比

铝合金常用熔剂包括覆盖剂、精炼剂和打渣剂，主要由碱金属或碱土金属的氯盐和氟盐组成。本实验采用 50% NaCl + 40% KCl + 6% $Na_3Al_4F_6$ + 4% CaF_2 混合物覆盖，用 C_2Cl_6 除气精炼。

4. 合金的熔炼

配料包括确定计算成分。炉料的计算是决定产品质量和成本的主要环节。配料的首要任务是根据熔炼合金成分、加工和使用性能确定其计算成分；其次是根据原材料情况和化学成分合理选择配料比；最后根据铸锭规格尺寸和熔炉容量，按照一定程序正确计算出每炉的全部料量。

配料计算：根据材料的加工和使用性能的要求，确定各种炉料品种及配比。

（1）熔炼合金时首先要按照该合金的化学成分进行配料计算，一般采用国家标准的算术平均值。

（2）对于易氧化、易挥发的元素（如 Mg、Zn 等），一般按国家标准的上限或偏上限计算成分。

（3）在保证材料性能的前提下，参考铸锭及加工工艺条件，应合理充分利用旧料。

（4）确定烧损率。合金易氧化、易挥发的元素在配料计算时要考虑烧损。

（5）为了防止铸锭开裂、Si 和 Fe 的质量分数有一定的比例关系，必须严格控制。

（6）根据坩埚大小和模具尺寸要求计算配料的质量。

根据实验的具体情况，配制两种高强高韧铝合金：

（1）2024 铝合金成分（质量分数）为 Cu 3.8%～4.9%，Mg 1.2%～1.8%，Mn 0.3%～0.9%，余为 Al。

（2）7075 铝合金成分（质量分数）为 Zn 5.1%～6.1%，Mg 2.1%～2.9%，Cu 1.2%～2.0%，Cr 0.18%～0.28%，余为 Al。

在实验中，根据实验要求具体情况来配料，如熔铸(2024Al - 4.4Cu - 1.5Mg - 0.6Mn)铝合金，根据模具大小需要配制合金1000g。配料计算如下。

Cu 的质量：1000g×4.4% =44g，Cu 的烧损量可忽略不计，采用 Al - 50Cu 中间合金加入，那么需 Al – 50Cu 中间合金：44g ÷ 50% = 88g。

Mg 的质量：1000g × 1.5% = 15g，Mg 的烧损量可按 3% 计算，那么需 Mg：15g × (1 + 3%) = 15.5g。

Mn 的质量：1000g × 0.6% = 6g，Mn 的烧损量可忽略不计，采用 Al – 10Mn 中间合金加入，那么需 Al – 10Mn 中间合金：6g ÷ 10% = 60g。

Al 的质量：1000g × 93.5% – (44 + 56)g = 835g。

四、实验内容与步骤

1. 熔铸工艺流程

熔铸工艺流程为：原材料准备→预热坩埚至发红→加入纯铝和少量覆盖剂→升温至 750 ~ 760℃待纯铝全部熔化→加入中间合金→加入覆盖剂→熔毕后充分搅拌→扒渣→加镁→加入覆盖剂→精炼除气→扒渣→再加覆盖剂→静置→扒渣→出炉→浇注。

2. 熔铸方法

(1)2024 和 7075 变形铝合金的熔铸与组织细化

1)熔炼时，熔剂需均匀加入，待纯铝全部熔化后再加入中间合金和其他金属，并将所加材料压入溶液内，不准露出液面。

2)炉料熔化过程中，不得搅拌金属。炉料全部熔化后可以充分搅拌，使成分均匀。

3)铝合金熔体温度控制在 750 ~ 760℃。

4)炉料全部熔化后，在熔炼温度范围内扒渣，扒渣尽量彻底干净，少带金属。

5)Mg 在出炉前或精炼前加入，以便确保合金成分准确性，减少烧损。

6)向熔体加入 0.03%(质量分数)的 Ti(以 Al – 5Ti – 1B 中间合金形式加入)进行晶粒细化处理。处理方法是：将按比例称量好的中间合金用纯铝箔包好后用钟罩压入熔体中。

7)熔剂要保持干净，钟罩要事先预热，然后放入熔体内，缓慢移动，进行精炼。

8)每隔 30min 浇注 1 组试样。经细化处理的试样至少浇注 4 组。

(2)Al – 7Si 铸造铝合金的熔铸和组织细化与变质处理

1)向经预热发红的 2 个石墨坩埚中分别加入 1000g 的 Al – 7Si 合金原料，升温至 720℃，熔化后保温 1h，以促进成分的均匀化，学生在实验老师指导下，在熔融 Al – 7Si 合金中加入 0.6% 的 C_2Cl_6 进行精炼除气。

2)对精炼除气处理后的 Al – 7Si 合金取样浇注 1 组试样。

3)向一个石墨坩埚中加入 0.03%(质量分数)的 Ti(以 Al – 5Ti – 1B 中间合金形式加入)进行晶粒细化处理。处理方法是：将按比例称量好的中间合金用纯铝箔包好后用钟罩压入熔体中。

4)向另外一个石墨坩埚中加入 0.03%(质量分数)的 Sr(以 Al – 10Sr 中间合金形式加入)进行变质处理。处理方法是：将按比例称量好的 Al – 10Sr 中间合金用钟罩压入熔体中。

5）每隔 30min 浇注 1 组试样。经细化处理和变质处理的试样至少浇注 4 组。

6）对浇注出的试样进行切割、粗磨、细磨、抛光、腐蚀处理，然后在光学金相显微镜下观察，评价合金的细化和变质效果。

3. 实验组织和程序

每班分成 6~8 组，每组 4~5 人，任选 2024 或 7075 铝合金进行合金熔炼与组织细化实验，或选择 Al－7Si 合金进行组织变质与组织细化实验。每小组参照上述配料计算方法和熔铸工艺流程，领取相应的原材料进行实验，熔铸出合格的铝合金铸锭。

五、实验报告要求

（1）简述铝合金熔铸基本操作过程。

（2）分析讨论铝合金熔炼过程中除气、除渣的作用及注意事项。

（3）评价 Al－7Si 合金的细化和变质效果，并分析影响合金细化和变质效果的主要因素。

六、思考题

（1）铝合金熔炼时熔剂的作用有哪些？

（2）铝合金组织为什么要进行组织细化？

（3）与未变质的铸造铝硅合金相比，变质后的组织发生了哪些变化？

第二节　金属锻造实验

实验一　镦粗不均匀变形的研究

一、实验目的

以平面变形为例，用网格法研究金属镦粗时内部变形不均匀分布的情况。

二、实验原理

镦粗是指在外载荷的作用下，使坯料的高度减小，直径（或横向尺寸）增大的塑性成形工序。它是金属塑性成形中最基本的变形方式之一，许多其他工序如拔长、冲孔、模锻、挤压及轧制等，都含有镦粗的成分。因此，研究镦粗的变形特点具有普遍意义。

坯料在两个平行的平砧间对坯料进行压缩，由于坯料与工具间接触面上的摩擦，镦粗后呈现鼓形，与摩擦系数、坯料的高径比和变形程度有关。

为研究镦粗时内部的变形情况，用铅做成尺寸为 30mm × 30mm × 40mm 的铅试件 4 块，合并成 2 组尺寸为 30mm × 30mm × 80mm 的试件，如图 1－1（a）所示。在其相贴面上画上网格，放入模具镦粗后，打开，中心剖面上的网格发生了不同程度的变化，如图 1 – 1(b)所示。按照网格变形程度的大小，将剖面划分为 3 个区域。

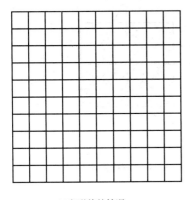 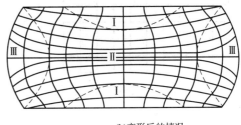

(a)变形前的情况　　　　　　　　　　　　　　(b)变形后的情况

图 1 – 1　变形前后试样网格的变化情况

区域 I 为难变形区，这是和上下砧相接触的区域。由于表层金属受到很大的摩擦力作用，该区域的每个质点都受到较强的三向压应力的作用，越接近试件表层中心，三向压应力的数值越大。且 3 个主应力值相差不大，故该区域的变形很小。在表层中心附近甚至不变形，所以也称刚性区。区域 II 是大变形区，这是处于上、下两个难变形区之间(外圈除外)的部分，这部分受到接触摩擦力的影响较小，因而水平方向上受到的压应力也较小。由于难变形区的压挤作用，横向坐标网格上、下弯曲，纵向坐标网格向远离轴线的方向外凸，从而造成外侧呈鼓形。区域 III 是小变形区。它的外侧是自由表面，受端面摩擦的影响较小，除了受到工具的轴向压缩外，大变形区金属的径向流动还会使该区金属产生附加周向拉应力。

三、实验设备及材料

(1)设备：60kN 材料实验机。

(2)工具：平面变形粗试验模、钢直尺、划针、千分尺等。

(3)试件：4 块尺寸为 30mm × 30mm × 40mm 的铅试件，合并成 2 组尺寸为 30mm × 30mm × 80mm 的试件。

四、实验内容与步骤

按照实验内容和步骤进行操作，具体如下：

(1)试样准备。在一块试件与另一块相紧贴的面上，用钢直尺和划针画上 3mm × 3mm 的坐标网格，如图 1 – 2 所示，用千分尺量出网格沿水平和垂直方向的实际尺寸 B_{io}、Z_{io}，将两块试件合并后放入镦粗实验模内，如图 1 – 3 所示。

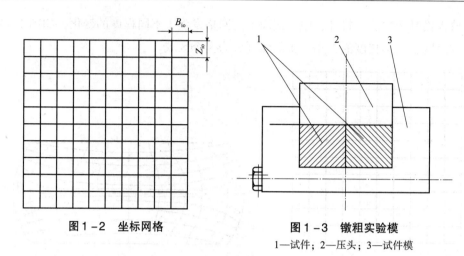

图1-2 坐标网格

图1-3 镦粗实验模
1—试件；2—压头；3—试件模

（2）实验过程。用洁净表面的压头进行镦粗，直至 $\varepsilon = 50\%$ 为止。

（3）测量断口尺寸。拆开模子取出试件，观察网格的变化情况，可以看出试件粗时变形不均匀分布，通常认为，网格的变形即代表网格所在点的变形，沿试件水平方向和垂直方向测量各网格的平均尺寸 B_i、Z_i，计算出各点沿水平方向和垂直方向的变形程度，即：

$$\varepsilon_B = \ln \frac{B_i}{B_{io}}, \quad \varepsilon_Z = \ln \frac{Z_i}{Z_{io}} \qquad (1-1)$$

此值可以近似认为等于相应点的主要变形。

（4）制作曲线图。画出试件镦粗后沿水平方向和垂直方向的变形分布曲线，并用纸印出镦粗后试件的网格开头形状。

（5）重复实验。再用另一组试件，在工具与试件之间加润滑剂，用同样变形程度进行镦粗，比较其变形情况与前者有哪些不同。

五、实验报告要求

实验后，每个人都必须书写实验报告，报告要求写明实验名称，主要内容包括：

（1）实验目的。

（2）实验内容。实验设备工具及其他；实验内容与步骤。

（3）实验数据及分析。实验数据记录于表1-1中，除整理外还要画出镦粗试件沿水平方向和垂直方向的变形分布曲线，讨论镦粗不均匀变形的特点。

表1-1 实验数据

网格序号	镦粗前网格尺寸/mm		镦粗后网格尺寸/mm		网格变形程度/%	
	网格宽 B_{io}	网格高 Z_{io}	网格宽 B_i	网格高 Z_i	水平变形率 $\varepsilon_B = \ln \frac{B_i}{B_{io}}$	垂直变形率 $\varepsilon_Z = \ln \frac{Z_i}{Z_{io}}$
1						
2						

续表

网格序号	镦粗前网格尺寸/mm		镦粗后网格尺寸/mm		网格变形程度/%	
	网格宽 B_{io}	网格高 Z_{io}	网格宽 B_i	网格高 Z_i	水平变形率 $\varepsilon_B = \ln\dfrac{B_i}{B_{io}}$	垂直变形率 $\varepsilon_Z = \ln\dfrac{Z_i}{Z_{io}}$
3						
4						
5						
6						
7						
8						
9						
10						

六、思考题

(1)镦粗过程中，材料的不均匀变形是如何产生的？其影响因素有哪些？

(2)如何通过优化工艺参数来减小镦粗过程中的不均匀变形？

(3)镦粗过程中的不均匀变形对后续加工(如轧制、拉拔等)有哪些影响？

(4)在实际生产中，如何控制镦粗不均匀变形以确保产品质量？

(5)能否通过引入新型工艺技术来改善镦粗过程中的不均匀变形问题？如何实现？

实验二　圆柱体自由镦粗实验

一、实验目的

通过对圆柱形坯料进行平板间镦粗，了解摩擦对镦粗变形过程和成形试件形状的影响，了解镦粗变形时的 3 个变形区和不均匀变形。

二、实验原理

自由锻造即利用冲击力或压力使金属在上、下砧之间产生变形的工艺，是获得某种形状和尺寸的锻件的加工方法，锻件形状和尺寸主要由人工操作来控制。由于自由锻造生产率较低，加工余量较大，一般适用于单件或小批量生产。自由锻造是制造大型锻件的主要办法，自由锻造的基本工艺包括镦粗、拔长、冲孔、弯曲、错位和切割等。

镦粗是指使坯料高度减少，横截面增大的成形工序。在坯料上某部分进行的镦粗称为局部镦粗。

镦粗是自由锻造最基本的工艺，不仅一些锻件必须采用镦粗成形，在其他锻造工序（如拔长、冲孔等）中也都包括镦粗因素。因此，了解镦粗时的变形规律，对掌握锻造工艺具有重要意义。

镦粗的坯料有圆截面、方截面和矩形截面等。一般镦粗时，由于模具与坯料间接触面的摩擦应力场的作用，使得坯料内的应力场和应变场很不均匀。

试样采用如图2-1所示的坯料，由外套、半圆形坯料和低熔点合金组成，基本材料为纯铝。具体制作过程为：选定或加工外直径为40mm、高度为40mm、壁厚为2mm的外套；根据外套的内径，加工出圆柱形内坯料，并保证内坯料与外套过渡配合；将圆柱坯料用线切割或其他方法平分成两半；在半圆形坯料的平面上，刻画上如图2-1所示的网格；将两半用低熔点合金焊合后，装配入外套，并最终制作成如图2-1所示的试件。

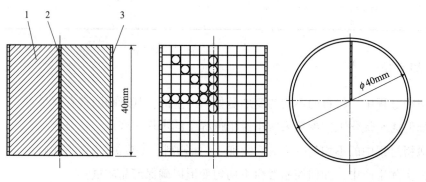

图2-1 零件毛坯示意
1—半圆形坯料；2—低熔点合金；3—外套

三、实验设备及材料

油压机、游标卡尺、直尺、圆规。

四、实验内容与步骤

按照实验内容和步骤进行操作，具体如下。

(1)镦粗：试件在油压机上进行镦粗，试件最终高度控制在(25±1)mm。

(2)润滑镦粗：改善端面的润滑条件后，将另一试件在油压机上进行镦粗，试件最终高度也控制在(25±1)mm。

(3)测量断口尺寸，在成形时，记录成形的压力与位移的曲线；成形后测量试件的形状尺寸。

(4)试件剖开：将两试件沿焊合面剖开，并将低熔点合金去除。

(5)测量试样：测量试样上网格的尺寸变化，并计算各位置真实应变的大小，具体过程如下。

设变形前圆形网格的直径为 d_0，变形后网格形状改变，一般变成椭圆形。取椭圆长轴为 1 方向和短轴为 2 方向，量取相应的长度 d_1 和 d_2；则：

$$\varepsilon_1 = \ln\frac{d_1}{d_0} \qquad \varepsilon_2 = \ln\frac{d_2}{d_0} \qquad\qquad (2-1)$$

根据椭圆的长轴与试件 r 方向角 θ 的大小（有方向性）计算出 ε_r、ε_z、γ_{rz} 和 ε，具体过程为：

$$\varepsilon_r = \frac{\varepsilon_1 + \varepsilon_2}{2} + \frac{\varepsilon_1 - \varepsilon_2}{2}\cos 2\theta, \ \ \varepsilon_z = \frac{\varepsilon_1 + \varepsilon_2}{2} + \frac{\varepsilon_1 - \varepsilon_2}{2}\cos 2\theta \qquad (2-2)$$

$$\gamma_{rz} = \frac{\varepsilon_1 - \varepsilon_2}{2}\sin 2\theta \qquad\qquad (2-3)$$

$$\varepsilon = \frac{\sqrt{2}}{3}\sqrt{(\varepsilon_1 + \varepsilon_2)^2 + (2\varepsilon_1 + \varepsilon_2)^2 + (\varepsilon_1 + 2\varepsilon_2)^2} \qquad (2-4)$$

五、实验报告要求

实验后，每个人都必须书写实验报告，报告要求写明实验名称，主要内容包括：

（1）实验目的和内容。本实验的目的，实验用的设备及成形工艺，试样的材料、形状和尺寸，变形后的试样形状和尺寸。

（2）试样分析。计算试样变形后典型位置的应变，同时根据外形说明摩擦对变形的影响以及镦粗变形的特点。

（3）曲线绘制。记录成形的压力与位移的曲线。

六、思考题

（1）在自由镦粗实验中，如何定义和测量圆柱体的镦粗程度？

（2）实验中，哪些因素会影响圆柱体的镦粗效果？如何控制这些因素？

（3）自由镦粗实验的结果对于实际生产中金属成形工艺有哪些启示或指导意义？

（4）能否通过改变实验条件（如温度、压力、材料属性等）来优化圆柱体的镦粗效果？如何实现？

实验三　环形件模锻研究

一、实验目的

（1）了解模锻环形件时各阶段金属流动的特性。

（2）了解原毛坯尺寸对模锻过程的影响。

二、实验原理

模锻是在模锻锤或压力机上用锻模将金属坯料锻压加工成形的工艺。与自由锻相比，模锻生产率要高几倍乃至几十倍，锻出的锻件形状复杂程度高，加工余量少，尺寸精确，锻件纤维分布合理，力学性能较高。但模锻锻模加工成本高，因而只适用于大批量生产。由于锻模时工件是整体变形，受设备能力限制，一般仅用于锻造 450kg 以下的中小型锻件。

图 3 - 1 所示为模锻用的锻模，由上、下两个模块组成，模腔 4 是锻模的工作部分，上、下模各一半。用燕尾 1 和上模用楔 2 固定在锤砧和工作台上；并以锁扣 3 或导柱导向，防止上、下模块错位。

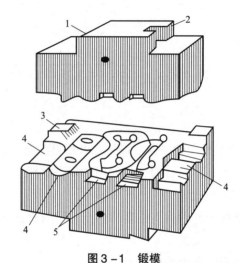

图 3 - 1　锻模
1—燕尾；2—上模用楔；3—锁扣；4—模腔；5—下模用楔

金属坯料按模腔的形状变形。模锻的工序为制坯、预锻和终锻。环形件模锻是模锻的典型工艺之一。

模锻环形件时可以将金属流动情况分为以下几个阶段[见图 3 - 2(a) ~ (d)]。

第一阶段：开口冲孔阶段。金属与模子中间突起接触并开始冲孔，这一阶段除中间冲头外，其他模壁都未与金属接触，故称开口冲孔，冲头向下压，挤出的金属沿直径方向流动，使直径方向尺寸增加，并因冲头压下使高度 h_b 减小，当金属与模壁 D_m 接触时开冲孔阶段就结束了。

第二阶段：填满模腔阶段。金属与模壁 D_m 接触后开始产生毛边，这时金属流动性质与开口冲孔时完全不同，毛边产生了阻力，迫使金属填满模腔。

第三阶段：填满圆角阶段。当金属与模腔底部接触时，即 $h_b = h_u + 2H$ 时，第二段就结束了，开始第三阶段填满圆角，这时 h_b 随着模子压下程度而改变，同时留出更多的边，产生更大的阻力，使模子圆角填满，当模腔清晰地填满后，第三阶段结束。

第四阶段：锻足阶段。模腔已全部填满，若高度稍差，可再向下压，把多余金属挤成毛边，使锻件高度减小。

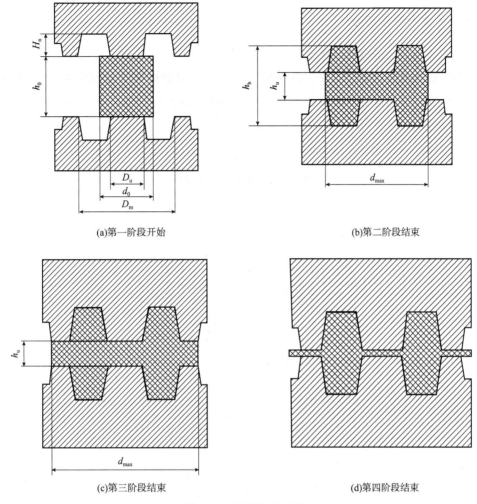

(a)第一阶段开始

(b)第二阶段结束

(c)第三阶段结束

(d)第四阶段结束

图 3-2　金属流动过程

模锻时原毛坯尺寸对各阶段金属的变形过程有着重大影响,毛坯尺寸不合适就产生夹层、填不满等的废品或金属消耗增加,即毛边尺寸增大,故选择最合适的毛坯尺寸就会使金属填满情况最好,而毛边尺寸最小,也就是当第一阶段开口冲孔结束时,金属流入模腔最多,填满情况最好,这样在以后各阶段中,只要出一点毛边,模腔就完全填满。

三、实验设备及材料

实验所用的设备及材料如下:

(1)100kN 万能材料实验机 1 台;

(2)环形锻模 1 套、游标卡尺 1 把、垫块 6 块、铅质试件 3 块(原坯料)。

1)第 1 号试件尺寸和原试件相同:$h_{01} = 60$mm,$d_{01} = 30$mm。

2)第 2 号试件尺寸是将原试件在轴压机上镦粗至:$h_{02} = 32$mm,d_{02}(平均) = _____ mm。

3)第 3 号试件尺寸是将原试件在轴压机上镦粗至:$h_{03} = 20$mm,d_{03} = _____ mm。

四、实验内容及方法

按照实验内容和步骤进行操作，具体如下：

将毛坯放在模腔正中，每次压下量为 3～12mm，开始时压下量可大些，以后逐渐减少，并要特别注意求得各个阶段的尺寸。利用垫块控制高度，每次压完后再量出 h_u、h_b、d_{max} 尺寸，填入表 3－1～表 3－3 中。

第 1 号试件　d_{01} = ＿＿＿ mm；h_{01} = ＿＿＿ mm。

表 3－1　1 号试件实验数据

压缩序号	中心高度 h_u/mm	中心高度与原始高度比 h_u/h_0	边缘高度 h_b/mm	边缘高度与原始高度比 h_b/h_0	最大直径 d_{max}/mm	第几阶段
1						
2						
3						
4						
5						
6						
毛坯逐步变形断面图						

第 2 号试件　d_{02} = ＿＿＿ mm；h_{02} = ＿＿＿ mm。

表 3－2　2 号试件实验数据

压缩序号	中心高度 h_u/mm	中心高度与原始高度比 h_u/h_0	边缘高度 h_b/mm	边缘高度与原始高度比 h_b/h_0	最大直径 d_{max}/mm	第几阶段
1						
2						
3						
4						
5						
6						
毛坯逐步变形断面图						

第 3 号试件　d_{03} = ＿＿＿ mm；h_{03} = ＿＿＿ mm。

表 3-3 3 号试件实验数据

压缩序号	中心高度 h_u/mm	中心高度与原始高度比 h_u/h_0	边缘高度 h_b/mm	边缘高度与原始高度比 h_b/h_0	最大直径 d_{max}/mm	第几阶段
1						
2						
3						
4						
5						
6						
毛坯逐步变形断面图						

五、实验报告要求

实验后每个人都必须书写实验报告，报告要求写明实验名称，主要内容包括：

（1）目的；

（2）实验设备型号及有关参数、试样材质及基本尺寸、实验及主要步骤；

（3）实验结果与分析：

1）指出该模子最合适的毛坯尺寸 d = ＿＿ mm，h = ＿＿ mm，若毛坯直径太大、太小时都会发生哪些现象，试分析其原因；

2）以 h_u/h_0 为横坐标，h_b/h_0 为纵坐标画出 3 个试样的 $h_u/h_0 - h_b/h_0$ 曲线，分析每个阶段曲线变化的原因及 3 根曲线不同的原因。

六、思考题

（1）模具的设计和制造对于环形件模锻效果有什么影响？如何优化模具设计？

（2）模锻过程中，如何避免金属的开裂、折叠等缺陷的产生？有哪些工艺措施可以采用？

（3）模锻过程中，金属的流动不均匀性是如何产生的？如何减小这种不均匀性？

（4）通过实验研究环形件模锻，对于实际生产中金属模锻工艺有什么指导意义或应用价值？

（5）如何将环形件模锻技术应用于其他领域，如航空航天、汽车制造等？

实验四　金属板料冲压成形性能实验

一、实验目的

（1）通过实验对板材冲裁变形的 3 个过程有深入的认识，定性了解板材性能对冲裁质量的影响。

（2）了解液压冲压机的基本操作和工作原理。

（3）了解板材在冲压成形过程中拉深系数、拉深高度、压边力、摩擦润滑、凸凹模间隙等因素对拉伸件质量的影响，同时对拉深和胀形过程中金属流动方向进行观察。

（4）掌握不同条件下板材拉深或胀形成形中拉深力、胀形力分别与行程和速度的变化关系，并能绘制曲线图。

二、实验原理

板料冲压加工可分为分离工序和成形工序。材料受力后，应力超过材料的强度极限，使材料发生剪裂或局部剪裂而分离。因此，分离工序又可分为：

（1）剪切；

（2）冲剪——落料、冲孔；

（3）整修。

材料受力后，应力超过材料的屈服极限，使板料成为一定形状的制件。成形工序又可分为：

（1）弯曲——单角弯曲、双角弯曲和卷曲；

（2）拉深——不变薄拉深和变薄拉深；

（3）成形——校平、翻边、缩口、胀形和起伏成形；

（4）体积冲压——校形、压印和精压。

冲裁是利用模具使板料产生分离的冲压基础工序，它既可直接冲压出所需的零件，又可为其他冲压工序提供毛坯。材料经过冲裁后，被分离成两部分，从板料上冲下所需形状的零件（或毛坯）称为落料，在工件上冲出所需形状的孔（冲切去的为废料）称为冲孔。冲裁工序的种类很多，包括落料、冲孔、切口、切边、切割和修边等。

拉深（拉延）是利用冲裁后得到的平板坯料通过模具加工变形成为开口空心零件的冲压工艺方法。在拉深过程中，如果板料的相对厚度较小，圆筒形拉深件的凸缘部分由于切向压应力 σ_3 过大，很可能因失稳而发生起皱现象。在拉深过程中影响坯料起皱的主要因素有以下几个：

（1）板料的相对厚度 t/D_0。板料的相对厚度越小，拉深变形区抗失稳的能力越差，也就越容易起皱。

（2）拉深系数 $m = d/D_0$。拉深系数 m 越小，拉深变形程度越大，变形区内金属的硬化程度也越高，切向压应力的数值也相应增大。另外，拉深系数越小，拉深变形区宽度就越大，抗失稳的能力变小。上述综合作用的结果是：拉深变形程度较小，板坯的起皱趋向越大。反之，拉深系数较大时，拉深变形程度较小，材料硬化也不严重，切向应力也较小，同时也可提高抗失稳的能力，因而也就不容易起皱。

（3）凹模工作部分的几何形状。用锥形凹模拉深时，允许用相对厚度较小的坯料而不起皱。

胀形是利用模具迫使板料(或毛坯)厚度变薄、表面积增加而获得所要求的几何形状和尺寸零件的一种冲压加工方法。胀形的坯料，一般都经过多次拉深的工序，金属已有冷作硬化现象，故应在退火后胀形。坯料上的擦伤、划痕、皱纹等缺陷也很难免，这些缺陷将导致胀形时拉裂，应给予足够的重视。

冲裁时板料的变形具有明显的阶段性，与单向拉伸相似，由弹性变形过渡到塑性变形，最后产生断裂分离。冲裁的变形过程如图 4 – 1 所示。

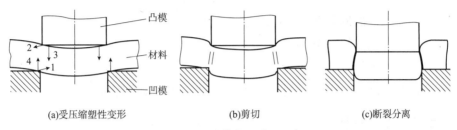

(a)受压缩塑性变形   (b)剪切   (c)断裂分离

图 4 – 1　冲裁变形过程示意

1—凹模对板料的侧压力；2—凸模对板料的侧压力；
3—凸模对板料的垂直作用力；4—凹模对板料的垂直作用力

第一阶段：弹性变形阶段。凸模接触材料，将材料压入凹模口。在凸、凹模的压力作用下，材料表面受到挤压产生弹性变形。由于凸、凹模之间存在间隙，使材料受压产生压缩、拉伸和弯曲变形。

第二阶段：塑性变形阶段。当凸模继续压入，因材料内的应力状态满足塑性变形条件时，产生塑性变形。在塑性剪变形的同时，还有弯曲与拉伸变形，冲裁变形力不断增大，直到刃口附近的材料由于拉应力的作用出现微裂纹时，冲裁变形力就达到最大值。

第三阶段：断裂分离阶段。当凸模仍然不断地继续压入，凸模刃口附近应力达到破坏应力时，先后在凹模、凸模刃口侧面产生裂纹。由于刃尖部分的静水压应力较高，因而裂纹起点不在刃尖，而是在模具侧面距刃尖很近的地方，而且在裂纹产生的同时也形成了毛刺。裂纹产生后沿最大剪应力方向向材料内层发展，使材料最后分离。

板材的冲压成形性能，除了冲裁工序，还需研究拉深和胀形两种方式，对金属板料冲压成形时，可对某些材料特性或工艺参数提出要求，如拉深性能指标、胀形性能指标。拉深系数是衡量拉深变形程度的指标，拉深系数越小，表明拉深直径越小，变形程度越大，坯料拉入凹模越困难，因此越容易产生拉裂废品。一般情况下，拉深系数 m 不小于 0.5 ~ 0.8。坯料塑性差的要按上限选取、塑性好的可按下限选取。一定状态的材料在一定条件下进行拉深，都有一个最小拉深系数，此系数称为极限拉伸系数，它对拉深工艺是一个很重要的参考指标。

1. 拉深实验计算

最大试样直径$(D_0)_{max}$的确定。一般而言，一组试样中，破裂和未破裂的个数相等时，$(D_0)_{max} = (D_0')_i$，其中$(D_0')_i$为试样直径。

极限拉深率:

$$LDR = \frac{(D_0)_{max}}{d_p} \qquad (4-1)$$

式中 d_p——凸模的直径,mm。

2. 胀形实验计算

(1)胀形时的变形程度可用胀形系数表示:

$$K_{胀} = \frac{d_{max}}{d} \qquad (4-2)$$

式中 d_{max}——胀形后的最大直径,mm;

d——圆筒毛坯的直径,mm。

(2)杯突值 IE 的计算:

所测的数据为板材临破裂时的冲头压入深度 IE,即试样板料的杯突值。

三、实验设备及材料

实验所用的设备和材料如下。

(1)设备:电液伺服实验机、材料杯突实验机。

(2)工具:冲压成形模具 1 套、胀形冲头 1 个、划线及钳工工具 1 套、游标卡尺 1 把、棉纱、手套、煤油等。

(3)材料:板料若干块。

四、实验内容与步骤

按照实验内容和步骤进行操作,具体如下:

1. 冲裁变形实验

(1)将上、下模具分别安装在液压冲压机上,调整好限位开关位置。

(2)在冲裁模具安装好检查无误后,合上电源开关,接通电源,启动油泵。

(3)将选择钮分别调到冲裁和调制位置,同时按下冲床操作盘两边的工作键。

(4)将板料放入模具中,按下"滑块下行"按钮,完成冲裁工序。

(5)按下"滑块回程"按钮,取出板料,并对断面和毛刺进行分析。

2. 拉深胀形实验

(1)安装拉深实验模具,进行板料拉深性能研究,掌握在不同成形条件下的金属板料的拉深性能。

1)进行预实验,确定合理的压边力。

2)将经过润滑处理的试样置于实验装置中,压紧后对试样进行拉深成形。

(2)安装胀形实验模具,进行板料胀形性能研究,分析在不同成形条件下的金属板料的胀形性能。实验时应保证试样压紧,直到试样的凸包上某个局部产生颈缩和破裂为止。

(3)改变压边圈(分别是有拉深筋和无拉深筋),进行胀形实验,改变压边力的大小,并观察成形情况和金属流动方向。首先安装胀形实验模具,进行板料杯突实验,并计算杯突值。

(4)对实验数据进行处理,同时比较拉深实验和胀形实验的区别。

五、实验报告要求

实验后每个人都必须书写实验报告,报告要求写明实验名称,主要内容包括:

(1)绘出冲裁后板料断面的状况,并分析板料冲裁后光亮面、断裂面和圆角各自所占的比例;

(2)对产生光亮面和断裂面现象进行分析,并分析毛刺形成的原因;

(3)对实验数据进行处理,计算极限拉深率、胀形系数、杯突值;

(4)通过实验来总结有哪些因素影响拉深实验的结果。

六、思考题

(1)哪些工艺参数会影响金属板料的冲压成形性能?如何优化这些参数?

(2)金属板料在冲压过程中容易出现哪些缺陷(如开裂、起皱、回弹等)?如何避免这些缺陷的产生?

(3)实验中,如何模拟实际生产中的冲压过程?有哪些模拟方法可以采用?

(4)通过研究金属板料的冲压成形性能,对于实际生产中提高产品质量和降低成本有哪些指导意义或应用价值?

(5)如何将金属板料冲压成形技术应用于其他领域,如汽车制造、航空航天等?

实验五　冲压模具的组装与测量实验

一、实验目的

(1)通过本实验使学生对模具结构有初步认识,并掌握组装和测量模具的基本方法。

(2)对各种不同用途的模具结构、工作原理有深入了解。

(3)了解挤压模、冷冲模各部分的名称、功能、结构尺寸及其装配情况,为以后相关的实验做准备。

二、实验原理

模具设计的关键在于确定模具的类型、结构及尺寸,通过本实验对挤压模和冷冲模的组装与测量,能够对模具有更加深入的认识。

1. 冷冲压模具

一套冷冲压模具根据其结构可分为以下几个部分,如图 5-1 所示。

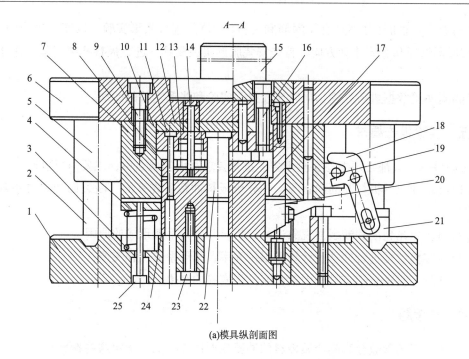

(a)模具纵剖面图

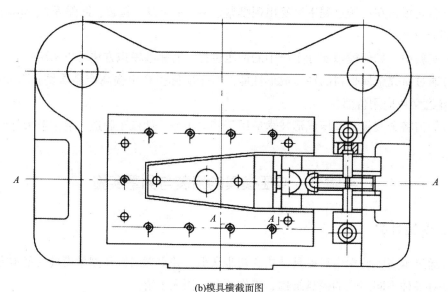

(b)模具横截面图

图 5-1　落料、冲孔、弯曲复合模

　　1—下模座；2—导柱；3—卸料弹簧；4—卸料板；5—导套；6—上模座；7—落料凹模；8—压料板；
9、16、23—螺栓；10—凸模固定板；11、22—小、大孔凸模；12—垫板；13—压料弹簧；14—卸料螺栓；
15—模柄；17—弯曲凹模；18—转动板；19—滚轮；20—活动凸模块；21—垫板；24—凸凹模；25—推杆

　　(1)工作零件：有凸模、凹模和凸凹模(复合模)。凸模和凹模是成对相互配合的，共同完成对坯料的加工成形。工作零件的形状、尺寸精度、固定方法都决定了冲模的性能和使用寿命。

　　(2)辅助装置：是协助凸模、凹模完成冲压成形不可或缺的部分，主要包括定位装置、卸料推件装置、压料抬料装置等。定位装置是保证送料时有良好的导向和控制送料的进距，如定距侧刀、导正销、挡料销、定位板、导料板等。卸料推件装置是保证在冲压工序完成后将制件和废料排除，以保证下一次冲压工序的顺利进行。这些辅助装置的结构型式对工件质量、操作安全、生产效率都起到重要作用，因此不可忽视。

（3）导向零件：是保证上模和下模准确合模的装置，使上、下模在相对运动时有精确的导向，使凸模、凹模之间有均匀的间隙。这就要求导向零件工作可靠，导向精度好，有一定互换性。导向零件有导柱、导套、导板等。

（4）支撑、固定零件：主要有上模架、下模架、模柄、固定板、垫板、螺钉和销等。这些零件的作用是将其他部分装置连接成一个整体，保证各零件间的相对位置，使模具与压力机连接，传递并承受工作压力。

2. 挤压模具

在有色金属管型材生产过程中，材料的开坯采用热加压法，挤压过程主要是通过挤压工具来完成的。当被挤材料的材质、尺寸不同时，所采用的挤压机型式不同，工具的组装型式也不同。挤压工具主要由挤压筒、挤压轴、穿孔针、垫片和模子组成。以型棒卧式挤压机为例，挤压工具的组装情况如图 5 - 2、图 5 - 3 所示。图 5 - 2 所示为正向挤压，图 5 - 3 所示为反向挤压。

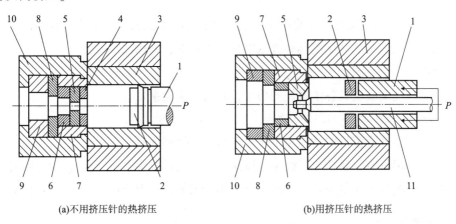

(a)不用挤压针的热挤压　　　　　　　　(b)用挤压针的热挤压

图 5 - 2　卧式正向挤压机的工模具装配型式

1—挤压杆；2—挤压垫；3—挤压筒；4—前置模（如导流模、宽展模、保护模等）；5—挤压模；
6—模垫；7—模支撑；8—前支撑环；9—后支撑环；10—模座；11—挤压针

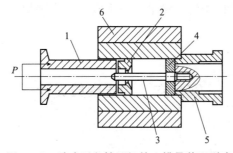

图 5 - 3　卧式反向挤压机的工模具装配型式

1—挤压杆；2—挤压模；3—挤压针；4—挤压垫；5—堵头；6—挤压筒

本实验使用的 1 套实验用挤压工具，由于设备用 60kN 万能材料实验机，挤压材料只能用铅，所以工具结构简单，外形尺寸小。

三、实验设备及材料

实验所用的设备和材料如下。

(1)模具：冲压模 1 套、挤压模 1 套。

(2)测量工具：游标卡尺、钢尺各 1 把。

(3)工具：扳手、起子、手锤、棉纱、手套等。

四、实验内容与步骤

按照实验内容和步骤进行操作，具体如下。

(1)拆卸前，根据所学知识，分析要拆卸模具的组成、各部分结构和工作原理；

(2)拆下的模具零件按顺序放好，描绘主要零部件的外形；

(3)按顺序将拆下的零件重新装好，绘制模具结构示意图，并测量各部件的尺寸。

五、实验报告要求

实验后每个人都必须书写实验报告，报告要求写明实验名称，主要内容包括：

(1)按比例绘实验的冲压模具和机压模具的工具图，并标注尺寸；

(2)绘出工具组装图；

(3)列表简述实验模具各个零件的功用，并填写实验报告。

注意事项：

(1)一定要先观察模具的结构和工作原理后，再拆卸模具；

(2)在移动模具时，要托起下模座，以防止在移动过程中上、下模分离出现危险；

(3)拆装和测量时，要注意模具的刃口，不要被划伤，但不能用锤子来损坏刃口。

六、思考题

(1)在冲压模具的组装过程中，需要注意哪些要点？

(2)通过研究冲压模具的组装与测量，对于实际生产中提高产品质量和降低成本有哪些指导意义或应用价值？

实验六　冲压模具设计

一、实验目的

巩固和深化课堂所学的理论知识，使学生进一步理解模具设计的思路，掌握模具的设计方法，培养学生模具设计能力以及训练学生严谨的科学态度和作风，为今后从事模具设计工作打下良好的基础。

二、实验原理

冲压模具，俗称冷冲模，是在冷压变形中，将材料（金属或非金属）加工成零件（或半成品）的一种特殊工艺装备。冷冲压是在室温下，利用安装在压力机上的模具对材料施加压力，使其产生分离或塑性变形，从而获得所需零件的一种压力加工方法。

冲压模具是冲压生产必不可少的工艺装备，是技术密集型产品。冲压件的质量、生产效率及生产成本等，与模具设计和制造有直接关系。模具设计与制造技术水平的高低，是衡量一个国家产品制造水平的重要标志之一，在很大程度上决定着产品的质量、效益和新产品的开发能力。

模具是冲压生产的主要工艺装备。冲压件的表面质量、尺寸精度、生产效率及经济效益等与模具的结构关系很大。因此，设计合理的模具结构是加工合格冲压件的前提。

因此，对冲压模具的设计，是模具设计与制造理论联系实际的重要课程之一。

1. 方案设计

方案设计如下：

（1）分析零件的结构特点、材料性能及尺寸精度要求，如图 6 - 1 所示。

（2）制定冲裁工艺，根据零件结构的工艺性，结合工厂的冲压设备条件及模具制造技术，确定该工件的冲压工步规程及相应工序的冲模结构型式。

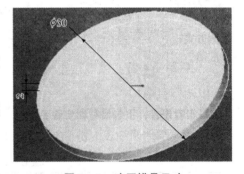

图 6 - 1　冲压模具尺寸

2. 结构设计

在工艺方案设计和冲模结构型式确定的基础上，设计冲压模具，绘制总装图和零件图。

（1）冲裁的工艺分析：分析冲裁件的结构形状、尺寸精度、材料是否符合要求，从而确定冲裁工艺。

（2）确定模具结构型式：正装、倒装落料模，落料、冲孔复合模。

（3）冲压模具参数设计计算：冲裁压力、压力中心、模具刃口尺寸计算，确定各主要零件的外形尺寸，计算模具的闭合高度，冲床选择。

（4）绘制冲模总装图：采用 2D 或 3D 设计软件设计冲裁模。2D 平面图按三视图标准绘制，标注装配尺寸。冷冲模标准件数占 50% 以上，图表和技术要求等按标准执行。

（5）绘制非标注零件图：绘制主要非标设备零件图。

三、实验设备及材料

实验所用的设备和材料如下：

(1)冲压模具数个；

(2)AutoCAD 二维设计软件、Pro/E 三维设计软件；

(3)优质碳素结构钢 08F。

四、实验内容与步骤

按照实验内容和步骤进行操作，具体如下：

(1)确定模具类型；

(2)凸、凹模的结构型式、固定方式；

(3)毛坯的送进、导向、定位型式；

(4)毛坯和零件的压料、卸料型式；

(5)模架及导向型式；

(6)弹性元件的型式；

(7)模具的定位与紧固方式；

(8)绘制冲压模的装配图。

五、实验报告要求

实验后每个人都必须书写实验报告，报告要写明实验名称，主要内容包括：

(1)实验目的；

(2)冲压模具的装配图；

(3)冲模零件明细表 1 份(见表 6 - 1)。

表 6 - 1　冲模零件明细

序号	名称	用途	材料	热处理

六、思考题

(1)在冲压模具设计实验中，如何确定模具的基本结构和布局？需要考虑哪些因素？

(2)如何根据产品要求和工艺条件确定模具的尺寸和精度？

(3)模具的设计参数(如凹模深度、凸模高度等)对冲压效果有什么影响？如何优化这些参数？

(4)如何评估模具设计的可行性？有哪些评估指标？

(5)通过研究冲压模具设计，对于实际生产中提高产品质量和降低成本有哪些指导意义或应用价值？

第三节　金属焊接实验

实验一　焊接热循环曲线测试实验

一、实验目的

(1)掌握焊接热循环相关仪器和设备的使用，学会测定焊接热循环曲线的方法。

(2)研究焊接材料在热循环环境下的性能表现。

(3)掌握典型焊接热循环曲线的特征及其主要表征参数。

二、实验原理

焊接热循环曲线测试是一种用于评估焊接材料在高温疲劳性能的实验方法。其原理基于材料在高温下的热膨胀和热传导特性。在焊接过程中热源沿焊件移动时，焊件上某点的温度由低到高，达到最高值后，又由高到低这一随时间变化的过程。在焊接热源作用下，焊件上某点的温度随时间的变化关系称为焊接热循环，表示这种关系的曲线称为热循环曲线。

该实验通过在焊接试样上施加一定的热载荷，并进行循环加载和卸载，以模拟实际使用过程中的热循环负载情况。焊接时因电弧的高温和吹力作用使焊件局部熔化。焊接件上各点距离焊缝距离不同，受到焊接热的作用也不同，因此各点经历着不同的焊接热循环作用(见图1-1)。显然，离焊缝越近的点，其加热速度越大，峰值温度越高，冷却速度越大，并且加热速度比冷却速度要大得多。焊接热循环曲线包括焊接接头温度变化和冷却相变等重要信息，这些信息对于了解焊接冷却相变过程、接头组织、应力变形等具有重要意义。同时，焊接热循环参数是分析 HAZ 组织与性能的重要数据，也是用于指导焊接参数选择、预测变形和应力、优化焊接工艺，并研究焊接材料性能，因此，测定焊接热循环曲线具有重要的理论意义和实用价值。

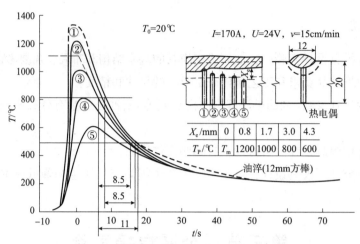

图 1-1　低合金钢堆焊焊缝邻近各点的焊接热循环

t—电弧通过热电偶正上方时算起的时间

焊接热循环曲线的建立采用理论计算和实验测量两种方式。根据焊接热过程的理论公式 $T = f(x, y, z, t)$，计算峰值温度、相变温度以上停留时间、瞬时冷却速度及冷却时间等。但是，由于计算时采用的假设条件及边界条件与实际焊接条件相差较大，所得的计算热循环曲线与实际测量曲线依然存在较大差别，所以在实际焊接中，多采用实验测量的方法来获得焊接热循环曲线。

实验测量焊接热循环的方法，大体上可分为非接触式和接触式两类。

在非接触式测量方法中，主要采用红外测温及热成像技术。红外线辐射是自然界存在的一种最为广泛的电磁波辐射，它是基于任何物体在常规环境下都会产生的自身分子和原子的无规则运动，并不停地辐射出热红外能量。红外线与可见光、紫外线、X 射线、Y 射线和无线电波，构成一个完整连续的电磁波谱。通过光电红外探测器将物体发热部位辐射的功率信号转换成电信号后，成像装置就可以一一对应地模拟出物体表面温度的空间分布，最后经系统处理，形成热图像视频信号，传至显示屏幕上，就得到与物体表面热分布相对应的热像图，即红外热图像。热成像系统通过探测目标物体的红外辐射，并经过光电转换、电信号处理等手段，经过放大和视频处理，将目标物体的温度分布图像转换成视频图像，从而使人眼的视觉范围扩展到不可见的红外区。这种方法的实质是从弧焊熔池的背面，摄取温度场的热像（红外辐射能量分布图），然后把热像分解成许多像素，通过电子束扫描实现光电和电光转换，在显像管屏幕上获得灰度等级不同的点构成的图像，该图像间接反映了焊接区的温度场变化，经过计算机图像处理和换算，便可得出某一瞬间或动态过程的真实温度场。这种测定方法的优点是测定装置不直接接触被测物体，不会搅动和破坏被测物体的温度和热平衡，响应时间快、灵敏度高，并且可以连续测温和自动记录。由于这种测定法需要较复杂的设备和技术，所以尚未大量推广。

另一种方法为接触式测温，常用热电偶和热电阻测温。

1. 热电偶测温的优点

(1)温度范围广:从低温到喷气引擎废气,热电偶适用于大多数实际的温度范围。热电偶测量温度在 -200 ~ 2500℃,具体取决于所使用的金属线。

(2)坚固耐用:热电偶属于耐用器件,抗冲击振动性好,适合于危险恶劣的环境。

(3)响应快:因为它们体积小,热容量低,热电偶对温度变化响应快,尤其在感应接合点裸露时,所以它们可在数百毫秒内对温度变化做出响应。

(4)无自发热:由于热电偶不需要激励电源,因此不易自发热,其本身是安全的。

2. 热电偶测温的缺点

(1)信号调理复杂:将热电偶电压转换成可用的温度读数必须进行大量的信号调理。一直以来,信号调理耗费大量设计时间,处理不当就会引入误差,导致精度降低。

(2)精度低:除了由于金属特性导致的热电偶内部固有不精确性外,热电偶测量精度只能达到参考接合点温度的测量精度,一般在 1 ~ 2℃内。

(3)易受腐蚀:因为热电偶由两种不同的金属组成,在一些工况下,随着时间而腐蚀可能会降低精度。因此,它们可能需要保护,且保养维护必不可少。

(4)抗噪性差:当测量毫伏级信号变化时,杂散电场和磁场产生的噪声可能会引起较大的测量误差。绞合的热电偶线对可能大幅降低磁场耦合。使用屏蔽电缆或在金属导管内走线和防护可降低电场耦合。测量器件应当提供硬件或软件方式的信号过滤,有力抑制工频频率(50Hz/60Hz)及其谐波。

热电阻测温的优点:热电阻的价格便宜,化学稳定性好、能耐高温,工业上在 -50 ~ 150℃内使用较多。缺点:在还原介质中,特别是在高温下很容易被从氧化物中还原出来的蒸汽所沾污,并改变电阻与温度之间的关系。热电阻怕潮湿,易被腐蚀,熔点亦低。根据以下要素来进行热电偶和热电阻的选择。

需要测量的温度范围:500℃以上一般选择热电偶,500℃以下看应用环境来选择。测量范围选择:热电偶所测量的一般指"点"温,热电阻通常用于测量空间温度。由于热电效应的原理。因此,需要一个额外的温度传感器来测量参考点温度,此参考点就是我们常说的冷端补偿点。常见的几种冷端补偿传感器分别如下。

(1)热敏电阻温度传感器:响应快、封装小。但要求线性,精度有限,尤其在宽温度范围内。要求激励电流,会产生自发热,引起漂移。结合信号调理功能后的整体系统精度差,只适合测量精度低、低成本的应用场合。

(2)电阻式温度测量器(RTD):RTD 相比热敏电阻温度传感器,更加精确、稳定且特性线性,但封装尺寸和成本,相对热敏电阻温度传感器高。因为需要良好匹配的激励源和采样电路,所以设计相对更复杂,需要的外围器件更好。用 RTD 作为冷端补偿的热电偶测量系统,通常对系统级精密度要求更高。

(3)集成式温度传感器:集成式温度传感器是一种以半导体工艺制成的集成式测温元件。通过半导体工艺技术,将测温等模拟单元获得的信息数字化输出,高集成度,可获得远低于1℃的系统级精度。

外围电路设计简单，可直接和微控制器（MCU）进行通信，同样针对高精度热电偶采集系统的冷端补偿方案，使用和设计都最为简单。热电效应是温度检测的理论基础：

（1）两种不同金属导体组成闭合回路，且两接触点具有不同温度时，回路中产生电动势；

（2）两种不同金属导体组成闭合回路，通过电流时根据电流方向的不同在接触点出现降温或升温现象；

（3）当单一导体在两端具有温差以及有电流通过时，会在导体上产生吸热或放热现象。

因此测温时，把热电偶的热结点焊在被测点上，热电偶的另一端接在多功能函数记录仪上，焊接时由于热结点受热产生热电势，并把这个电动势作为函数记录仪的输入信号，经放大及热电势温度转换，即可得到被测点的热循环曲线。但是，这种测温方法由于热电偶的连接，会影响被测物体的温度及热平衡，有时将降低测温的精确度，对于微小体积的快速温度变化响应速度较慢。但是，它的突出优点是简单、直观、测出的温度有一定的精确性，因而仍是目前最主要的测温方法。

三、实验设备及材料

（1）任意型号焊条电弧焊机/TIG焊机，各1台。

（2）多通道温度采集及处理系统，1套。

（3）焊接热电偶专用电容式储能焊机，1台。

（4）铂铑–铂热电偶丝/镍铬–镍硅热电偶丝（直径小于1mm），3对。

（5）300mm×200mm×20mm低碳钢板，1块。

（6）直径4mm的E4303焊条、氩气，若干。

（7）钻床、钻头、平头铰刀、深度尺等辅助工具。

四、实验内容与步骤

本实验的主要内容是利用热电偶测温法测量工件上离熔合线不同距离的三点的热循环曲线，具体测试方法如图1-2所示。

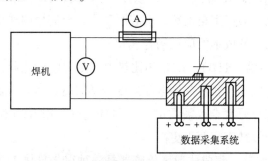

图1-2　焊接热循环曲线测定方法

1. 焊接并固定热电偶

在低碳钢板待焊焊道中心的背面钻 3 个直径为 5.0mm 的测温孔。孔底锥角要大于120°，可用平头铰刀将孔底铰成平端面，孔深分别为 16.0mm、17.0mm 和 18.0mm，用深度尺实测其深度。分别把每对铂铑–铂热电偶丝的端头用电容储能式焊机焊合，形成热结点。其操作过程分为三步：①预设给定电压值为 95V，并进行预充电；②用黑线焊钳夹住铂铑丝和铂丝，两丝的端头要平齐且接触，红线焊钳夹铜箔；③焊接：先把开关拨到焊接位置，然后将铂铑丝、铂丝撞击铜箔，电容放电。形成瞬间短路，热电偶的两根丝即可焊在一起。将 3 对热电偶的热结点分别焊到 3 个测温孔底部，重复上述焊接热结点时的操作过程，只要把储能焊机的充电电压设定为 100V 左右即可。焊后要仔细检查焊接点的质量，务必保证焊牢。两根热电偶丝均套有瓷管，以防止短路影响测量结果。

2. 连接数据采集系统

数据采集系统由数据采集卡、动态分析软件、计算机组成。主要包括以下功能：可将热电偶的温度变化转变成热电势，并将热电势输入 AD 转换器的输入端，把模拟信号转换成数字信号，有多个通道。可以同时采集多个点的温度，具有较高的滤波功能并能进行数据存储和数据处理能力，软件能自动绘制出温度随时间的变化曲线。学生操作时，须把热电偶的另一端分别接在数据采集系统的输入端上。注意，铂铑丝接正极，铂丝接负极；镍铬丝接正极，镍硅丝接负极。镍铬丝有磁性，可用磁铁或磁性材料加以鉴别。

3. 进行焊接操作并采集数据

施焊前，打开计算机，进入热循环数据采集系统，单击"开始"按钮，弹出对话框。输入文件名，单击"确定"按钮，数据采集系统开始自动绘制曲线。注意：单击"确定"按钮的同时，同步开始进行焊接。记录施焊的焊接方法和规范参数。施焊时，当焊接电弧经过被测点上方时，就可得到离熔合线不同距离的 A、B、C 三点的"热循环"曲线。焊接完毕，观察热循环曲线，当温度降到 100℃ 以下时，单击"停止"按钮，绘图结束。将当前页面转换为图片，复制到 U 盘，关机，实验结束。

建议采用手工焊条电弧焊和 TIG 焊两种方法，手工电弧焊焊接电流采用 170A，焊接电压为 24V。焊接速度为 2.5mm/s。TIG 焊的焊接电流分别采用 170A 和 100A，焊接电压为 12~14V，焊接速度为 2.5mm/s。

五、实验报告要求

（1）实验前要求做好预习，熟悉实验目的、具体实验内容及实验原理，并事先绘制好数据记录表格等准备工作。

（2）实验报告内容应包括：①实验名称；②实验目的；③实验内容与实验步骤，包括实验内容、原理分析及具体实验步骤；④实验设备及材料，包括实验所使用的器件、仪器设备名称及规格；⑤实验结果，包括实验数据的处理与分析方法，填写实验结果记录表，绘制实验曲线等；⑥回答思考与讨论题目，总结实验的心得体会等内容。

（3）实验曲线要求用铅笔手工绘制在坐标纸上，曲线应该刻度、单位标注齐全，比例合适、美观，并针对曲线做出适当的标注，图要具有自明性。

（4）实验报告书写在专用实验报告纸上。要求用正楷字体规范撰写，绘图要用直尺等绘图工具。

六、思考题

（1）结合焊接方法相同而焊接电流不同、焊接方法不同而焊接电流相同两种情况下的热循环曲线特点，试分析焊接电流、焊接电压、焊接线能量对焊接热循环曲线有哪些影响？

（2）还有哪些因素影响焊接热循环曲线？

（3）如何根据热循环实验指导制定实际焊接工艺规范？如何利用焊接热循环曲线分析接头热影响区的组织和性能变化？

（4）试以理论公式计算离熔合线最近的某一点上的最高加热温度 T_m、相变点以上高温停留时间以及 550℃瞬时冷却速度，比较计算结果与实验测量结果，并说明产生误差的原因。

实验二　焊条电弧焊实验

一、实验目的

（1）熟悉手工电弧焊接的基本原理和操作步骤。

（2）学习焊接技术的操作技巧。

（3）分析焊接缺陷及其成因。

（4）理解焊接材料的性能变化。

（5）掌握焊接质量评定标准和方法。

二、实验原理

手工电弧焊也称焊条电弧焊，是工业生产中应用最广泛的焊接方法，利用焊条和焊件之间的电弧使金属和母材熔化形成焊缝。如图 2-1 所示，焊接过程中，在电弧高热作用下，焊条和被焊金属局部熔化。由于电弧的吹力作用，在被焊金属上形成了一个椭圆形充满液体金属的凹坑。这个凹坑称为熔池，同时熔化了的金属向熔池过渡。焊条药皮熔化过程中产生一定量的保护气体和液态熔渣，产生的气体充满在电弧和熔池周围，起隔绝大气的作用。液态熔渣浮起盖在液体金属上面，也起保护液体金属的作用。熔池中液态金属、液态熔渣和气体间进行复杂的物理、化学反应，称为冶金反应。这种反应起精炼焊缝金属的作用，能够提高焊缝质量。手工电弧焊接是用手工操作焊条进行焊接的电弧焊接方法。

由于该方法工艺灵活，适应性强，设备简单，生产成本低，不受环境、焊接位置等因素的限制，尽管工艺较为落后，但在生产和培训中仍被列为首位。手工电弧焊时，在焊条末端和工件之间燃烧的电弧所产生的高温使焊条药皮与焊芯及工件熔化，熔化的焊芯端部迅速形成细小的金属熔滴，通过弧柱过渡到局部熔化的工件表面，融合一起形成熔池。药皮熔化过程中产生的气体和熔渣，不仅使熔池和电弧周围的空气隔绝，而且和熔化的焊芯、母材发生一系列冶金反应，保证所

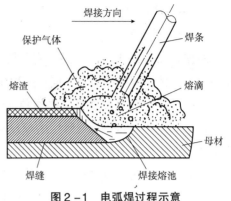

图 2-1 电弧焊过程示意

形成焊缝的性能。随着电弧以适当的弧长和速度在工件上不断地前移，熔池液态金属逐步冷却结晶，形成焊缝。

1. 碳钢焊条的选择

一般按焊缝与母材等强的原则选用，但在焊缝冷却速度大(如薄板施焊、单层焊)时也选用强度比母材低一级的煤条。而厚板的多层焊及焊后需进行正火处理的情况为防止焊缝强度低于母材，可选用强度高一级的焊条。不同强度级别的母材施焊，应选用强度级别较低的钢的焊条。

2. 低合金焊条的选用

对强度级别较低的钢材，其选用原则与低碳钢焊条相同，基本上是等强原则。对强度级别较高的钢材，特别是高强度钢，选用焊条时，应侧重考虑焊缝的塑性；对铬钼钢，则着眼于接头的高温性能；对于镍钢，则重点考虑焊缝的低温韧性。低合金异种钢焊接时，应该依照强度级别较低钢种选用焊条，施焊工艺则依照强度级别选择较高钢种工艺，同时还应注意其他因素。

3. 焊接工艺要求

手工电弧焊的工艺参数包括焊条直径、焊接电流、焊接速度、焊道层数、电源种类和极性等。

焊条直径选择：根据被焊工件厚度、接头形状、焊接位置和预热条件来确定的通常有 1.6mm、2.5mm、3.2mm、5.0mm、5.8mm 等。带坡口多层焊时，首层用 3.2mm 的焊条，其他各层用直径较大的焊条。立焊、仰焊或横焊，使用焊条直径不宜大于 4.0mm 的焊条，以便形成较小的熔池，减少熔化金属下淌的可能性。焊接中碳钢或低合金钢时，焊条直径应适当比焊接低碳钢时要小一些。

焊接电流的选择：主要取决于焊条的类型、焊接材质、焊条直径、焊接厚度、接头型式、焊接位置及焊接层数等。在使用一包碳钢焊条时，焊接电流大小与焊条直径的关系为：

$$I = (35 \sim 55)d \qquad (2-1)$$

式中　I——焊接电流，A；

　　　d——焊条直径，mm。

根据式(2-1)求得的焊接电流只是一个大概数值。对于同样直径的焊条焊接不同材质和厚度的工件，焊接电流也不同。一般情况下，板越厚，焊接热量散失得越快，应取电流值的上限；对焊接输入热要求严格控制的材质，应在保障焊接过程稳定的前提下取下限值。对于横、立、仰焊时，所用的焊接电流应比平均的数值小10%～20%。焊接中碳钢或普通低合金钢时，其焊接电流应比焊接低碳钢小10%～20%，碱性焊条比酸性焊条小20%，而在锅炉和压力容器的实际焊接生产中，焊接应按照焊接工艺规定的参数施焊。

电弧电压的选择：电弧电压是由电弧长度来决定的，焊接过程中，要求电弧长度不宜过长，否则出现燃烧不稳定的现象。

焊接速度控制：较大的焊接速度可以获得较高的焊接生产率，但是焊接速度过大，会造成咬边、未焊透、气孔等缺陷；而过慢的焊接速度又会造成熔池满溢、夹渣、未熔合等缺陷。对不同的钢材焊接速度应与焊接电流和电弧电压有适合的匹配，以便有一个合适的线能量。

电源种类和极性选择：电源种类和极性主要取决于焊条的类型。直流电源的电弧燃烧稳定，焊接接头质量容易保证；交流电源的电弧稳定性差，焊接质量也较难保证。利用不同的极性，可焊接不同要求的工件，如采用酸性焊条焊接厚度较大的焊件时，可采用直流正接法(焊条接负极，焊件接正极)，以获得较大的熔深。而焊接薄板时，可采用直流反接法，可防止烧穿。

焊接层数的选择：多层多道焊有利于提高焊接接头的塑性和韧性，除了低碳钢对焊接层数不敏感，其他钢种都希望采用多层多道无摆动法焊接，每层高不得大于4mm。

在焊接过程中，焊条电弧焊接的熔滴过渡形态及特征对焊条熔化效率、飞溅、焊接参数的稳定性等都有直接或间接的影响。焊条电弧焊接的熔滴过渡形态与焊条的工艺特性存在内在联系，其熔滴过渡类型分为粗熔滴过渡、渣壁过渡、爆炸过渡和喷射过渡4种。

(1)粗熔滴过渡。焊条熔滴以粗熔滴过渡时，具有以下特点：一是熔滴尺寸大，自由熔滴的颗粒度一般可长大到接近或超过焊芯的直径；二是在正常弧长时，熔滴过渡时发生桥接短路，桥接短路有时会出现爆炸飞溅；三是熔滴过渡频率低，一般为1.5～3次/s。这种过渡方式也称为粗熔滴短路过渡或短路过渡。

(2)渣壁过渡。焊条端部的熔化金属，沿药皮套筒壁面流向熔池的一种过渡形式。这种过渡形式与粗熔滴短路过渡相比，熔滴尺寸小，一般不超过焊芯直径。当熔滴在焊条端部形成、长大，直到脱离焊芯端部之前，一个熔滴不会占据焊芯的整个端面，而在焊芯端面处，可以同时存在两个或两个以上的熔滴，这是渣壁过渡独有的现象。

(3)爆炸过渡。焊条金属熔滴在形成、长大或过渡过程中，由于激烈的冶金反应，在熔滴内部产生CO气体，使熔滴急剧膨胀发生爆裂而形成的一种金属过渡形式。熔滴的这种爆炸现象，多半发生在熔滴悬挂在焊条末端，尚未脱离焊条断部时，有时也发生在熔滴的过渡过程中。熔滴过渡频率一般为 30~50 次/s。

（4）喷射过渡。焊条金属的熔滴呈细碎的颗粒由套筒内喷射出来，并以喷射状态快速通过电弧空间向熔池过渡，其熔滴细碎程度比爆炸过渡还要细得多，熔滴过渡频率一般为 100~150 次/s。

以上 4 种形态是焊条熔滴过渡的基本过渡形态。除了上述 4 种过渡形态，还存在一种较为常见的过渡形态，可称为熔滴的自由过渡。这种过渡形态是在熔滴形成过程中，由于某种力的作用(不是由于爆炸)，从停留在焊条端部的大熔滴中，分离出较小的熔滴，这个小熔滴又远离套筒，不能形成渣壁过渡，于是"自由地"飘落到熔池，而形成"自由过渡"。熔滴的"自由过渡"可以看作焊条熔滴过渡形态的一个特例。因为，实际上任何一种焊条都不可能以"自由过渡"为主要过渡形式，而这种过渡形式又和 4 种基本过渡形式相伴发生。

三、实验设备及材料

（1）焊接设备：手工电弧焊接机、焊枪、焊接电源。
（2）焊接材料：焊条、焊接母材(金属板)。
（3）安全装备：焊接面罩、焊手套、防护服、防火设备、通风设备。

四、实验步骤

手工电弧焊是一种常见的金属连接方法，广泛应用于工业生产和维修领域。下面将介绍手工电弧焊的 4 个步骤：准备工作、电弧点火、焊接操作和焊缝处理。

（1）准备工作：在进行手工电弧焊前，需要做好以下准备工作。首先，确保焊接设备和工具的正常运行，检查焊机、焊钳、电源线等设备是否完好无损。其次，选择合适的电焊材料，如焊条、气体等。根据所需焊接材料的不同，选择相应的焊条。最后，要确保焊接工作区域周围没有易燃物品，并保持通风良好。

（2）电弧点火：电弧点火是手工电弧焊的第一个步骤。首先，将焊机的电源线插入电源插座，并将焊接工件与焊接地线连接。其次，根据焊接材料和焊接要求，选择合适的焊条，并将焊条装入焊钳。再次，将焊钳的负极夹紧在焊接工件上。最后，按下电焊机的电流开关，使电弧在焊接工件上点燃。

（3）焊接操作：焊接操作是手工电弧焊的核心步骤。首先，保持焊枪与焊接工件的稳定角度，通常为 45°左右。其次，通过控制焊的位置和角度使电弧在焊条和焊接工件之间形成熔化的金属池。在焊接过程中要保持均匀的焊接速度和适当的电流强度，以确保焊接质量。同时要注意焊接工件的预热和熔化金属的流动，以避免焊接缺陷和变形。

（4）焊缝处理：焊缝处理是手工电弧焊的最后一步。焊接完成后，需要对焊接处进行处理，以提高焊接质量。首先，将焊接处的焊渣清除干净，可以使用刮削或磨削的方法。

其次，对焊接处进行打磨和抛光，使焊缝表面平整光滑。最后，对焊接处进行检查，确保焊缝无裂纹和气孔等缺陷，并进行必要的修补。

总结：手工电弧焊是一种常见的金属连接方法，它包括准备工作、电弧点火、焊接操作和焊缝处理4个步骤。在进行手工电弧焊前，需要做好焊接设备和工具的准备工作，并确保焊接工作区域的安全和通风。电弧点火是手工电弧焊的第一个步骤，需要正确选择焊条和点燃电弧。焊接操作是手工电弧焊的核心步骤，需要控制焊钳的位置和角度，保持均匀的焊接速度和适当的电流强度。焊缝处理是手工电弧焊的最后一步，包括清除焊渣、打磨抛光和检查修补焊缝。通过正确操作和处理，可以获得高质量的焊接接头。

五、实验报告要求

（1）实验前要求做好预习，熟悉实验目的、具体实验内容及实验原理，并事先绘制好数据记录表格等准备工作。

（2）实验报告内容应包括：①实验名称；②实验目的；③实验内容与实验步骤，包括实验内容、原理分析及具体实验步骤；④实验设备及材料，包括实验所使用的器件、仪器设备名称及规格；⑤实验结果，包括实验数据的处理与分析方法，填写实验结果记录表，绘制实验曲线等；⑥回答思考与讨论题目，总结实验的心得体会等内容。

（3）实验曲线要求用铅笔手工绘制在坐标纸上，曲线应该刻度、单位标注齐全，比例合适、美观，并针对曲线做出适当的标注，图要具有自明性。

（4）实验报告书写在专用实验报告纸上。要求用正楷字体规范撰写，绘图要用直尺等绘图工具。

六、思考题

（1）什么是自持放电和非自持放电？

（2）电弧中带电粒子的产生方式是什么？

（3）电离能的高低与电弧稳定性有什么关系？

（4）什么叫作电离、解离、激励？

（5）什么是热发射，有什么特点？什么情况下发生场发射，有什么特点？

实验三　钨极氩弧焊设备与工艺实验

一、实验目的

（1）了解钨极氩弧焊设备的基本构成、基本原理、主要类型及主要电气特点。

（2）熟悉钨极氩弧焊机的基本操作方法，学会钨极氩弧焊的基本方法。

（3）掌握钨极氩弧焊的雾化机理及钨极烧损规律。

（4）了解铝及铝合金焊接时，阴极清理作用对焊缝成形的影响。

（5）了解直流分量的产生原因、危害以及消除方法。

二、实验原理

钨极氩弧焊时常被称为 TIG 焊。TIG 焊是在惰性气体的保护下，利用钨极与焊接间的电弧熔化母材和填充焊丝(也可不加填充焊丝)形成焊缝的焊接方法。焊接时保护气体从焊枪的喷嘴中连续喷出，在电弧周围形成保护层隔绝空气，保护电极和焊接熔池以及邻近热影响区，以形成优质的焊接接头。TIG 焊分为手工和自动两种。焊接时，用难熔金属钨或钨合金制成的电极基本上不熔化，故容易维持电弧长度的恒定。填充焊丝在电弧的前方添加，当焊接薄件时，一般不需开坡口和填充焊丝；还可采用脉冲电流以防止烧穿焊件。焊接厚大焊件时，也可将焊丝预热后，再添加到熔池中，以提高熔敷速度。TIG 焊一般采用氩气保护气体(见图 3−1)。在焊接厚板、高导热率或高熔点金属等情况下，也可采用氦－氩混合气作保护气体。在焊接不锈钢板、镍基合金和镍铜合金时可采用氩－氢混合气体作保护气体。

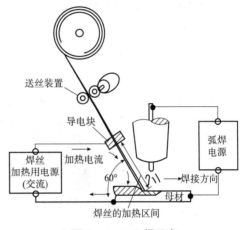

图 3−1　TIG 焊示意

TIG 焊的特点如下：

（1）可焊金属多，氩气能有效隔绝焊接区周围的空气，它本身又不溶于金属，不与金属反应；TIG 焊过程中电弧还有自动清除焊件表面氧化膜的作用。因此，可成功地焊接其他焊接方法不易焊接的易氧化、易氮化、化学活泼性强的有色金属、不锈钢和各种合金。

（2）适应能力强、钨极电弧稳定，即使在很小的焊接电流下也能稳定燃烧；不会产生飞溅，焊缝成形美观；热源和焊丝可分别控制，因此热输入量容易调节，特别适合于薄件、超薄件的焊接；可进行各种位置的焊接，易于实现机械化和自动化焊接。

（3）焊接生产率低，钨极承载电流能力较差，过大的电流会引起钨极熔化和蒸发，其颗粒可能进入熔池，造成夹钨。因而 TIG 焊使用的电流较小，焊缝熔深浅，熔敷速度小，生产率低。

（4）生产成本较高，由于惰性气体较贵，与其他焊接方法相比生产成本高，所以主要用于要求较高产品的焊接。

TIG 焊的应用有以下方面：

TIG 焊几乎可能用于所有钢材、有色金属及其合金的焊接，特别适合化学性质活泼的金属及其合金。常用于不锈钢、高温合金、铝、镁、钛及其合金和难熔的活泼金属(如锆、钼、铌等)和异种金属的焊接。TIG 焊容易控制焊缝成形，容易实现单面焊双面成形，主要用于薄件焊接或厚件的打底焊。脉冲 TIG 焊特别适于焊接薄板和全位置管道对接焊。但是，由于钨极的载流能力有限，电弧功率受到限制，焊缝熔深浅，焊接速度低，TIG 焊一般只用于焊接厚度在 6mm 以下的焊件。

TIG 焊是用高熔点的钨合金作为电极，与被焊工件之间形成电弧加热熔化工件和焊丝的一种非熔化极焊接方法。图 3-2 所示为 TIG 焊接系统构成示意。焊接过程中保护气体从氩气瓶 10 中经过减压器 9、流量计 8 和电磁气阀 7 从焊枪 4 的喷嘴中喷出，在钨电极 3 及电弧和熔池周围形成气体保护层，防止空气的卷入。焊接过程中可以从电弧旁边填充焊丝 2(也可不填充焊丝)。根据所用电源种类的不同，TIG 焊可分为直流 TIG 焊、交流 TIG 焊、脉冲 TIG 焊及变极性 TIG 焊等类型。

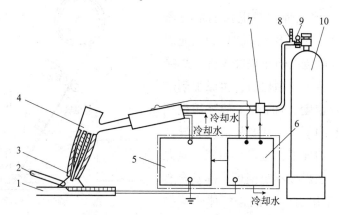

图 3-2　TIG 焊接系统构成示意
1—工件；2—填充焊丝；3—钨电极；4—焊枪；5—电源；6—控制箱；
7—电磁气阀；8—流量计；9—减压器；10—氩气瓶

1. 直流 TIG 焊工艺

直流 TIG 焊没有极性变化，当采用直流正接时，钨极是负极，钨极熔点高，在高温时电子发射能力强，电弧燃烧稳定性更好。

(1)直流反接。直流反接时，钨极为正极受热大，工件为负极，熔点低，且面积大，发射电子能力弱，电弧稳定性差，具有阴极清理作用。直流反接时，阴极斑点有自动寻找氧化膜的性质。这是由于金属氧化膜逸出功小，容易发射电子，所以氧化膜上容易形成阴极斑点并产生电弧。阴极清理作用的实质：因为阴极斑点的能量密度很大，被质量很大的正离子撞击，使氧化膜破碎。

阴极雾化：当阴极斑点处受弧柱中正离子流的强烈撞击时，温度很高，其氧化膜很快被汽化破碎，显露出纯净的金属表面，电子发射条件也由此变差，阴极斑点转移到邻近有氧化膜存在的地方，如此下去，就会自动地把工件表面的氧化膜清除，这种现象称为阴极雾化或阴极破碎现象。阴极雾化是指通过阴极的电子发射特性，使氧化膜产生分解。

(2)直流正接。直流正接时，工件接正极没有去除氧化膜的作用。一般用于焊接除铝、镁及其合金外的金属，因为其他金属及其合金不存在高熔点金属氧化物的问题。直流正接的优点如下：由于工件被电子轰击放出全部动能和位能，产生大量的热，所以熔池深而窄，工件的收缩和变形都小；另外，由于钨极在发射电子时需要付出大量的逸出功，所以，钨极上产生的热量较小，钨极不易过热；钨棒的热发射力很强，所以电弧的稳定性也比反极性好。

2. 交流 TIG 焊工艺

焊接铝、镁合金一般都用交流电，这样在交流负极性的半波中，阴极有去除氧化膜的作用，它可以清除熔池表面的氧化膜。在正极性的半波中，钨极得到冷却，同时又发射足够的电子，有利于电弧稳定。

在交流电弧的情况下，由于电极和母材的电、热物理性能以及几何尺寸的方面存在差异，造成了交流电两半周中的弧柱导电率、电场强度和电弧电压不对称，正半周内，钨极为阴极，弧柱电导率高，电场强度小，电弧电压低而电流大，而母材的情况刚好相反，电场强度大而电流小。

直流分量的危害：一方面使阴极去除氧化膜的作用减弱，直流磁通叠加在原来的交变磁通上，使铁芯在一个方向上可能达到磁饱和状态，导致变压器的励磁电流大大增加，导致变压器铁损、铜损增大，效率降低，温度升高；另一方面使焊接电流的波形严重畸变。

直流分量消除方法如下：

(1)串入直流电源法。在电路中串一个蓄电池，使其产生直流电与直流分量大小相等，方向相反。

(2)串入电容法。电容能让交流电顺利通过，而直流电却无法通过。用此法消除直流分量，效果较好。

(3)串入二极管法。利用二极管单向导电的作用，电流由电阻 R 处流过，可减小直流分量。

3. 脉冲 TIG 焊工艺

脉冲 TIG 焊工艺是由焊接电源向电弧提供按一定规律变化的脉冲电流进行焊接的方法。焊接过程由基本电流维持电弧稳定燃烧，用可控的脉冲电流加热熔化工件，每一个脉冲形成一个点状熔池，脉冲间隙熔池凝固成焊点，下一个脉冲电流作用时，在一部分凝固的焊点上又有部分填充金属和母材金属被熔化，形成新的熔池，通过焊速和脉冲间隙的调节，得到相互搭接的焊点，最后获得连续焊缝。

脉冲 TIG 焊是通过调节脉冲频率、脉冲宽度比、脉冲电流值等参数来控制热输入量的大小，从而控制熔池的体积、熔深、热影响区大小，最后达到完美的焊缝成形。适宜焊接薄板，特别是全位置管道对接焊。脉冲 TIG 焊工艺可调工艺参数多，能精确控制焊接热输入和熔池的尺寸。提高焊缝抗烧穿能力，易获得均匀熔深。尤其适用于薄板(厚度≤1.0mm)焊接、全位置焊接以及单面焊双面成形的焊接工艺。

4. 变极性 TIG 焊工艺

变极性 TIG 焊是一种输出电流频率、占空比、DCEN 和 DCEP 的电流幅值均可独立调节的方波交流电源。其具有以下特点：首先，通过调节 DCEN 和 DCEP 电流的时间比和幅值比，既保证阴极雾化作用，又使电弧特点向直流钨极接负靠近，最大限度减少钨极为正的时间，从而获得最佳熔深、提高生产率和延长钨极的寿命；其次，可通过调节焊接规范，获得不同的电弧形状、电弧作用力和热输入，达到控制熔深和单面焊双面成形的目的。

5. TIG 焊的特点

TIG 焊的优点是：保护效果好，故焊缝金属纯度高、性能好；焊接时加热集中，所以焊件变形与应力小；电弧稳定性好，在小电流（<10A）时电弧也能稳定燃烧。适宜各种位置施焊，焊接过程很容易实现机械化和自动化。其缺点是：需要特殊的引弧措施，对工件清理要求高，生产率低，生产成本低。

6. TIG 焊焊接设备组成

TIG 焊焊机由主电路系统、焊枪、气路系统、冷却系统和控制系统等部分组成。

主电路系统：主要由焊接电源、高频振荡器、脉冲稳弧器和消除直流分量装置等组成。

焊枪：焊枪分为空冷式和水冷式两种，它们都由喷嘴、电极夹头、电极、夹持体、焊帽、手柄和控制开关等组成。典型焊枪结构如图 3 - 3 所示。

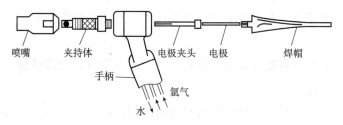

图 3 - 3　典型焊枪结构

气路系统：主要由氩气瓶、减压器、流量计和电磁气阀等组成。

冷却系统：一般焊接电流在 200A 以上时，必须通水来冷却焊枪、电极和焊接电缆，冷却水接通并具有一定的压力后，才能启动焊接设备，通常设备中设有保护装置——水压开关。

控制系统：焊接的控制系统能自动协调水、电、气等各个系统的工作顺序。焊接开始时，先送气后通电，焊接结束时，先断电后停气，必须有延时控制功能。

三、实验设备及材料

(1)任意型号的直流 TIG 焊焊机(必备)、交流 TIG 焊焊机(可选)、脉冲 TIG 焊焊机(可选)、变极性 TIG 焊焊机(可选)，各 1 台。

(2)焊接面罩，若干个。

(3)电子天平，1 台。

(4)游标卡尺，1 把。

（5）厚度为 2～5mm 的低碳钢板和铝合金板，若干块。

（6）氩气(99.95%)，1 瓶。

四、实验内容与步骤

1. 了解 TIG 焊焊机的内部结构及主要性能参数

（1）首先关闭电源，打开 TIG 焊焊机外壳，在教师的讲解下认识所用型号焊机中的变压器、整流桥、辅助引弧装置和电抗器等主要内部结构。认识流量计、气路及焊枪等附属构件。

（2）盖上机壳，观察认识操作面板上的主要功能按钮，学习其操作方法。

（3）记录所采用 TIG 焊焊机的型号、额定电流、电流调节范围、空载电压、额定工作电压、额定负载持续率、功率因数等参数。

2. 直流正接/反接 TIG 焊钨极烧损规律试验

（1）电弧弧长在 2～3mm 内保持稳定，根据使用的钨电极的尺寸及电源的极性，参照表 3-1 分别选取大、中、小 3 个不同的电流值，并设定好气体流量等其他工艺参数。

表 3-1　纯钨电极的许用焊接电流推荐值

钨极直径/mm	直流电流/A		交流电流/A
	正极性接法	负极性接法	
1～2	65～150	10～20	20～100
3	140～180	20～40	100～160
4	250～340	30～50	140～220
5	300～400	60～100	200～280

（2）分别采用直流正接和反接两种方式，在一块低碳钢板上依次进行焊接操作。注意：保持每次试验的焊接时间大致相等，并记录每次试验的实际焊接时间。

（3）焊接前后分别仔细称取钨电极的质量，并利用所有的相关数据在试验完成后分别计算电极烧损量。

3. 铝合金 TIG 焊接时的阴极雾化现象观察

（1）如果使用直流电源，则在相同的焊接参数条件下，分别采用直流正接法与直流反接法，在一块铝板上进行焊接试验，观察阴极雾化对表面氧化和成形的影响，测量阴极雾化区宽度。

（2）如果采用变极性电源，则通过调整阴极雾化脉冲的宽度和电流幅值来比较观察阴极雾化宽度的变化规律，并自行设计表格记录相应的数据。

五、实验报告要求

（1）实验前要求做好预习，熟悉实验目的、具体实验内容及实验原理，并事先绘制好数据记录表格等准备工作。

（2）实验报告内容应包括：①实验名称；②实验目的；③实验内容与实验步骤，包括实验内容、原理分析及具体实验步骤；④实验设备及材料，包括实验所使用的器件、仪器设备名称及规格；⑤实验结果，包括实验数据的处理与分析方法，填写实验结果记录表，绘制实验曲线等；⑥回答思考与讨论题目，总结实验的心得体会等内容。

（3）实验曲线要求用铅笔手工绘制在坐标纸上，曲线应该刻度、单位标注齐全，比例合适、美观，并针对曲线做出适当的标注，图要具有自明性。

（4）实验报告书写在专用实验报告纸上。要求用正楷字体规范撰写，绘图要用直尺等绘图工具。

六、思考题

（1）为什么直流反接时钨电极的烧损更严重，什么情况下会采用直流反接法施焊？

（2）焊接铝合金时的阴极雾化现象的形成机理是什么？

（3）变极性 TIG 与交流 TIG 有什么差别？变极性 TIG 电源的优越性有哪些，主要应用在哪些焊接工艺中？

（4）直流分量是如何产生的？有什么危害以及如何消除？

（5）氩弧焊的原理是什么？为什么焊接质量高？有哪些特点？

（6）钨极氩弧焊时，为什么通常采用直流正接法？在焊接铝、镁及其合金时应采用什么电源和极性？为什么？

实验四　熔化极气体保护焊设备与工艺实验

一、实验目的

（1）了解熔化极气体保护焊基本原理。

（2）了解熔化极气体保护焊的结构，逐步掌握焊机的使用方法。

（3）熟悉熔化极气体保护焊工艺及设备的特点。

（4）了解影响熔滴短路过渡时电弧稳定性的因素，并掌握熔化极气体保护焊规范参数影响电弧稳定的规律与熔滴过渡的规律。

二、实验原理

1. 熔化极气体保护焊的基本原理

熔化极气体保护焊是以可熔化的金属焊丝作电极，并由气体作保护的电弧焊，如图 4－1 所示。焊丝盘 4 上的焊丝 3 和母材 1 之间引燃电弧 2 来熔化焊丝和加热母材，熔化的焊丝进入熔池 9 与母材 1 融合，凝固后即为焊缝金属 10。通过保护气罩 7 向焊接区喷出保护气体 8，使处于高温的待熔化焊丝、熔滴、熔池及附近的母材免受周围空气的有害作用。焊丝由送丝轮 5 经过导电嘴 6 连续地送进焊接区。操作方式主要是半自动熔化极气体保护焊和自动熔化极气体保护焊两种。作为填充金属的焊丝，有实心和药芯两类，前者一般含有脱氧用的和焊缝金属所需的合金元素；后者的药芯成分及作用与焊条的药皮相似。埋弧焊是以金属焊丝与焊件（母材）间形成的电弧为热源，并以覆盖在电弧周围的颗粒状焊剂及其熔渣作为保护的一种电弧焊方法。

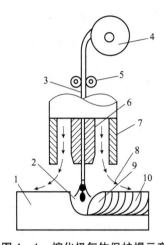

图 4 - 1　熔化极气体保护焊示意
1—母材；2—电弧；3—焊丝；4—焊丝盘；5—送丝轮；6—导电嘴；
7—保护气罩；8—保护气体；9—熔池；10—焊缝金属

熔化极气体保护焊与焊条电弧焊相比，具有焊接效率高、焊缝含氢量低、相同电流下熔深更大、焊厚板时焊接变形小、烟雾少的优点。与埋弧焊相比，具有可全位置焊接、无须清渣、明弧焊接的优点。同样也有应用受环境条件制约、半自动焊枪笨重、设备复杂的缺点。

MIG 焊（Melt Inertgas Welding，熔化极惰性气体保护焊）接用的惰性气体可以是氩（Ar）、氦（He）或 Ar 与 He 的混合气体。因惰性气体与液态金属不发生冶金反应，只起包围焊接区使之与空气隔离的作用，所以电弧燃烧稳定，熔滴向熔池过渡平稳、安定、无激烈飞溅。这种方法最适于铝、铜、钛等有色金属的焊接，也可用于钢材，如不锈钢、耐热钢等的焊接。

MAG 焊（Metal Active Gas Arc Welding，熔化极活性气体保护电弧焊）使用的保护气体是由惰性气体和少量的氧化性气体混合而成的。加入少量的氧化性气体的目的是在不改变或基本上不改变惰性气体电弧特性的条件下，进一步提高电弧的稳定性，改善焊缝成形和降低电弧辐射强度等。这种方法常用于钢铁材料的焊接。

CO_2 焊使用的 CO_2 气体具有氧化性，本质上也属于 MAG 焊。CO_2 的来源广、成本低。由于 CO_2 的热物理特性和化学特性，需要在焊接过程中从设备、工艺及焊丝等方面采取措施，才能获得良好的焊接效果。这种方法常用于钢铁材料的焊接，在许多工艺部门中代替了焊条电弧焊和埋弧焊。

2. 焊枪系统

熔化极气体保护焊的焊枪分为半自动焊焊枪(手握式)和自动焊焊枪(安装在机械设置上),在焊枪内部装有导电嘴(紫铜或铬铜等)。焊枪还有一个向焊接区输送保护气体的通道和喷嘴。喷嘴和导电嘴根据需要都可方便地更换。此外,焊接电流通过导电嘴等部件时产生的电阻热和电弧辐射热一起,会使焊枪发热,故需要采取一定的措施冷却焊枪。冷却方式包括空气冷却、内部循环水冷却,或两种方式相结合。半自动焊焊枪通常有两种形式:鹅颈式和手枪式。鹅颈式焊枪适于小直径焊丝,使用灵活方便,特别适于紧凑部位、难以达到的拐角处和某些受限制区域的焊接。手枪式焊枪适于较大直径焊丝,它对于冷却效果要求较高,因而常采用内部循环水冷却。半自动焊焊枪可与送丝机构装在一起,也可分离。自动焊焊枪的基本构造与半自动焊焊枪相同,但其载流容量较大,工作时间较长,有时要采用内部循环水冷却。焊枪直接装在焊接机头下部,焊丝通过送丝轮和导丝管送进焊枪。

3. 送丝系统

送丝系统通常由送丝机(包括电动机、减速器、校直轮、送丝轮)、送丝软管、焊丝盘等组成。盘绕在焊丝盘上的焊丝经过校直轮和送丝轮送往焊枪。根据送丝方式的不同,送丝系统可分为以下4种类型。

(1)推丝式

推丝式是焊丝被送丝轮推送经过软管而达到焊点,是半自动熔化极气体保护焊的主要送丝方式。这种送丝方式的焊枪结构简单、轻便、操作维修都比较方便,但焊丝送进的阻力较大。随着软管的加长,送丝稳定性变差,一般送丝软管长度为3.5~4m。

(2)拉丝式

拉丝式可分为三种形式:一种是将焊丝盘和焊枪分开,两者通过送丝软管连接。另一种是将焊丝盘直接安装在焊枪上。这两种都适用于细丝半自动焊,但前一种操作比较方便。还有一种是不但焊丝盘与焊枪分开,而且送丝电动机也与焊枪分开,这种送丝方式可用于自动熔化极气体保护焊。

(3)推拉丝式

推拉丝式的送丝软管最长可到15m左右,扩大了半自动焊的操作距离。焊丝前进时既靠后边的推力,又靠前边的拉力,利用两个力的合力来克服焊丝在软管中的阻力。推拉丝两个动力在调试过程中要有一定配合,尽量做到同步,但以拉为主。焊丝送进过程中,始终要保持焊丝在软管中处于拉直状态。这种送丝方式常被用于半自动熔化极气体保护焊。

(4)行星式(线式)

行星式送丝系统是根据"轴向固定的旋转螺母能轴向送进螺杆"的原理设计而成的。三个互为120°的滚轮交叉地安装在一块底座上,组成一个驱动盘。驱动盘相当于螺母,通过三个滚轮中间的焊丝相当于螺杆,三个滚轮与焊丝之间有一个预先调定的螺旋角。当电动机主轴带动驱动盘旋转时,三个滚轮即向焊丝施加一个轴向的推力,将焊丝往前推送。送丝过程中,三个滚轮一方面围绕焊丝公转,另一方面又绕着自己的轴自转。调节电动机转速即可调节焊丝送进速度。这种送丝机构可一级一级串联成为线式送丝系统,使送丝距离更长(可达到60m)。若采用一级传送,可传送7~8m。这种线式送丝方式适于输送小直径焊丝(中0.8~12mm)和钢焊丝,以及长距离送丝。

4. 熔化极气体保护焊的熔滴过渡形式

CO_2气体保护焊的熔滴过渡特性对焊接过程的稳定性、合金元素的烧损、焊缝成形、飞溅及焊接接头的质量有很大的影响。可分为短路过渡、喷射过渡和大颗粒过渡三种。

(1)短路过渡

CO_2气体保护焊采用细焊丝、小电流、低电压焊接时,熔滴是短路过渡。此时由于焊丝的熔化速度比送丝速度低,电弧长度变得很短,熔滴在还未充分长大时,就与熔池接触而形成短路。熔滴在重力和表面张力的作用下形成液体金属过桥,电弧熄灭。电弧电压很快降低,而短路电流迅速增加,产生强大的电磁收缩力,使液体金属以过桥形式颈缩而拉断,熔滴过渡进入熔池。短路过渡时,整个焊接过程稳定,飞溅少,焊缝成形美观,熔池尺寸较小。因此,实际生产中最适于焊接薄板以及全位置焊接。

(2)喷射过渡

喷射过渡时熔化金属从焊丝末端以很细的颗粒和很高的速度非轴线地射向熔池。CO_2气体保护焊的喷射过渡,对于一定直径的焊丝(直径大于1.6mm),焊接电流要达到一定数值(大于400A)后才能形成。进入喷射过渡的转变电流称为临界电流。除此之外,还需要有一定的电弧长度,如果电弧电压很低,弧长过短,无论焊接电流数值有多大,也不能产生喷射过渡。喷射过渡电弧功率较大,电弧稳定,焊缝成形良好,穿透能力强,熔深较大,适于中厚板的平焊。

(3)大颗粒状过渡

对于一定直径的焊丝(大于1.6mm),当焊接电流未达到喷射过渡的临界电流时(小于400A),熔滴就变大,随着焊接电流的降低,在焊丝末端产生熔滴飘晃现象,形成大颗粒状过渡。过渡缓慢,电弧不稳定,飞溅增加,焊缝成形不良。因此,这种过渡形式在实际生产中不宜采用。

影响熔滴过渡的主要因素除焊丝直径、保护气体成分外,主要是焊接电流和电弧电压两个参数。所以在实际工作中,主要是通过调节焊接电流、电弧电压来控制熔滴的过渡尺寸。

5. 熔化极气体保护焊的适用范围

(1)优点

1)保护气体无氧化性:熔化极气体保护焊使用的保护气体如氩气或氢气等,无氧化性,使电弧空间也具有无氧化性。这样在焊接过程中不会产生氧化,不需要在焊丝中加入脱氧剂,能够使用与母材同等成分的焊丝进行焊接。

2)电弧稳定:与CO_2气体保护电弧焊相比较,熔化极氩弧焊的电弧稳定,熔滴过渡稳定。这意味着焊接过程中飞溅少，焊缝成形美观。

3）高效：与 TIG 焊相比较，熔化极氩弧焊由于采用焊丝作电极，焊丝和电弧的电流密度大，焊丝熔化速度快，熔化率高，母材熔深大，焊接变形小，焊接生产率高。这使熔化极气体保护焊在焊接效率和效果上优于 TIG 焊。

4）清理作用：MIG 焊采用焊丝为正极的直流电弧来焊接铝及铝合金时，对母材表面的氧化膜有良好的阴极清理作用。这有助于提高焊接质量和效率。

（2）缺点

1）设备成本高：熔化极气体保护焊设备成本相对较高，需要使用专业的焊接电源和保护气体。

2）需要专业操作：熔化极气体保护焊需要专业操作技能，对非专业人员来说可能难以掌握。

3）适用范围有限：熔化极气体保护焊适用于金属材料的焊接，对于一些非金属材料的焊接可能不适用。

4）需要维护：熔化极气体保护焊设备需要定期维护和保养，以确保其正常运行。

6. 熔化极气体保护焊的操作技术及安全

（1）一般注意事项

1）防止紫外线辐射伤害，焊前检查护具完整性。

2）防止低熔点重金属蒸气和焊接粉尘危害，操作者要戴口罩并保持焊接现场良好通风。

（2）实验中可能发生的事故及应急处理措施

1）起弧焊接时要告知周边的同学防止强烈的弧光伤眼。如果弧光伤眼，一般不用紧张，晚上眼睛会有刺痛感，一般过一两天会自愈，情况严重时要及时就医。

2）如果发生火灾或触电等事故，首先必须果断切断电源，然后视情况的严重程度采取相应处理措施。

三、实验设备与材料

（1）任意型号 CO_2 气体保护焊机（带送丝机和半自动焊枪），1 台。

（2）气体：焊接用 CO_2 气体，1 瓶。

（3）焊丝：与所用焊枪配套的细丝（直径小于 1.6mm）和粗丝（直径大于 1.6mm）焊丝，各 1 盘；母材试板：8～12mm 厚 Q235 钢板，若干块。

四、实验内容与步骤

1. 熔化极气体保护焊设备的构成与性能

（1）首先关闭电源，打开焊机外壳，在教师的讲解下认识所用型号焊机中的变压器、整流桥和电抗器等主要内部结构。认识流量计、气路及焊枪等附属构件。

（2）盖上机壳，观察认识操作面板上的主要功能按钮，学习其操作方法。

（3）记录所采用的焊机型号、额定电流、电流调节范围、空载电压、额定工作电压、额定负载持续率、功率因数等参数。

2. 熔化极气体保护焊工艺基本操作

（1）用砂纸将被焊母材试样表面的氧化皮清理干净，放置在工作台上并与焊接电源地线可靠连接。

（2）打开焊接电源开关，在控制面板上输入给定的焊接参数。

（3）打开气瓶，调节流量计至合适的气体流量。

（4）打开冷却循环水系统，保证水路工作正常。

（5）测试焊枪，保证送丝、送气工作正常。

（6）启动焊接开关，进行焊接。

（7）焊接完毕，关气瓶、循环水及电源。

3. CO_2 焊接熔滴过渡形式实验

（1）使用粗的 CO_2 焊丝，通过改变焊接电流和电压参数，在焊接过程中实现射滴过渡形式。

（2）使用细的 CO_2 焊丝，通过改变焊接电流和电压参数，在焊接过程中实现短路过渡形式。

五、实验报告要求

（1）实验前要求做好预习，熟悉实验目的、具体实验内容及实验原理，并事先绘制好数据记录表格等准备工作。

（2）实验报告内容应包括：①实验名称；②实验目的；③实验内容与实验步骤，包括实验内容、原理分析及具体实验步骤；④实验设备及材料，包括实验所使用的器件、仪器设备名称及规格；⑤实验结果，包括实验数据的处理与分析方法，填写实验结果记录表，绘制实验曲线等；⑥回答思考与讨论题目，总结实验的心得体会等内容。

（3）实验曲线要求用铅笔手工绘制在坐标纸上，曲线应该刻度、单位标注齐全，比例合适、美观，并针对曲线做出适当的标注，图要具有自明性。

（4）实验报告书写在专用实验报告纸上。要求用正楷字体规范撰写，绘图要用直尺等绘图工具。

六、思考题

（1）熔化极气体保护焊机由哪几部分组成，各有什么作用？

（2）为了增加熔深，焊接角焊缝打底层焊道时，需要注意哪些事项？

（3）在进行熔化极气体保护焊时，分别采用 CO_2 气体和混合气体进行保护，对焊接操作和焊缝成形会有什么影响？

（4）以板对接平焊为例，如何选择工艺参数及各参数对焊缝成形有什么影响？

实验五　埋弧自动焊设备与工艺实验

一、实验目的

（1）掌握埋弧焊的原理和特点。

（2）了解 MZ-1000 埋弧自动焊机的组成、结构特点、操作方法，能够进行埋弧焊机的操作。

（3）掌握埋弧焊的焊接工艺参数及其设定，能够正确选择埋弧焊工艺参数。

（4）观察电弧电压及电弧电流对焊缝熔深及熔宽的影响。

（5）掌握焊接电流焊接电压等焊接参数对埋弧焊焊缝成形的影响规律。

二、实验原理

1. 埋弧焊的基本原理

埋弧焊是以金属焊丝与焊件（母材）间形成的电弧为热源，并以覆盖在电弧周围的颗粒状焊剂及其熔渣作为保护的一种电弧焊方法。埋弧焊是机械化焊接方法，与焊条电弧焊相比，虽然灵活性差一些，但焊接质量好、效率高、成本低，是工业生产中常见的焊接方法之一。埋弧焊的基本原理如图 5-1 所示。其焊接过程是焊接电弧在焊剂层下的焊丝与母材之间燃烧，电弧热使周围的母材、焊丝和焊剂熔化和部分汽化，金属和焊剂蒸气在焊剂形成一个气泡，电弧就在这个气泡内燃烧。气泡外部被一层熔化的焊剂（熔渣）外膜所包围，起到隔绝空气、绝热和屏蔽光辐射的作用。随着焊丝向前移动，后方的焊缝金属及熔渣逐渐冷却凝固，脱掉渣壳即可看到表面成形十分光滑的焊缝。在焊接过程中，熔渣除了对熔池和焊缝金属起机械保护作用，还与熔化金属发生冶金反应（如脱氧、去杂质、渗合

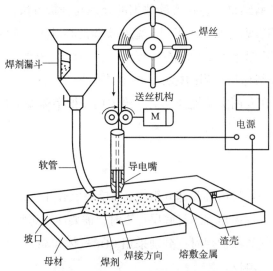

图 5-1　埋弧自动焊系统基本构成示意

金等），从而影响焊缝金属的化学成分。

2. 焊接规范参数对焊缝成形的影响

埋弧焊规范参数：焊接电流（I）、电弧电压（U）和焊接速度（V），焊丝直径和伸出长度等。

（1）焊接电流。一般焊接条件下，焊缝熔深与焊接电流成正比。随着焊接电流的增加，熔深和焊缝余高都显著增加，而焊缝的宽度变化不大。同时，焊丝的熔化量也相应增加，这就使焊缝余高增加。

（2）电弧电压。电弧电压的增加，焊接宽度明显增加，而熔深和焊缝余高则有所下降。但是电弧电压太大时，不仅使熔深变小，产生未焊透，而且会导致焊缝成形差、脱渣困难，甚至产生咬边等缺陷。所以在增加电弧电压的同时，还应适当增加焊接电流。

（3）焊接速度。当其他焊接参数不变而焊接速度增加时，焊接热输入量相应减小，从而使焊缝的熔深也减小。焊接速度太大会造成未焊透等缺陷。为保证焊接质量必须保证一定的焊接热输入量，即为了提高生产率而提高焊接速度的同时，应相应提高焊接电流和电弧电压。

（4）焊丝直径与伸出长度。当其他焊接参数不变而焊丝直径增加时，弧柱直径随之增加，即电流密度减小，会造成焊缝宽度增加，熔深减小。反之，则熔深增加及焊缝宽度减小。当其他焊接参数不变而焊丝长度增加时，电阻也随之增大，伸出部分焊丝所受到的预热作用增加，焊丝熔化速度加快，结果使熔深变浅，焊缝余高增加，因此需控制焊丝伸出长度，不宜过长。

（5）焊丝倾角。焊丝的倾斜方向分为前倾和后倾。倾角的方向和大小不同，电弧对熔池的力和热作用也不同，从而影响焊缝成形。当焊丝后倾一定角度时，由于电弧指向焊接方向，熔池前面的焊件受到了预热作用，电弧对熔池的液态金属排出作用减弱，而导致焊缝宽度变大而熔深变浅。反之，焊缝宽度较小而熔深较大，但易使焊缝边缘产生未熔合和咬边，并且使焊缝成形变差。

3. 送丝方式与电源外特性的匹配

（1）等速送丝配平特性电源适用于细丝（直径2.0mm及以下）。这种情况下，电弧自调节作用强，仅靠电弧自身调节作用即可保持电弧的稳定燃烧。

（2）变速送丝配陡降性电源适用于粗丝（直径2.0mm以上）。这种情况下，电弧自调节作用较弱，需要采用电弧电反馈，通过实时控制电弧长度来保持电弧的稳定燃烧。

4. 埋弧焊的优缺点

（1）埋弧焊的主要优点如下：

1）所用的焊接电流大，相应输入功率较大。加上焊剂和熔渣的隔热作用，热效率较高，熔深大。工件的坡口较小，减少了填充金属量。单丝埋弧焊在工件不开坡口的情况下，一次可熔透20mm。

2）焊接速度高，以厚度8~10mm的钢板对接焊为例，单丝埋弧焊速度可达到50~

80cm/min，手工电弧焊则不超过 10～13cm/min。

3）焊剂的存在不仅能隔开熔化金属与空气的接触，而且使熔化金属较慢凝固。液体金属与熔化的焊剂间有较多时间进行冶金反应，减少了焊缝中产生气孔、裂纹等缺陷的可能性。焊剂还可以向焊缝金属补充一些合金元素，提高焊缝金属的力学性能。

4）在有风的环境中焊接时，埋弧焊的保护效果比其他电弧焊方法好。

5）自动焊接时，焊接参数可通过自动调节保持稳定，与手工电弧焊相比，焊接质量对焊工技艺水平的依赖程度可大大降低。

6）没有电弧光辐射，劳动条件较好。

（2）埋弧焊的主要缺点如下：

1）由于采用颗粒状焊剂，这种焊接方法一般只适用于平焊位置，其他位置焊接需采用特殊措施以保证焊剂能覆盖焊接区。

2）不能直接观察电弧与坡口的相对位置，如果没有采用焊缝自动跟踪装置，则容易焊偏。

3）埋弧焊电弧的电场强度较大，电流小于 100A 时电弧不稳，因而不适于焊接薄板。

5. 埋弧焊的适用范围

由于埋弧焊熔深大，生产率高，机械化操作的过程高，因而适于焊接中厚板结构的长焊缝。在造船、锅炉与压力容器、桥梁、起重机械、铁路车辆、工程机械、重型机械和冶金机械、核电站结构、海洋结构等制造部门有着广泛的应用，是当今焊接生产中最普遍使用的焊接方法之一。随着焊接冶金技术与焊接材料生产技术的发展，埋弧焊能焊的材料已从碳素结构钢发展到低合金结构钢、不锈钢、耐热钢等以及某些有色金属，如镍基合金、钛合金、铜合金等。

6. 埋弧焊的操作技术及安全

（1）对接直焊缝焊接技术

对接直焊缝的焊接方法有两种基本类型，即单面焊和双面焊。根据钢板厚度又可分为单层焊、多层焊，又有各种衬垫法和无衬垫法。

焊剂垫法埋弧自动焊，在焊接对接焊缝时，为了防止熔渣和熔池金属的泄漏，采用焊剂垫作为衬垫进行焊接，焊剂垫的焊剂与焊接用的焊剂相同。焊剂要与焊件背面贴紧，能够承受一定的均匀的压力，要选用较大的焊接规范，使工件熔透，以达到双面成形，手工焊封底埋弧自动焊，对无法使用衬垫的焊缝，可先采用手工焊进行封底，然后采用埋弧焊。悬空焊，悬空焊一般用于无坡口、无间隙的对接焊，它不用任何衬垫，装配间隙要求非常严格。为了保证焊透，正面焊时要焊透工件厚度的 40%～50%，背面焊时必须保证焊透 60%～70%。在实际操作中一般很难测出熔深，经常是靠焊接时观察熔池背面颜色来判断估计，所以要有一定的经验。多层埋弧焊，对于较厚钢板，一次不能焊完的，可采用多层焊。第一层焊时，规范不要太大，既要保证焊透，又要避免裂纹等缺陷。每层焊缝的接头要错开，不可重叠。

（2）对接环焊缝焊接技术

圆形筒体的对接环焊缝的埋弧焊要采用带有调速装置的滚胎，如果需要双面焊，第一遍需将焊剂垫放在下面筒体外壁焊缝处，将焊接小车固定在悬臂架上，伸到筒体内焊下平焊，焊丝应偏移中心线下坡焊位置上，第二遍正面焊接时，在筒体外上平焊处进行施焊。

（3）角接焊缝焊接技术

埋弧自动焊的角接焊缝主要出现在 T 形接头和搭接接头中，一般可采取船形焊和斜角焊两种形式。

（4）埋弧半自动焊

埋弧半自动焊主要是软管自动焊，其特点是采用较细直径（2mm 或 2mm 以下）的焊丝，焊丝通过弯曲的软管送入熔池。电弧移动靠手工来完成，而焊丝送进是自动的。半自动焊可代替自动焊焊接一些弯曲和较短的焊缝，主要应用于角焊缝，也可用于对接焊缝。

（5）埋弧焊的安全操作技术

埋弧自动焊机的小车轮子要有良好绝缘，导线应绝缘良好，工作过程中应理顺导线，防止扭转及被熔渣烧坏。控制箱和焊机外壳应可靠地接地（零）和防止漏电。接线板罩壳必须盖好。焊接过程中，应注意防止焊剂突然停止供给而发生强烈弧光裸露灼伤眼睛。所以，焊工作业时应戴普通防护眼镜。半自动埋弧焊的焊把应有固定放置处，以防短路。埋弧自动焊熔剂的成分中含有氧化锰等对人体有害的物质。焊接时虽不像手弧焊那样产生可见烟雾，但将产生一定量的有害气体和蒸气。所以，在工作地点最好有局部的抽气通风设备。

三、实验设备与材料

（1）MZ-1000 埋弧自动焊机。
（2）厚度为 10～25mm 的 Q235 钢板，1 块；H08A 焊丝，1 盘；HJ431 焊剂，若干。
（3）焊丝剪、焊剂筛及钳子等辅助工具，若干。

四、实验内容与步骤

1. 了解实验所使用的埋弧自动焊机的基本结构

通过实验观察，了解埋弧自动焊机机械部分的组成。包括送丝机构（送丝传动机构、送丝滚轮和矫正滚轮等），行走小车（包括行走传动机构、行走轮和离合器等；机头的调节机构和调节范围），焊接电源及其控制面板等。

2. 熟悉埋弧自动焊机电气控制部分原理及作用

参照 MZ-1000 埋弧自动焊机的电气原理图，了解电气元件的布置及作用，并掌握控制箱、控制盘上各种开关、按钮及作用，观察电网、弧焊电源、控制箱、焊接小车等外部接线情况。

3. 焊机的空载调试

（1）焊接电流和焊接电压的确定及调节，根据所给试样的尺寸、形状，参照教材或

《焊接手册》制定工艺方法和规范参数，并进行调节。

（2）送丝速度和行走小车的调试，根据确定的工艺参数，对小车的行走速度、方向，用秒表、钢板尺等进行测定及调试。

4. 埋弧焊工艺基本操作过程

（1）焊前准备：埋弧焊在焊接前必须做好准备工作，包括焊件的坡口加工、待焊部位的表面清理、焊件的装配以及焊丝表面的清理、焊剂的烘干等。

1）待焊部位的清理

焊件清理主要是去除锈蚀、油污及水分，防止气孔的产生。一般用喷砂、喷墨方法或手工清除，必要时用火焰烘烤待焊部位。在焊前应将坡口及坡口两侧各20mm区域内及待焊部位的表面铁锈、氧化物、油污等清理干净。

2）焊件的装配

装配焊件时要保证间隙均匀，高低平整，错边量小，定位焊缝长度一般大于30mm，并且定位焊缝质量与主焊缝质量要求一致，必要时采用专用工具、卡具，对直缝焊件的装配，在焊缝两端要加装引弧板和引出板，待焊后再割掉，其目的是使焊接接头的始端和末端获得正常尺寸的焊缝截面，而且还可除去引弧和收尾容易出现的缺陷。

3）焊接材料的清理

埋弧焊用的焊丝和焊剂对焊缝金属的成分、组织和性能影响极大。因此，焊接前必须清除焊丝表面的氧化物、铁锈及油污等。焊丝保存时要注意防潮，使用前必须按规定的温度烘干待用。

（2）焊接过程：

1）确定焊接电压值及焊接速度；

2）确定焊丝伸出长度，一般为焊丝直径的10～15倍；

3）调节埋弧焊的导电极与工件距离，其距离在接触与非接触之间；

4）用铲子将焊剂均匀地堆敷在焊件上；

5）将控制板上的按钮调节到焊接处，焊接开始，此时，调节所需电压与电流；

6）当焊接即将结束时，按"关闭"按钮，并将"焊接"按钮调至自动按钮，待离开焊件以后再调至空挡；

7）用刷子扫去焊件表面的焊剂，用改锥使其脱离工作台，用钳子将其取下放在地上。

（3）根据工件材质、厚度、焊丝直径、拉伸长度，确定焊接电流（I）、电弧电压（U）和焊接速度（V）各参数值。

5. 焊接规范参数对焊缝成形的影响

焊接电流（I）、电弧电压（U）和焊接速度（V）3个主要规范参数中，固定其中任意两个参数，改变另一个参数，分别进行3～5个不同规范的试板堆焊，并记录各参数，每块试板堆焊三道焊缝。

用砂轮切割机切开焊缝横断面，再用砂轮机磨平，砂纸磨光，抛光机抛光后用5%

硝酸酒精腐蚀出焊缝横断面轮廓，然后测量焊缝基本尺寸 H、B、a，计算出 φ 值和 β 值：

$$\varphi = B/H;\ \beta = B/a \qquad\qquad (5-1)$$

式中　H——焊缝熔深；

　　　B——焊缝熔宽；

　　　a——焊缝余高；

　　　φ——焊缝成形系数；

　　　β——焊缝增高系数。

五、实验报告要求

(1)实验前要求做好预习，熟悉实验目的、具体实验内容及实验原理，并事先绘制好数据记录表格等准备工作。

(2)实验报告内容应包括：①实验名称；②实验目的；③实验内容与实验步骤，包括实验内容、原理分析及具体实验步骤；④实验设备及材料，包括实验所使用的器件、仪器设备名称及规格；⑤实验结果，包括实验数据的处理与分析方法，填写实验结果记录表，绘制实验曲线等；⑥回答思考与讨论题目，总结实验的心得体会等内容。

(3)实验曲线要求用铅笔手工绘制在坐标纸上，曲线应该刻度、单位标注齐全，比例合适、美观，并针对曲线做出适当的标注，图要具有自明性。

(4)实验报告书写在专用实验报告纸上。要求用正楷字体规范撰写，绘图要用直尺等绘图工具。

六、思考题

(1)埋弧焊的导电嘴与工件距离有要求吗？

(2)所使用的机型电弧稳定燃烧时的最小电流是多少？

(3)埋弧焊对电源的外特性有什么要求？

(4)焊接电流变化对焊缝成形有什么影响？

第四节　金属热处理实验

实验一　钢的退火处理实验

一、实验目的

(1)熟悉退火的原理和操作方法。

(2)了解普通热处理的设备及操作方法。

（3）掌握碳钢退火后的组织。

（4）了解含碳量、加热温度、冷却速度等主要因素对碳钢退火组织和性能（硬度）的影响。

二、实验原理

机械零件的一般加工工艺为：毛坯（铸、锻）→预备热处理→机加工→最终热处理。

退火工艺主要用于预备热处理，安排在铸造或锻造后，粗加工前，用以消除前一工序所带来的某些缺陷，为随后的工序做准备。

退火是将钢加热到临界温度以上，保温一定时间，然后缓慢冷却（如炉冷）获得接近平衡组织的工艺。退火的主要目的为：①消除钢中的内部应力。在钢的加工过程中，会产生内部应力，退火可通过热处理来减轻或完全消除这些应力。②改善钢的晶粒结构。退火过程会使钢的晶粒长大并重新排列，从而得到更均匀的晶粒结构。③提高钢的塑性。退火可以降低钢的硬度，增加其塑性，使其更容易加工和形变。④使钢更容易机械加工。退火可以改善钢的可加工性，降低切削力，并减少工具磨损。

常用的退火工艺主要有：扩散退火、完全退火、不完全退火、等温退火、球化退火、去应力退火和再结晶退火。各类退火工艺加热温度示意如图1-1所示。

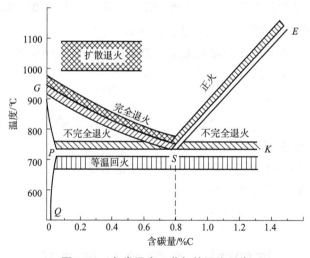

图1-1　各类退火工艺加热温度示意

1. 扩散退火

将金属铸锭、铸件或锻坯在略低于固相线的温度下长期加热，消除或减少化学成分偏析及显微组织（枝晶）的不均匀性，以达到均匀化的目的，这种热处理工艺称为扩散退火，又称均匀化退火。

钢件扩散退火加热温度通常选择在 Ac_3 或 Ac_{cm} 以上 $150 \sim 300℃$，随钢种和偏析程度而异。温度过高影响加热炉寿命，并使钢件烧损过多，碳钢一般为 $1100 \sim 1200℃$，合金钢一般为 $1200 \sim 1300℃$。加热速度常控制在 $100 \sim 200℃/h$。扩散退火保温时间的确定，理论上可根据原始组织成分不均匀化的程度，假设其浓度分布模型，用扩散方程的特解来进行计算。但其浓度分布的测定需要很长的周期，实际上很少采用理论计算，而采用经验公式进行估算。估算方法是保温时间一般按截面厚度每 25mm 保温 30~60min，或按 1mm 厚度保温 1.5~2.5min 来计算。

2. 完全退火

将钢件或钢材加热到 Ac₃ 以上，使之完全奥氏体化，然后缓慢冷却，获得接近于平衡组织的热处理工艺称为完全退火，又称为重结晶退火（见图 1-2）。

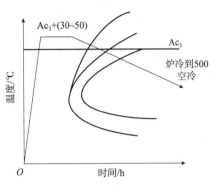

图 1-2　完全退火工艺曲线

完全退火的目的是细化晶粒、降低硬度、改善切削性能以及消除内应力。因此，完全退火的温度不宜过高，一般在 Ac₃ 以上 20~30℃，适用于含碳 0.3%~0.6% 的中碳钢、锻件，0.6% 的中碳钢、锻件。

完全退火通常采用两种冷却方法：一种是随炉冷却，冷却速度一般不大于 30℃/h；另一种是以更低的冷却速度（一般为 10~15℃/h）通过 Ar₁ 以下的一定温度范围，然后出炉冷却。在退火加热温度下的保温时间也不宜过长，一般以每 25mm 厚度保温 1h 计算。

3. 不完全退火

将钢件加热至 Ac₁ 和 Ac₃（或 Ac_{cm}）之间，经保温并缓慢冷却，以获得接近平衡的组织，这种热处理工艺称为不完全退火。

由于不完全退火所采取的温度较完全退火低，过程时间也较短，因此是比较便宜的一种工艺。如果不需要通过完全重结晶去改变铁素体与珠光体的分布及晶粒度（如出现魏氏组织等），则总是采用不完全退火来代替完全退火。对于过共析钢来说，不完全退火实际上是球化退火的一种。

4. 等温退火

等温退火是将钢件或毛坯加热到高于 Ac₃（或 Ac₁）的温度，保温适当时间后，较快地冷却到珠光体区的某一温度，并等温保持，使奥氏体转变为珠光体组织，然后缓慢冷却的热处理工艺（见图 1-3）。

等温退火工艺周期较短，退火后沿截面分布的组织与硬度一致，转变较易控制，特别适于大型合金钢铸锻件。

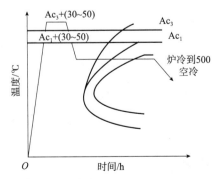

图 1-3　等温退火工艺曲线

5. 球化退火

使钢中碳化物球状化的热处理工艺叫作球化退

火。球化退火主要用于共析钢和过共析钢，以获得类似粒状珠光体的球化组织(因不一定是共析成分，故称为球化组织)，从而降低硬度，改善切削加工性能，并为淬火做组织准备。球化组织不仅比片状组织有更好的塑性和韧性，而且硬度稍低。在切削加工具有球化组织的工件时，刀具可以避免切割硬而脆的渗碳体，而在软的铁素体中通过，因而延长了刀具的使用寿命，提高了钢的切削加工性。

球化退火的典型工艺包括缓慢冷却球化退火、往复球化退火、等温球化退火、感应加热球化退火和快速球化退火。

(1)缓慢冷却球化退火

把钢材加热至 Ac_1 以上 10～20℃的温度，保温一定时间后，缓冷到550℃以下空冷，最后使碳化物由片状变成球状的方法。

保温时间取决于工件被烧透的时间，但时间不宜过长。缓慢冷却冷速一般为 10～20℃/h，碳钢的冷速可以稍快一些(20～40℃/h)。该方法适用于共析钢及过共析钢的球化退火，球化比较充分，效果较好，但退火周期较长，能耗较大，生产率较低。缓慢冷却球化退火工艺曲线如图 1-4 所示。

(2)往复球化退火

把钢先加热到略高于 Ac_1(10～20℃)的温度，如对碳钢和低合金钢可于730～740℃加热保温一段时间，而后冷却至略低于 $Ac_1[Ac_1-(20～30℃)]$，如在680℃保温一段时间后又重新加热到730～740℃，而后又冷却至680℃，如此重复多次，最后空冷至室温，获得球状珠光体。往复球化退火工艺曲线如图 1-5 所示。

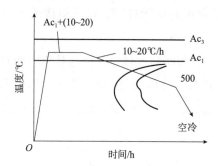

图 1-4　缓慢冷却球化退火工艺曲线

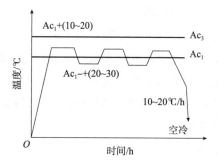

图 1-5　往复球化退火工艺曲线

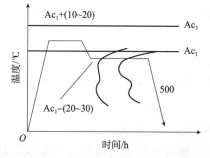

图 1-6　等温球化退火工艺曲线

(3)等温球化退火

将钢件加热到 Ac_1 以上 10～20℃进行奥氏体化，保温一段时间以后快冷至 $Ac_1-(20～30℃)$ 进行等温球化退火。等温时间取决于 TTT 曲线及工件的截面尺寸大小，等温以后在空气中冷却。等温球化退火工艺曲线如图 1-6 所示。

(4)感应加热球化退火

利用感应电流通过工件所产生的热量进行退火。

此工艺具有加热速度快、退火工艺周期短等特点。常用于截面不大的非合金钢、合金工具钢、轴承钢等的快速球化退火。感应加热快速球化退火的加热温度 < Ac_{cm}，接近淬火温度下限并短时保温，奥氏体中有大量未溶碳化物；加热速度由单位功率决定；等温温度由硬度要求而定；保温时间根据感应加热后测定的等温转变图决定。

现代化的感应退火采用感应加热退火生产线，对轴承钢、弹簧钢、带钢、冷轧带肋钢筋及铝管等材料进行退火处理。感应加热退火广泛应用于钢管焊缝退火，冷镦、冷拉后工件的再结晶退火，还有渗碳后需要局部退火的一些工件，如摩托车连杆、花键轴上的螺纹部分等。钢管焊缝退火可使焊缝粗大、不均匀的晶粒得到细化；冷镦、冷拉工件退火使其拉长的晶粒恢复为细小均匀的晶粒；渗碳件的局部退火（如螺纹部分）等，主要是降低该部分的硬度，提高其韧性。感应加热球化退火工艺曲线如图 1-7 所示。

（5）快速球化退火

快速球化退火是将钢件加热到 Ac_{cm} 或 Ac_3 以上 20~30℃，使碳化物全部溶入奥氏体中，保温一段时间以后淬入油中或进行等温淬火，得到马氏体或下贝氏体组织，然后加热到 680~700℃，保温 1~2h 后在空气中冷却，得到碳化物质点细密的球化组织，但应注意淬火开裂。快速球化退火工艺曲线如图 1-8 所示。

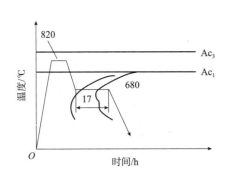

图 1-7 感应加热球化退火工艺曲线

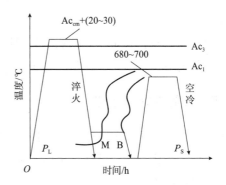

图 1-8 快速球化退火工艺曲线

6. 去应力退火

冷形变后的金属在低于再结晶温度加热，以去除内应力，但仍保留冷作硬化效果的热处理，称为去应力退火。在压力加工、铸造、焊接、热处理、切削加工和其他工艺过程中，制品可能产生内应力。多数情况下，在工艺过程结束后，金属内部将保留一部分残余应力。残余应力可导致工件破裂、变形或尺寸变化，残余应力也提高金属化学活性，在残余拉应力作用下特别容易造成晶间腐蚀破裂。因此，残余应力将影响材料的使用性能或导致工件过早失效。进行去应力退火时，金属在一定温度作用下通过内部局部塑性变形（当应力超过该温度下材料的屈服强度时）或局部的弛豫过程（当应力小于该温度下材料的屈服强度时）使残余应力松弛而达到消除的目的。在去应力退火时，工件一般缓慢加热至较低温度（灰口铸铁为 500~550℃，钢为 500~650℃，有色金属合金冲压件为再结晶开始温度以下），保持一段时间后，缓慢冷却，以防止产生新的残余应力。去应力退火并不能完全

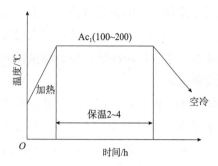

图 1 - 9　去应力退火工艺曲线

消除工件内部的残余应力,而只是大部分消除。要使残余应力彻底消除,需将工件加热至更高温度。在这种条件下,可能会带来其他组织变化,危及材料的使用性能。去应力退火工艺曲线如图 1 - 9 所示。

7. 再结晶退火

经过冷变形后的金属加热到再结晶温度以上,保持适当时间,使形变晶粒重新结晶为均匀的等轴晶粒,以消除形变强化和残余应力的热处理工艺。

再结晶退火在高于再结晶温度下进行。钢材的再结晶退火温度一般在 600 ~ 700℃,保温 1 ~ 3h 后空冷。对含碳量 < 0.2% 的普通碳钢,在冷变形时临界变形度若达到 6% ~ 15%,则在再结晶后易出现粗晶,因此应避免在该范围内的形变。

三、实验设备及材料

(1)实验设备:实验用箱式电阻加热炉及控温仪表、布氏硬度机、洛氏硬度机、金相显微镜。

(2)实验材料:45 钢、T8 钢、T12 钢。

(3)其他设备:夹子、铁丝、钩子。

四、实验内容与步骤

(1)分组:全班分成几个小组,按分好的小组领取实验试样,并打上钢号以防混淆。

(2)预先工作:测定试样处理前的硬度值,并做好记录。

(3)退火操作:

1)普通退火操作:将 45 钢试样加热到 840 ~ 860℃,T8 钢、T12 钢试样加热到 760 ~ 780℃,保温 15min 后进行炉冷至 500℃后出炉空冷。

2)等温退火操作:将 45 钢试样加热到 830 ~ 850℃,T8 钢、T12 钢试样加热到 760 ~ 780℃,保温 15min 后分别快速放入 680C 炉中等温停留 30 ~ 40min,随后进行空冷处理。

3)分别测定 45 钢、T8 钢、T12 钢经普通退火和等温退火处理后的硬度,并做好相应的记录。

4)分别制备热处理前后的金相试样,并在金相显微镜下观察各试样的组织。

(4)钢的退火缺陷:

1)硬度过高:退火冷却速度相对较快,形成索氏体、屈氏体或马氏体等组织。可重新退火或高温回火。

2)球化不完全或球化不均匀:球化退火前未消除网状碳化物,存在大块碳化物,保温时间不足或冷却速度过快。可先正火再球化退火。

（5）实验注意事项：

1）高温下装样、取样，要穿好工作服，戴好耐热手套，使用热处理夹钳夹持试样，避免烫伤、灼伤；

2）装、取试样时，夹钳不能带有水或油，在水或油中冷却后要擦拭干净；

3）部分加热炉需要断电后操作，应听从指导教师讲解；

4）冷却过程中的试样在不确定的情况下不得直接用手触摸，以免试样未冷却彻底而烫伤手。

五、实验报告要求

（1）每人一份实验报告，实验报告应包括但不限于实验目的、实验原理、实验设备和材料、实验方法与步骤、实验结果与分析。

（2）严格按照指导教师的要求和试验步骤进行实验，列出全套硬度数据，绘制（或拍照）各种热处理后的组织图，并根据热处理原理对各种热处理组织的成因进行分析。

（3）小组分析退火工艺参数对碳钢退火后组织和性能（硬度）的影响，并阐明硬度变化的原因。

（4）指出实验过程中出现的各种问题，并提出改良方法。

六、思考题

（1）钢的化学成分对退火过程有什么影响？探讨不同成分对退火过程和结果的可能影响。

（2）退火温度和时间对钢的性能有什么影响？比较高温短时间和低温长时间两种不同条件下的退火对钢的影响。

（3）对于同一种钢材，在不同温度下进行退火处理，会出现什么样的结果？为什么？

（4）如果采用不同的冷却速率（如快速冷却和慢速冷却），会对钢材的性能产生怎样的影响？为什么？

（5）设计一个实验来比较不同种类（不同成分）的钢材在退火后的硬度和韧性之间的关系。你预计会得到什么结果？

（6）除了硬度和韧性，还有哪些性能指标可以用来评估退火后的钢材品质？

实验二　钢的正火处理实验

一、实验目的

（1）熟悉正火的原理和操作方法。

（2）了解普通热处理的设备及操作方法。

（3）掌握碳钢正火后的组织。

（4）了解含碳量、加热温度、冷却速度等主要因素对碳钢正火组织和性能（硬度）的影响。

二、实验原理

1. 钢的正火处理实验原理

钢的正火处理是一种热处理方法，旨在提高钢材的硬度和强度。一般正火加热温度为 Ac_3 或 $Ac_{cm} + (30 \sim 50℃)$，若在此温度保持适当时间后，在静止的空气中冷却到 Ar_1 附近转入缓冷，这种工艺被称为二段正火；若在此加热温度保持适当时间后快速冷却到珠光体转变区的某一温度保温，以获得珠光体组织，然后在空气中冷却，则这种工艺被称为等温正火。

正火时采用热炉装料，加热过程中工件内温差较大，为了缩短工件在高温时的保留时间，而心部又能达到要求的加热温度，应采用稍高于完全退火的加热温度。

一般正火保温时间以工件透烧（心部达到要求的加热温度）为准。正火处理的原理是通过加热、保温和冷却过程，促使钢材中的碳元素重新分布，并形成均匀的晶体结构。这样可以提高钢材的硬度和强度，同时改善其耐磨性和耐腐蚀性能。

需要注意的是，不同类型的钢材和具体的应用要求可能需要不同的正火处理参数和条件。因此在实验中，应根据具体的钢材和目标性能进行参数的选择和优化。

2. 正火处理的实验目的

（1）提高硬度：正火处理能够使钢材中的碳元素重新分布，形成均匀的晶体结构，从而增加钢材的硬度。通过控制正火处理的温度和保温时间，可以调整钢材的硬度，使其适应不同的应用需求。

（2）提高强度：正火处理能够消除钢材中的内部应力，并通过晶体结构的重组，增加钢材的强度。这使钢材能够承受更高的载荷和应力，提高了其使用时的机械性能。

（3）改善综合性能：正火处理还可以改善钢材的耐磨性、耐腐蚀性、韧性和塑性等综合性能。通过适当的正火处理参数和条件，可以在提高硬度和强度的同时，保持钢材的韧性和塑性，使其在实际应用中更加可靠和耐用。

三、实验设备及材料

（1）实验设备：实验用箱式电阻加热炉及控温仪表、布氏硬度机、洛氏硬度机、金相显微镜。

（2）实验材料：45 钢、T8 钢、T12 钢。

（3）其他设备：夹子、铁丝、钩子。

四、实验内容与步骤

（1）分组：全班分成几个小组，按分好的小组领取实验试样，并打上钢号以防混淆。

（2）预先工作：测定试样处理前的硬度值，并做好记录。

（3）正火操作：

1）将 45 钢试样加热到 830~850℃，T8 钢试样加热到 760~780℃，T12 钢试样加热到 850~870℃，保温 15min 后，进行空冷处理；

2）分别测定 45 钢、T8 钢、T12 钢经普通退火和等温退火处理后的硬度，并做好相应的记录；

3）分别制备热处理前后的金相试样，并在金相显微镜下观察各试样的组织。

（4）钢的正火缺陷：

1）变形和裂纹：正火处理过程中，钢材经历了加热、保温和冷却的热力变化，这可能导致钢材内部产生应力，进而引起变形和裂纹。这种变形和裂纹可能会对钢材的外观、机械性能和耐久性产生不利影响。

2）剩余应力：正火处理后，钢材内部可能存在剩余应力。这些应力可能会导致钢材在使用过程中产生变形、扭曲甚至破裂。剩余应力的存在需要进行适当的处理和控制。

3）尺寸变化：正火处理过程中，钢材可能因晶体结构的变化而发生尺寸变化。这说明在设计和制造过程中需要考虑这种尺寸变化，以确保最终产品的尺寸满足要求。

4）可焊性降低：正火处理可能会导致钢材的可焊性降低，使其更难进行焊接。这是因为正火处理过程中，钢材中的碳元素重新分布，形成了硬脆的晶体结构，不利于焊接操作。

5）成本和时间：正火处理是一种耗时耗能的热处理过程，需要投入大量的能源和时间。这可能会增加生产成本并延长生产周期。

（5）实验注意事项：

1）高温下装样、取样，要穿好工作服，戴好耐热手套，使用热处理夹钳夹持试样，避免烫伤、灼伤；

2）装、取试样时，夹钳不能带有水或油，在水或油中冷却后要擦拭干净；

3）部分加热炉需要断电后操作，应听从指导教师讲解；

4）正火操作时，试样要用夹钳夹紧，动作要迅速，夹钳不要夹在测定硬度的表面上，以免影响硬度值；

5）冷却过程中的试样在不确定的情况下不得直接用手触摸，以免试样未冷却彻底而烫伤手。

五、实验报告要求

（1）每人一份实验报告，实验报告应包括但不限于实验目的、实验原理、实验设备和材料、实验方法与步骤、实验结果与分析。

（2）严格按照指导教师的要求和实验步骤进行实验，列出全套硬度数据，绘制（或拍照）各种热处理后的组织图，并根据热处理原理对各种热处理组织的成因进行分析。

（3）小组分析正火工艺参数对碳钢正火后组织和性能（硬度）的影响，并阐明硬度变化的原因。

（4）指出实验过程中出现的各种问题，并提出改良方法。

六、思考题

（1）钢材的正火处理温度是如何选择的？探讨温度对钢材性能的影响，并提出在不同应用情况下如何选择适当的正火处理温度？

（2）正火处理时间对钢材性能有什么影响？在实验中如何确定最佳的保温时间来达到所需的性能改善？

（3）正火处理中的冷却速率对钢材性能有什么影响？通过实验设计，比较快速冷却和慢速冷却的效果，并解释其影响机理。

（4）设计一个实验来研究不同加热速率对钢材正火处理结果的影响。预计不同加热速率下钢材的硬度和韧性将如何变化？

（5）了解不同类型的钢材正火处理的最佳参数和条件是如何得出的。如何设计一系列实验来确定适合特定钢材的正火处理参数？

实验三　钢的淬火处理实验

一、实验目的

（1）掌握钢的淬火原理及操作方法。

（2）了解设备及操作方法。

（3）了解淬火种类及应用。

（4）了解淬火工艺条件对淬火组织与性能（硬度）的影响。

二、实验原理

1. 钢的淬火处理实验原理

淬火工艺通常用于最终热处理，淬火把钢加热到临界点 Ac_1 或 Ac_3 以上，保温并随之以大于临界冷却速度（V_c）冷却，以得到介稳状态的马氏体或下贝氏体组织的热处理工艺方法。淬火的关键在于控制钢材的冷却速度，使其在短时间内达到所需的组织转变。具体来说，钢材在高温状态下具有面心立方结构（奥氏体相），通过淬火使其迅速转变为体心立方结构（马氏体相）。马氏体相具有较高的硬度和强度，可以提高钢材的耐磨性和抗拉强度。

2. 钢的淬火的目的

（1）主要是提高钢材的硬度和耐磨性。通过淬火，钢材的内部组织发生相变，获得高硬度的组织结构，能够提高钢材的抗磨损能力和耐用性，使其更适用于制造刀具、齿轮、轴承等需要高强度和耐磨性的零件和工具。

（2）淬火可以改善钢材的力学性能，提高其强度和韧性。通过淬火过程中的快速冷却，可以使钢材的晶粒细化，减少晶界的缺陷，提高材料的强度和韧性。

（3）淬火可以调整钢材的组织结构，使其具有更好的综合性能。通过淬火过程中的快速冷却，可以使钢材的晶粒细化，减少晶界的缺陷，提高材料的强度和韧性。同时，淬火还能够消除钢材中的残余应力，提高其抗拉伸和抗压缩能力，增加其承载能力。

（4）淬火可以改善钢材的耐腐蚀性能。通过淬火过程中的相变和组织变化，可以使钢材的晶界更加致密，减少缺陷和孔隙，从而提高钢材的抗腐蚀能力。这对于一些需要在恶劣环境下工作的钢材来说尤为重要。

3. 淬火介质

淬火介质就是为实现淬火目的用的冷却介质。

淬火介质的选择和冷却速率是淬火过程中的关键参数。不同的材料和应用需要使用适当的淬火介质，以达到所需的性能和组织结构。例如，水、油、气体和盐溶液等介质具有不同的冷却速率和效果。

最常用的淬火介质是液态介质，因为工件淬火时温度很高，高温工件放入低温液态介质中，不仅发生传热作用，还可能引起淬火介质的物态变化。因此，工件淬火的冷却过程不仅是简单传热学的问题，还应考虑淬火介质的物态变化问题。常见的冷却介质是水和油，水在 $650 \sim 550℃$ 的冷却能力较大，在 $300 \sim 200℃$ 的冷却能力也较大。因此易造成零件的变形和开裂，这是它的最大缺点。提高水温能降低 $650 \sim 550℃$ 的冷却能力，但对 $300 \sim 200℃$ 的冷却能力几乎没有影响。这既不利于淬硬，也不能避免变形，所以淬火用水的温度控制在 $30℃$ 以下。水在生产上主要用于形状简单、截面较大的碳钢零件的淬火。淬火用油为各种矿物油（如锭子油、变压器油等）。其优点是在 $300 \sim 200℃$ 的冷却能力低，有利于减少工件的变形；缺点是在 $650 \sim 550℃$ 的冷却能力也低，不利于钢的淬硬，所以油一般用作合金钢的淬火介质。

根据工件淬火冷却过程中，淬火介质是否发生物态变化，可把液态淬火介质分为两类，即有物态变化的和无物态变化的。

如果淬火件的温度超过液态淬火介质的沸腾或分解（裂化）温度，则淬火介质在淬火过程中就要发生物态变化，如普通所采用的水基淬火介质及各类淬火油等，这类淬火介质都属于有物态变化的淬火介质。

在有物态变化的淬火介质中淬火冷却时，钢件冷却过程分为以下三个阶段。

（1）膜态沸腾阶段

灼热工件浸入淬火介质后，立即在工件表面产生大量过热蒸汽，紧贴工件形成连续的蒸汽膜，将工件与液体分开。只能通过蒸汽膜传递热量，主要靠辐射传热，冷却速度比较缓慢。蒸汽膜由液体汽化（如水）的未分解成分组成，或由有机物体（如油中的丙烯醛）的蒸汽和裂解成分组成。

（2）泡状沸腾阶段

随着工件表面温度降低，工件表面产生的蒸汽量少于蒸汽从表面逸出的量，工件表面蒸汽膜破裂，进入泡状沸腾阶段，液体介质直接与工件表面接触，冷却速度骤增，冷却速度取决于淬火介质的汽化热，汽化热越大，则从工件带走的热量越多，冷却速度也越快。当工件的温度降至介质的沸点或分解温度时，沸腾停止。图3-1中 B 点的温度称为"特性温度"。

（3）对流阶段

当工件表面的温度降至介质的沸点或分解温度以下时，工件的冷却主要靠介质的对流进行，是冷却速度最低的阶段。图3-1中 C 点的温度称为对流开始温度。此时，影响对流传热的因素起主导作用，如介质的比热、热传导系数和黏度等。

对无物态变化的淬火介质，在淬火冷却中主要靠对流散热，相当于上述对流阶段。当然在工件温度较高时，辐射散热也占很大比例。此外，也存在传导散热，这要视介质的传导系数及介质的流动性等因素而定。

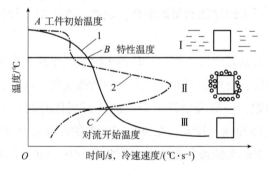

图3-1　具有物态变化的介质的冷却曲线和冷却速度曲线
1—冷却曲线；2—冷却速度曲线；
Ⅰ—膜态沸腾阶段；Ⅱ—泡状沸腾阶段；Ⅲ—对流阶段

4. 淬火方法的选择

淬火方法的选择主要以获得马氏体和减少内应力、工件变形和开裂为依据。常用的淬火方法包括单介质淬火、双介质淬火、分级淬火和等温淬火（见图3-2）。

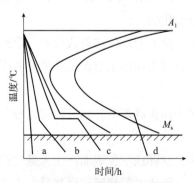

图3-2　不同淬火方法冷却曲线

(1)单介质淬火

工件在一种介质中冷却，如水淬、油淬。其优点：操作简单，易于实现机械化，应用广泛；其缺点：只是一种冷却速度(冷却曲线见图3-2中曲线a)。

(2)双介质淬火

工件先在较强冷却能力介质中冷却到300℃左右，然后在一种冷却能力较弱的介质中冷却，如先水淬后油淬，可有效减少马氏体转变的内应力，减少工件变形开裂的倾向，可用于形状复杂、截面不均匀的工件淬火(冷却曲线见图3-2中的曲线b)。双介质淬火的缺点是难以掌握双介质转换的时刻，转换过早容易淬不硬，转换过迟又容易淬裂。为了克服这一缺点，发展了分级淬火法。

(3)分级淬火

工件在低温盐浴或碱浴炉中淬火，盐浴或碱浴的温度在 M_s 点附近，工件在这一温度停留2~5min，然后取出空冷，这种冷却方式称为分级淬火。分级冷却的目的是使工件内外温度较均匀，同时进行马氏体转变，可大大减小淬火应力，防止变形开裂。分级温度以前都定在略高于 M_s 点，工件内外温度均匀以后，进入马氏体区。现在改进为略低于 M_s 点的温度分级。实践表明，在 M_s 点以下分级的效果更好(冷却曲线见图3-2中的曲线c)。例如，高碳钢模具在160℃的碱浴中分级淬火，既能淬硬，变形又小。

(4)等温淬火

工件在等温盐浴中淬火，盐浴温度在贝氏体下部(稍高于 M_s 点)，工件等温停留较长时间，直到贝氏体转变结束，取出空冷。等温淬火用于中碳以上钢，目的是获得下贝氏体，以提高强度、硬度、韧性和耐磨性(冷却曲线见图3-2中的曲线d)。低碳钢一般不采用等温淬火。

总之，淬火是一种重要的热处理工艺，通过调整钢材的组织结构和性能，使其具备更好的硬度、耐磨性、强度、韧性和耐腐蚀性能，从而提高钢材的使用寿命和性能。

三、实验设备及材料

(1)实验设备：实验用箱式电阻加热炉及控温仪表、实验用盐浴炉子、布氏硬度机、洛氏硬度机、金相显微镜、金相制样设备。

(2)实验材料：45钢、T8钢、T12钢的退火试样、冷却剂为水、10号机油(使用温度约为22℃)。

(3)其他设备：夹子、铁丝、钩子。

四、实验内容与步骤

(1)分组：全班分成几个小组，按分好的小组领取实验试样，并打上钢号以防混淆。

(2)预先工作：测定试样处理前的硬度值，并做好记录。

(3)淬火操作：

1）将45钢试样加热到830～850℃，T8钢、T12钢试样加热到760～780℃，保温15min后，进行水冷、油冷处理；

2）分别测定45钢、T8钢、T12钢经淬火处理后的硬度，并做好相应的记录；

3）分别制备热处理前后的金相试样，并在金相显微镜下观察各试样的组织。

（4）钢的淬火缺陷：

1）裂纹：淬火过程中，由于快速冷却引起的不均匀收缩和应力积累，可能造成材料中的裂纹。这些裂纹通常以表面裂纹或内部裂纹的形式出现，会降低材料的强度和可靠性。

2）变形和翘曲：淬火过程中的快速冷却引起材料的不均匀收缩和变形，可能导致零件或材料的翘曲、扭曲和变形。这些变形问题可能会影响零件的尺寸和功能，并增加装配和使用时的困难。

3）残余应力：淬火过程中的快速冷却会导致材料内部产生高应力，这些应力可能会在淬火后保留下来，形成残余应力。残余应力可能导致材料的变形、裂纹和失效，并降低材料的耐久性和可靠性。

4）软化区域：在淬火过程中，由于材料不同部分的冷却速度不同，可能导致某些区域的组织和性能发生变化。通常，中心部分可能会形成软化区域，这会降低材料在该区域的硬度和强度。

5）内部组织不均匀：淬火过程中的快速冷却可能导致材料内部组织的不均匀性。这可能会造成材料的硬度、韧性和强度的不一致性，从而影响其性能和可靠性。

为了减少淬火过程中的缺陷，需要进行合适的工艺控制和优化。这包括选择合适的淬火介质、温度和时间控制，以及合理的加热和冷却方式。此外，还可以采用后续的回火工艺，以减轻残余应力和改善材料的性能。

（5）实验注意事项：

1）高温下装样、取样，要穿好工作服，戴好耐热手套，使用热处理夹钳夹持试样，避免烫伤、灼伤；

2）装、取试样时，夹钳不能带有水或油，在水或油中冷却后要擦拭干净；

3）部分加热炉需要断电后操作，应听从指导教师讲解；

4）淬火操作时，试样要用夹钳夹紧，动作要迅速，并要在冷却介质中不断搅拌，夹钳不要夹在测定硬度表面上，以免影响硬度值；

5）冷却过程中的试样在不确定的情况下不得直接用手触摸，以免试样未冷却彻底而烫伤手；

6）采用箱式炉进行淬火操作加热时，为防止氧化脱碳，炉膛内可适当加入少量木炭和铁屑。

五、实验报告要求

（1）每人一份实验报告，实验报告应包括但不限于实验目的、实验原理、实验设备和材料、实验方法与步骤、实验结果与分析。

（2）严格按照指导教师的要求和实验步骤进行实验，列出全套硬度数据，绘制（或拍照）各种热处理后的组织图，并根据热处理原理对各种热处理组织的成因进行分析。

（3）小组分析淬火工艺参数对碳钢淬火后组织和性能（硬度）的影响，并阐明硬度变化的原因。

（4）根据所测的硬度数据，画出工艺参数与硬度的关系曲线，并阐明硬度变化的原因。

（5）指出实验过程中出现的各种问题，并提出改良方法。

六、思考题

（1）如何选择适合的淬火介质和工艺参数来实现所需的钢材性能？考虑不同钢种和应用要求，如何决定使用水淬、油淬介质还是其他淬火介质？

（2）在进行钢的淬火实验时，如何控制淬火温度和时间？这两个因素对材料的硬度和组织结构有什么影响？如何确定最佳的淬火温度和时间？

（3）在淬火过程中，如何避免或减少淬火缺陷（如裂纹和变形）？采取哪些措施来减轻淬火引起的应力和变形问题？

（4）如何评估钢材的淬火效果和性能？使用哪些测试方法和仪器来评估淬火后的材料硬度、韧性和组织结构？

（5）在实际应用中，如何确定最佳的淬火工艺和参数？除了实验方法，还应考虑哪些因素（如经验数据、工程要求和成本效益等）来进行决策？

实验四　钢的回火处理实验

一、实验目的

（1）掌握钢的回火原理及操作方法。

（2）了解设备及操作方法。

（3）了解回火种类及应用。

（4）了解回火工艺条件对回火组织与性能（硬度）的影响。

二、实验原理

1. 钢的回火处理实验原理

将经过淬火的工件重新加热到低于下临界温度 Ac_1（加热时珠光体向奥氏体转变的开始温度）的适当温度，保温一段时间后在空气或水、油等介质中冷却的金属热处理工艺。或将淬火后的合金工件加热到适当温度，保温若干时间，然后缓慢或快速冷却（见图 4 - 1）。

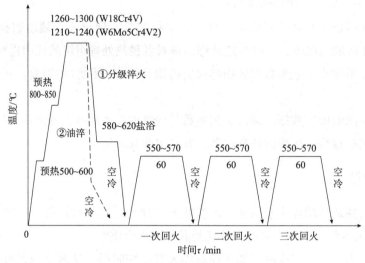

图 4 – 1　回火工艺曲线

2. 钢的回火的目的

(1)降低硬度：回火可以降低钢材的硬度，使其具有较合适的韧性和可加工性。高硬度的钢材通常会更脆，回火可通过组织转变，使钢材变得韧性更好，从而降低其易碎性。

(2)改善韧性：回火可以改善钢材的韧性，使其能够更好地抵抗冲击和变形。通过适当的回火处理，钢材中的马氏体相会发生相变，转变为较稳定的低温相(如珠光体和铁素体)，从而提高其韧性和可塑性。

(3)消除残余应力：在冷却过程中，钢材内部可能会产生残余应力。回火可通过重新加热和冷却的过程，使钢材达到热平衡，有助于消除或减轻残余应力，提高钢材的稳定性和耐久性。

(4)调整晶粒尺寸：回火可以调整钢材的晶粒尺寸，从而影响其力学性能。较细小的晶粒尺寸通常与较高的强度和硬度相关，而较大的晶粒尺寸则可能提供更好的韧性。

(5)稳定化组织结构：回火对钢材的组织结构有稳定化的作用，可以减少或消除过冷或过热处理过程中可能引起的不稳定和相变。这有助于提高钢材的整体性能和稳定性。

3. 回火分类及温度

根据工件性能要求不同，钢的回火可分为以下几种：

(1)低温回火

低温回火是指温度低于250℃的回火，低温回火一般用于以下几种情况：

1)工具、量具的回火。一般工具、量具要求硬度高、耐磨、足够的强度和韧性。此外，如滚动轴承，除了上述要求，还要求有高的接触疲劳强度，从而有高的使用寿命。对这些工具、量具和机器零件一般均用碳素工具钢或低合金工具钢制造，淬火后具有较高的强度和硬度。其淬火组织主要为韧性极差的孪晶马氏体。有较大的淬火内应力和较多的微裂纹，故应及时回火。这类钢一般采用 180 ~ 200℃ 回火。因为：在 200℃ 回火能使孪晶马氏体中过饱和固溶的碳原子沉淀析出弥散分布的 ε – 碳化物，既可提高钢的韧性，又保持钢的硬度、强度和耐磨性；在 200℃ 回火大部分微裂纹已经焊合，可大大减轻工件脆裂倾向。低温回火以后得到隐晶的回火马氏体及在其上分布的均匀细小的碳化物颗粒，硬度为 61 ~ 65HRC。对高碳轴承钢，如 GCr15、GSiMnV 等钢通常采用（160 ± 5）℃ 的低温回火，可保证一定硬度条件下有较好的综合机械性能及尺寸稳定性。对有些精密轴承，为了进一步减少残余奥氏体量以保持工作条件下尺寸和稳定性，最近试验采用较高温度（200 ~ 250℃）和较长回火时间（约 8h）的低温回火来代替冷处理取得良好的效果。

2）精密量具和高精度配合的结构零件在淬火后进行 120 ~ 150℃（12h，甚至几十小时）回火。目的是稳定组织及最大限度地减少内应力，从而使尺寸稳定。为了消除加工应力，多次研磨，还要多次回火。这种低温回火，常被称为时效。

3）低碳马氏体的低温回火。低碳位错型马氏体具有较高的强度和韧性，经低温回火后，可以减少内应力，进一步提高强度和塑性。因此，低碳钢淬火以获得板条（位错型）马氏体为目的，淬火后均经低温回火。

4）渗碳钢淬火回火。渗碳淬火工件要求表面具有高碳钢性能和心部具有低碳马氏体的性能。这两种情况都要求低温回火，一般回火温度不超过 200℃。这样，其表面具有高的硬度和耐磨性，而心部具有高的强度、良好的塑性和韧性。

（2）中温回火（350 ~ 500℃）

中温回火主要用于处理弹簧钢。回火后得到回火屈氏体组织（见图 4 – 2）。

中温回火相当于一般碳钢及低合金钢回火的第三阶段温度区。此时，碳化物已经开始集聚，基体也开始恢复，第二类内应力趋于基本消失，因而有较高的弹性极限，又有较高的塑性和韧性。

应根据所采用的钢种选择回火温度，以获得最高弹性极限，以及与疲劳极限的良好配合。例如，65 碳钢，在 380℃ 回火，可获得最高弹性极限；而 55SiMn 在 480℃ 回火，可获得疲劳极限、弹性极限及强度与韧性的良好配合。

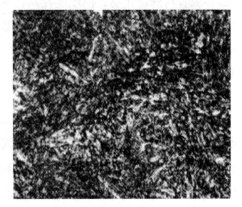

图 4 –2　回火屈氏体组织

为了避免第一类回火脆性，不应采用在 300℃ 左右回火。

（3）高温回火（>500℃）

在这一温度区间回火的工件，常见的有以下几类：

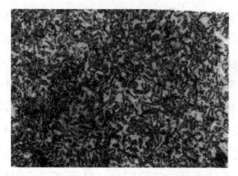

图4-3　回火索氏体组织

1）调质处理

调质处理，即淬火加高温回火，以获得回火索氏体组织（见图4-3）。这种处理称为调质处理，主要用于中碳碳素结构钢或低合金结构钢以获得良好的综合机械性能。一般调质处理的回火温度选有600℃以上。

与正火处理相比，钢经调质处理后，在硬度相同的条件下，钢的屈服强度、韧性和塑性明显地提高。

一般中碳钢及中碳低合金钢的淬透性有限，在调质处理淬火时常不能完全淬透。因此，在高温回火时，实际上为混合组织的回火。前已述及，非马氏体组织在回火加热时仍发生变化，仅其速度比马氏体慢。这变化对片状珠光体来说，就是其中的渗碳体片球化。众所周知，在单位体积内渗碳体相界面积相同的情况下，球状珠光体的综合机械性能优于片状珠光体，因此对未淬透部分来说，经高温回火后其综合机械性能也应高于正火。

调质处理一般用于发动机曲轴、连杆、连杆螺栓、汽车拖拉机半轴、机床主轴及齿轮等要求具有综合机械性能的零件。

2）二次硬化型钢的回火

当钢中含有较多的氧化物形成元素时，在回火第四阶段温度区（500～550℃）形成合金渗碳体或者特殊碳化物，使硬度提高，称为二次硬化。对具有二次硬化作用的高合金钢，如高速钢等，在淬火以后，需要利用高温回火来获得二次硬化的效果。从产生二次硬化的原因考虑，二次硬化必须在一定温度和时间条件下发生，因此有一最佳回火温度范围，此需视具体钢种而定。

3）高合金渗碳钢的回火

高合金渗碳钢渗碳以后，由于其奥氏体非常稳定，即使在缓慢冷却条件下，也会转变成马氏体，并存在大量残余奥氏体。渗碳后进行高温回火的目的是使马氏体和残余奥氏体分解，使渗碳层中的一部分碳和合金元素以碳化物形式析出，并集聚球化，得到回火索氏体组织，使钢的硬度降低，便于切削加工，同时还可减少后续淬火工序淬火后渗层中的残余奥氏体量。

高合金钢渗碳层中残余奥氏体的分解可以按两种方式进行：一种是按奥氏体分解成珠光体的形式进行，此时回火温度应选择在珠光体转变"C"曲线的鼻部，以缩短回火时间，如20Cr2Ni4钢渗碳后在600～680℃进行回火；另一种是以二次淬火的方式使残余奥氏体转变成马氏体，如渗碳18Cr2Ni4WA钢一般如此。因为18Cr2Ni4WA钢没有珠光体转变，故其残余奥氏体不能以珠光体转变的方式分解。此时，若考虑残余奥氏体的转变，应选用有利于促进马氏体转变的温度回火。

4. 回火时间的确定

回火时间应包括按工件截面均匀地达到回火温度所需加热时间以及按 M 参数达到要求回火硬度完成组织转变所需的时间，如果考虑内应力的消除，则尚应考虑不同回火温度下应力弛豫所需的时间。

加热至回火温度所需的时间，可按前述加热计算的方法进行计算。

对达到要求的硬度需要回火时间的计算，从 M 参数出发，对不同钢种可得出不同的计算公式。例如对 50 钢，回火后硬度与回火温度及时间的关系为：

$$HRC = 75 - 7.5 \times 10^{-3}(\lg\tau + 11)t \qquad (4-1)$$

对 40CrNiMo 的关系为：

$$HRC = 60 - 4 \times 10^{-3}(\lg\tau + 11)t \qquad (4-2)$$

式中　HRC——回火后所达到的硬度值；

τ——回火时间，h；

t——回火温度，℃。

若仅考虑加热及组织转变所需的时间，则常用钢的回火保温时间可参考表 4-1 确定。

表 4-1　回火保温时间参数

低温回火(150~250℃)						
有效厚度/mm	<25	25~50	50~75	75~100	100~125	125~150
保温时间/min	30~60	60~120	120~180	180~240	240~270	270~300

中、高温回火(250~650℃)							
有效厚度/mm		<25	25~50	50~75	75~100	100~125	125~150
有效厚度/mm	盐炉	20~30	30~45	45~60	75~90	90~120	120~150
	空气炉	40~60	70~90	100~120	150~180	180~210	210~240

对以应力弛豫为主的低温回火时间应比表列数据长，可达到几十小时。

对二次硬化型高合金钢，其回火时间应根据碳化物转变过程通过实验确定。当含有较多的残余奥氏体，而靠二次淬火消除时，还应确定回火次数。例如 W18Cr4V 高速钢，为了使残余奥氏体充分转变成马氏体及消除残余应力，除了按二次硬化最佳温度回火，还需进行三次回火。

高合金渗碳钢渗碳后，消除残余奥氏体的高温回火保温时间应该根据过冷奥氏体等温转变动力学曲线确定。如 20CrNi4 钢渗碳后，高温回火时间约为 8h。

三、实验设备及材料

（1）实验设备：实验用箱式电阻加热炉及控温仪表、实验用盐浴炉子、布氏硬度机、洛氏硬度机、金相显微镜、金相制样设备。

（2）实验材料：45 钢、T8 钢、T12 钢的淬火试样、冷却剂为水、10 号机油（使用温度约为 22℃）。

（3）其他设备：夹子、铁丝、钩子。

四、实验内容与步骤

（1）分组：全班分成几个小组，按分好的小组领取实验试样，并打上钢号以防混淆。

（2）预先工作：测定试样处理前的硬度值，并做好记录。

（3）回火操作：

1）将 45 钢、T8 钢、T12 钢的淬火试样进行回火处理、分别加热到 200℃、400℃和 600℃，保温 90min 后，进行空冷和水冷处理；

2）分别测定 45 钢、T8 钢、T12 钢不同回火处理后的硬度，并做好相应的记录；

3）分别制备不同温度回火后的金相试样，并在金相显微镜下观察各试样的组织结构。

（4）钢的回火缺陷：

1）马氏体残留：在回火过程中，如果温度或时间不足以完全转变所有的马氏体相，可能会残留一些马氏体。这会导致钢材的硬度和脆性增加，降低其韧性和可塑性。

2）组织不均匀：回火过程中，如果温度分布不均匀或加热不充分，可能导致钢材的组织不均匀。从而导致硬度和强度的差异，影响钢材的一致性和可靠性。

3）回火脆性：在特定条件下，回火过程可能导致钢材的回火脆性。回火脆性是指钢材在回火过程中由于残留应力和组织结构变化而变得易碎，尤其在低温下容易发生断裂。

4）残余应力：回火过程中，如果冷却过程不当或过快，可能导致钢材内部产生残余应力。这些残余应力可能会在使用过程中引起变形、开裂或材料疲劳等问题。

5）相变不完全：回火过程中，如果温度和时间不足以实现完全的组织转变，可能会导致相变不完全。未完全转变的组织可能会影响钢材的性能和稳定性。

（5）实验注意事项：

1）高温下装样、取样，要穿好工作服，戴好耐热手套，使用热处理夹钳夹持试样，避免烫伤、灼伤；

2）装、取试样时，夹钳不能带有水或油，在水或油中冷却后要擦拭干净；

3）部分加热炉需要断电后操作，应听从指导教师讲解；

4）测定硬度前必须用砂纸将试样表面的氧化皮去除并磨光。对每个试样，应在不同的部位测定 3 次硬度，并计算其平均值；

5）冷却过程中的试样在不确定的情况下不得直接用手触摸，以免试样未冷却彻底而烫伤手。

五、实验报告要求

（1）每人一份实验报告，实验报告应包括但不限于实验目的、实验原理、实验设备和材料、实验方法与步骤、实验结果与分析。

（2）严格按照指导教师的要求和实验步骤进行实验，列出全套硬度数据，绘制（或拍照）各种热处理后的组织图，并根据热处理原理对各种热处理组织的成因进行分析。

（3）小组分析回火工艺参数对碳钢淬火后组织和性能（硬度）的影响，并阐明硬度变化的原因。

（4）根据所测的硬度数据，画出工艺参数与硬度的关系曲线，并阐明硬度变化的原因。

（5）指出实验过程中出现的各种问题，并提出改良方法。

六、思考题

（1）钢的回火是什么？

（2）为什么钢在高温下需要回火？

（3）回火对钢的硬度、强度和韧性有什么影响？

（4）回火过程中，如何控制温度和时间？

（5）回火后，如何对钢进行检验，以确定其性能是否满足要求？

（6）不同种类的钢在回火过程中有什么不同？

（7）回火对钢的腐蚀性能有什么影响？在实际生产中，如何应用回火技术提高钢的性能？

（8）如何通过实验数据绘制回火曲线？

（9）通过实验数据，如何评估回火对钢性能的影响？

实验五　钢的渗碳热处理实验

一、实验目的

（1）熟悉钢的气体渗碳原理及渗碳工艺。

（2）了解设备及操作方法。

（3）了解低碳钢渗碳过程中的组织和性能的变化。

（4）了解渗碳层深度的测定方法。

二、实验原理

1. 化学热处理的定义

化学热处理是将钢件置于一定温度的活性介质中保温，使一种或几种元素渗入钢件表面，改变其化学成分及组织成分，以达到改进表面性能，满足技术要求的热处理过程。按照表面渗入的元素不同，化学热处理可分为渗碳、氮化、碳氮共渗、渗硼、渗铝等。化学热处理能有效地提高钢件表层的耐磨性、耐蚀性、抗氧化性能及疲劳强度。

钢件的表面化学成分的改变，取决于处理过程中发生的以下4个过程：

(1)介质中的化学反应，在一定温度下介质中各组分发生化学反应或蒸发，形成渗入元素的活性组分(金属原子直接从熔融态渗入者除外)；

(2)渗剂扩散，活性组分在工件表层向内扩散，反应产物离开界面向逸散；

(3)相界面反应，活性组分与工件表面碰撞，产生物理吸附或化学吸附，溶入或形成化合物，其他产物解吸离开表面；

(4)被吸附并溶入的渗入元素向工作内部扩散，当渗入元素的浓度超过基体金属的固溶度时，发生反应扩散，产生新相。

2. 渗碳

(1)渗碳的定义

渗碳指使碳原子渗入钢表层的过程。也是使低碳钢的工件具有高碳钢的表层，再经过淬火和低温回火，使工件的表层具有高硬度和耐磨性，而工件的中心部分仍然保持着低碳钢的韧性和塑性。渗碳工件的材料一般为低碳钢或低碳合金钢(含碳量小于0.25%)。渗碳后，钢件表面的化学成分可接近高碳钢。工件渗碳后还要经过淬火，以得到高的表面硬度、高的耐磨性和疲劳强度，并保持心部有低碳钢淬火后的强韧性，使工件能承受冲击载荷。渗碳工艺广泛用于飞机、汽车和拖拉机等的机械零件，如齿轮、轴、凸轮轴等。

(2)渗碳的目的

为了增加钢件表面的碳含量和获得一定的碳浓度梯度，将钢件在渗碳介质中加热和保温，使碳原子渗入表层的工艺称为渗碳。

渗碳的目的是使机器零件获得高的表面硬度、耐磨性极高的接触疲劳强度和弯曲疲劳强度。

(3)渗碳的方法

渗碳方法包括固体渗碳、液体渗碳、气体渗碳、离子渗碳和真空渗碳等。常用的为气体渗碳方法。

在各种渗碳方法中，无论采用何种渗碳剂，最主要的渗碳组分都是CO或CH_4，通过反应产生活性碳原子[C]，例如：

$$2CO \xleftarrow{Fe} [C] + CO_2 \qquad CO \xleftarrow{Fe} [C] + \frac{1}{2}O_2$$

$$CO + H_2 \xleftarrow{Fe} [C] + H_2O \qquad CH_4 \xleftarrow{Fe} [C] + 2H_2$$

1)固体渗碳

固体渗碳法是把渗碳工件装入有固体渗剂的密封箱内(一般采用黄泥或耐火黏土密封)，在渗碳温度加热渗碳。固体渗碳剂主要由供碳剂、催化剂组成。供碳剂一般为木炭、焦炭，催化剂一般为碳酸盐，如$BaCO_3$、Na_2CO_3等。固体渗碳剂加黏结剂可制成粒状渗碳剂，使渗碳时的透气性好，有利于渗碳反应。

典型的固体渗碳工艺如图5-1所示。

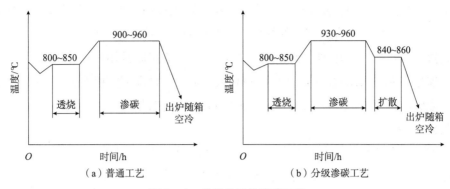

图 5-1　典型的固体渗碳工艺

常用固体渗碳温度为 900~960℃，此时钢件处于奥氏体区域，碳浓度可以在很大范围内变动，有利于碳的扩散。但如果温度过高，奥氏体晶粒要发生长大，因而将降低渗碳件的机械性能。同时，温度过高，将降低加热炉及渗碳箱的寿命，也将增加工件的挠曲变形。

渗碳时间应根据渗碳层要求、渗剂成分、工件及装箱等具体情况来确定。在生产中常用试棒来检测其渗碳效果。一般规定渗碳试棒直径应大于 10mm，长度应大于直径。

渗碳剂的选择应根据具体情况而定，要求表面碳含量高、渗层深，则应选用活性高的渗剂；含碳化形成元素的钢，则应选择活性低的渗剂。

在图 5-1 中都有透烧时间，这是因为填入渗碳剂的渗碳箱的传热速度慢，透烧可使渗碳箱内温度均匀，减少零件渗层深度的差别。透烧时间与渗碳箱的大小有关。另外，在图 5-1(b) 中还有扩散过程，其目的是适当降低表面碳含量，使渗层适当加厚。

固体渗碳无需专门的设备，容易实现，还可以防止某些合金钢在渗碳过程中被氧化。但渗碳时间长，渗层不易控制，不能直接淬火，劳动条件较差，目前应用较少。但即使是工业技术先进的国家，仍不乏使用固体渗碳工艺。这是因为固体渗碳仍有其独特的优点。例如，像柴油机上一些细小的油嘴、油泵芯子等零件，以及其他一些细小或具有小孔的零件，如果用别的渗碳方法很难获得均匀渗层，也很难避免变形，但用固体渗碳法就能达到这一要求。固体渗碳装箱示意如图 5-2 所示。

2）液体渗碳

液体渗碳是在能析出活性碳原子的盐浴中进行的渗碳方法。其优点是：设备简单、

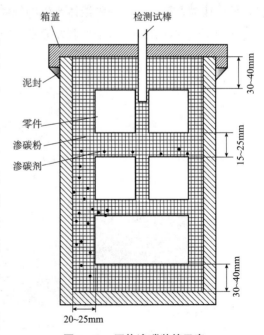

图 5-2　固体渗碳装箱示意

渗碳速度快，渗碳层均匀，便于渗碳后直接淬火，特别适用于中小型零件及有不通孔的零件。其缺点是：多数盐浴含有剧毒的氰化物，对环境和操作者存在危害。

渗碳盐浴由基盐、催化剂、供碳剂三部分组成。基盐通常用 NaCl、$BaCl_2$、KCl 或复盐配制。催化剂一般采用碳酸盐，如 Na_2CO_3 或 $BaCO_3$。供碳剂常用 NaCN、木炭粉、SiC。

液体渗碳的温度为 920～940℃，其考虑原则和固体渗碳相同。

3）气体渗碳

气体渗碳是工件在气体介质中进行碳的渗入过程的方法。渗碳气体可以用碳氢化合物有机液体，如煤油、丙酮等直接滴入炉内汽化而得。气体在渗碳温度热分解，析出活性碳原子，渗入工件表面。也可以用事先制备好的一定成分的气体通入炉内，在渗碳温度下分解出活性碳原子渗入工件表面来进行渗碳。

用有机液体直接滴入渗碳炉内的气体渗碳法称为滴注式渗碳。而事先制备好渗碳气氛然后通入渗碳炉内进行渗碳的方法，根据渗碳气的制备方法分为：吸热式气氛渗碳、氮基气氛渗碳等。

①滴注式气体渗碳

当用煤油、焦苯作为渗碳剂直接滴入渗碳炉内进行渗碳时，由于在渗碳温度热分解时析出活性碳原子过多，不能全部被钢件表面吸收，而在工件表面沉积成炭黑、焦油等，阻碍渗碳过程的继续进行，造成渗碳层深度及碳浓度不均匀等缺陷。为了克服这些缺点，近年来发展了灌注式可控气氛渗碳。这种方法无须特殊设备，只要对现有井式渗碳炉稍加改装，配上一套测量控制仪表即可。

滴注式可控气氛渗碳，一般采用两种有机液体同时滴入炉内。一种液体产生的气体碳势较低，作为稀释气；另一种液体产生的气体碳势较高，作为富化气。改变两种液体的滴入比例，可使零件表面含碳量控制在要求的范围内（见图5-3、图5-4）。

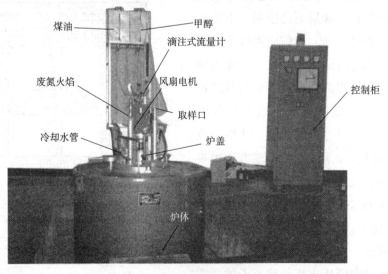

图 5-3　气体渗碳炉

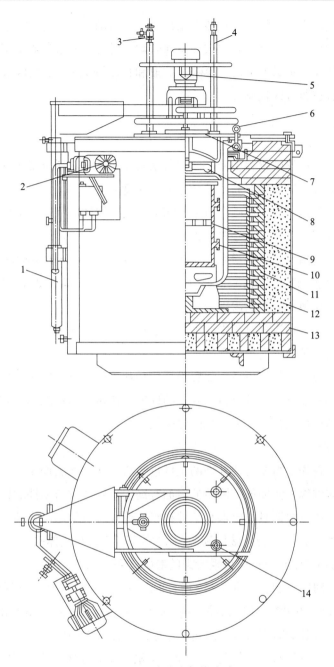

图5-4 滴注式气体渗碳

1—油缸；2—电动机油泵；3—滴管；4—取气管；5—电动机；6—吊环螺钉；7—炉盖；
8—风叶；9—料筐；10—炉罐；11—电热元件；12—炉衬；13—炉壳；14—试样管

②吸热式气体渗碳

用吸热式气氛进行渗碳时，往往用吸热式气氛加富化气的混合气进行渗碳，其碳势控制靠调节富化气的添加量来实现。一般常用丙烷作富化气。当用 CO_2 红外线分析仪控制炉内碳势时，其动作原理基本上与滴注式相同。但是在此处只开启富化气的阀门，调整富化气的流量来调节炉气碳势。

由于吸热式气氛需要有特设的气体发生设备，其启动需要一定的过程，所以一般适用于大批生产的连续作业炉。连续式渗碳在贯通式炉内进行。一般贯通式炉分为 4 个区，以对应于渗碳过程的 4 个阶段(加热、渗碳、扩散和预冷淬火)。不同区域要求气氛碳势不同，以此对其碳势进行分区控制。

(4)渗碳工艺

1)渗碳工艺参数

①渗碳温度：是指渗碳过程中所需的工件表面的温度。通常渗碳温度在 800~950℃，具体温度的选择取决于工件材料和要求的渗碳层深度。

②渗碳时间：是指工件在渗碳介质中暴露的时间。渗碳时间决定着渗碳层的深度，一般根据要求的渗碳层深度和工艺经验来确定。

③渗碳介质：是指用于引入碳原子的介质。常见的渗碳介质包括固体碳源(如炭粉、炭黑)、液体碳源(如石墨烯溶液)和气体碳源(如一氧化碳气氛或氨气气氛)。选择合适的渗碳介质根据工件材料和需要的渗碳效果。

④渗碳层深度：是指渗碳过程中在工件表面形成的高碳含量的层的厚度。渗碳层深度由渗碳时间、温度和碳源浓度等因素决定。

⑤冷却速率：渗碳过程结束后，需要进行冷却和淬火，以稳定渗碳层的硬度和组织结构。冷却速率的选择取决于工件材料和要求的硬度。快速冷却可以形成较硬的渗碳层，而较慢的冷却速率则可产生具有更好韧性的渗碳层。

2)渗碳工艺过程

①准备工作：首先，需要对待处理的工件进行清洁和去除表面杂质。这可通过化学清洗、机械抛光或酸洗等方法完成。清洁的表面有助于渗碳介质与工件的接触和反应。

②选择渗碳介质：根据具体要求和工件材料，选择合适的渗碳介质。常见的渗碳介质包括固体碳源(如炭粉、炭黑)、液体碳源(如石墨烯溶液)和气体碳源(如 CO 气氛或氨气气氛)。选择适当的渗碳介质可以实现所需的渗碳效果。

③渗碳温度和时间控制：根据工件材料和要求的渗碳层深度，选择适当的温度和时间。温度通常在 800~950℃，时间根据渗碳深度和成品要求而定。温度和时间的控制是关键，过高的温度或过长的时间可能导致过度渗碳或过深的渗碳层。

④渗碳处理：将待处理的工件与渗碳介质接触，使碳原子从介质中扩散到钢材表面。渗碳过程可以在密封的渗碳炉中进行，以确保渗碳介质与工件之间的接触和反应。渗碳过程中，钢件的表面碳含量逐渐增加，形成高碳含量的渗碳层。

⑤碳化物形成和淬火：在渗碳过程中，碳原子与钢材中的铁原子发生化学反应，形成碳化物。常见的碳化物是铁碳化物(Fe_3C)。渗碳过程结束后，需要进行冷却和淬火，以稳定渗碳层的硬度和组织结构。冷却和淬火的方式通常根据要求的硬度和工件材料来选择。

⑥后续处理：渗碳处理完成后，可以进行进一步的后续处理，如退火和调质，以调整工件的性能和组织结构。后续处理可以帮助消除残余应力和改善渗碳层的稳定性。

3）渗碳后的热处理

工件渗碳后，提供了表层高碳，心部低碳这样一种含碳量的工件。为了得到理想的性能，尚需进行适当的热处理。常见的渗碳后的热处理有以下几种。

①直接淬火

在工件渗碳后，预冷到一定温度，然后立即进行淬火冷却。这种方法适用于气体渗碳或液体渗碳。固体渗碳时，由于工件装于箱内，出炉、开箱都比较困难，较难采用该种方法。

淬火前的预冷可以是随炉降温或出炉冷却。预冷的目的，是使工件与淬火介质的温度差减小，减少应力与变形。预冷的温度一般取稍高于心部成分的 Ar_3 点，避免淬火后心部出现自由铁素体，获得较高的心部强度。但此时表面温度高于相当于渗层化学成分的 Ar_3 点，奥氏体中碳含量高，淬火后表层残余奥氏体量高，硬度较低。

直接淬火的优点是：减少加热、冷却次数，简化操作，减少变形及氧化脱碳。其缺点是：由于渗碳时在较高的渗碳温度停留较长的时间，容易发生奥氏体晶粒长大。直接淬火，虽经预冷也不能改变奥氏体晶粒度，因而可能在淬火后机械性能降低。只有本质细晶粒钢，在渗碳时不发生奥氏体晶粒的显著长大，才能采用直接淬火。

②一次加热淬火

渗碳后缓冷，再次加热淬火。再次加热淬火的温度应根据工件要求而定。一般可选在稍高于心部成分的 Ac_3 点，也可选在 Ac_1 和 Ac_3 之间，对心部强度要求较高的合金渗碳钢零件，淬火加热温度应选为稍高于 Ac_3 点的温度。这样可使心部晶粒细化，没有游离的铁素体，可获得所用钢种的最高强度和硬度，同时，强度和塑性、韧性的配合也较好。这时对于表面渗碳层来说，先共析碳化物溶入奥氏体，淬火后残余奥氏体较多，硬度稍低。

对心部强度要求不高，而表面又要求有较高的硬度和耐磨性时，可选用稍高于 Ac_1 的淬火加热温度。如此处理，渗层先共析碳化物未溶解，奥氏体晶粒细化，硬度较高，耐磨性较好，而心部尚存在大量先共析铁素体，强度和硬度较低。

为了兼顾表面渗碳层和心部强度，可选用稍低于 Ac_3 点的淬火加热温度。在此温度淬火，即使是碳钢，在表层由于先共析碳化物尚未溶解，奥氏体晶粒不会发生明显粗化，硬度也较高。心部未溶解铁素体数量较少，奥氏体晶粒细小，强度也较高。

一次加热淬火的方法适用于固体渗碳。当然，液体、气体渗碳的工件，特别是本质粗晶粒钢，或渗碳后不能直接淬火的零件也可采用一次加热淬火。

③两次淬火

在渗碳缓冷后进行两次加热淬火。第一次淬火加热温度在 Ac_1 以上，目的是细化心部组织，并消除表面网状碳化物。第二次淬火加热温度选择在高于渗碳层成分的 Ac_1 点温度（ $780 \sim 820℃$ ）。二次加热淬火的目的是细化渗碳层中马氏体晶粒，获得隐晶马氏体，残余奥氏体及均匀分布的细粒状碳化物的渗层组织。渗碳件在最终淬火后均经 $160 \sim 200℃$ 的低温回火。

（5）渗碳后的组织变化

根据表面碳含量、钢中合金元素及淬火温度，渗碳层的淬火组织大致可分为两类。

一类是表面无碳化物，自表面至中心，依次由高碳马氏体加残留奥氏体逐渐过渡到低碳马氏体。碳钢渗碳时一般为这种组织。图 5-5 所示为低碳钢渗碳后渗碳层的组织。可以看出：渗层中无过剩碳化物，仅为针状马氏体加残留奥氏体。

图 5-5 低碳钢工件渗碳缓冷的渗碳层组织

图 5-6 所示为渗碳层的碳含量分布、渗层残留奥氏体量及硬度分布示意。由表面向内部，残留奥氏体量逐渐减少。渗层硬度在高于或接近含碳 0.6% 处最高，而在表面处，由于残余奥氏体较多，硬度稍低。

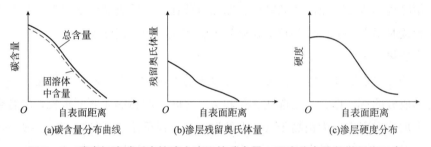

（a）碳含量分布曲线　　（b）渗层残留奥氏体量　　（c）渗层硬度分布

图 5-6 碳素钢渗碳后直接淬火渗层的碳含量、硬度分布及显微组织示意

另一类是表层有细小的颗粒状碳化物，自表面至中心渗碳层淬火组织顺序为：细小针状马氏体 + 少量残留奥氏体 + 细小颗粒状碳化物→高碳马氏体 + 残留奥氏体→逐步过渡到低碳马氏体。图 5-7 所示为 20CrMnTi 钢 920℃渗碳 6h 直接淬火后渗层碳浓度、残留奥氏体量及硬度沿截面的变化。由于表面细颗粒碳化物的出现，表面奥氏体中合金元素含量减少，残留奥氏体量的减少，硬度较高。由含碳化物层过渡到无碳化物层时，奥氏体中合金元素含量增加，使得残留奥氏体较多，硬度下降。即在离表面约 0.2mm 处奥氏体中含碳量最高、残余奥氏体量最多，硬度最低。除此以外，越靠近表面，奥氏体中含碳量越低，

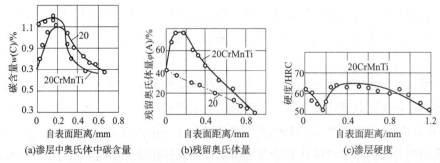

（a）渗层中奥氏体中碳含量　　（b）残留奥氏体量　　（c）渗层硬度

图 5-7 20CrMnTi 钢 920℃渗碳 6h 直接淬火后渗层中奥氏体碳含量、残留奥氏体量及硬度分布曲线

相应地残留奥氏体量减少，硬度提高。心部组织在完全淬火情况下为低碳马氏体；淬火温度较低的为马氏体加游离铁素体；在淬透性较差的钢中，心部为屈氏体或索氏体加铁素体。

（6）渗碳层深度的测量

渗碳层深度的测量方法主要包括：金相显微镜观察法、显微硬度测试法、钻孔切割法、X射线衍射法和化学分析法。

①金相显微镜观察法：使用金相显微镜观察钢件切面的显微组织，通过测量渗碳层和基材的界限来确定渗碳层的深度。这种方法需要制备金相切片和适当的显微镜设备，对样品进行显微观察和测量。

②显微硬度测试法：使用显微硬度测试仪，对钢件表面进行显微硬度测试。通过在渗碳层和基材之间进行多个硬度测试，根据硬度的变化来确定渗碳层的深度。这种方法通常需要对钢件进行金相制样和显微硬度测试。

③钻孔切割法：使用钻头或切割工具，在钢件表面钻孔或切割出一小块，并对钻孔或切割口进行显微观察或测量。通过观察钻孔或切割口的深度和颜色变化，可以估计渗碳层的深度。

④X射线衍射法：使用X射线衍射仪对渗碳层进行分析，通过衍射峰的位置和强度来确定渗碳层的厚度。这种方法需要专业的X射线衍射仪设备和相关的数据分析。

⑤化学分析法：通过在渗碳层和基材之间切割样品，并使用化学方法对样品进行表面碳含量的分析。基于碳含量的变化，可以推测渗碳层的深度。

三、实验设备及材料

（1）实验设备：实验用箱式电阻加热炉及控温仪表、实验用井式渗碳炉、布氏硬度机、洛氏硬度机、维氏硬度机、金相显微镜、金相制样设备。

（2）实验材料：20钢或20CrMnTi钢退火试样、冷却剂为水、10号机油（使用温度约为22℃）。

（3）渗碳介质：煤油或甲醇。

（4）其他设备：夹子、铁丝、钩子。

四、实验内容与步骤

（1）分组：全班分成几个小组，按分好的小组领取实验试样，并打上钢号以防混淆。

（2）预先工作：测定试样处理前的硬度值，并做好记录。渗碳前用砂纸打磨试样表面，并用乙醇清洗试样，清除表面锈斑、油污。

（3）渗碳操作：

1）将清理干净的试样放入井式渗碳炉中进行渗碳处理。渗碳温度为930℃，渗碳时间为3~6h。渗碳升温至600℃时启动风扇，800℃时以20~30滴/min速度开始滴入煤油或甲醇，并一直保持到渗碳温度，同时点燃排气管中的尾气。待炉子温度升到渗碳温度，渗碳剂滴入量调整为 40~60 滴/min，尾气火焰高度保持在 80mm 左右，火焰颜色呈浅黄色。

2）渗碳完成后可采用缓慢冷却或进行淬火回火操作，将渗碳后的试样进行直接淬火或一次淬火、二次淬火，再进行 180℃，60min 回火处理。

3）分别测定缓冷试样或淬火回火试样由表面到心部的硬度，并做好记录。

4）制备渗碳处理后的金相试样，并在金相显微镜下观察渗碳组织和渗碳层厚度。

（4）钢的渗碳热处理缺陷：

1）渗碳不均匀：渗碳过程中，渗碳介质的扩散和反应不均匀可能导致渗碳层的厚度不均匀或存在局部渗碳不足或过度渗碳的情况。这可能是由于渗碳介质的分布不均匀、温度不均匀、工件形状复杂等原因造成的。

2）渗碳层裂纹：在渗碳过程和冷却过程中，渗碳层可能会产生裂纹。这种裂纹可能是由渗碳过程中的残余应力、快速冷却导致的应力集中、组织变化不均匀等原因引起的。

3）渗碳层脱落：渗碳层与基材之间的黏附力不足可能导致渗碳层的脱落。这可能是由于渗碳介质选择不当、渗碳过程中的温度和时间控制不准确等原因引起的。

4）渗碳层气孔：在渗碳过程中，如果存在氧气或其他气体的存在，可能导致渗碳层中形成气孔。这可能是由于渗碳介质质量不高、渗碳过程中的气氛控制不准确等原因引起的。

5）渗碳层变脆：渗碳过程中，如果过度渗碳或过深的渗碳层可能导致渗碳层变脆。这可能会影响工件的机械性能和使用寿命。

（5）实验注意事项：

1）高温下装样、取样，要穿好工作服，戴好耐热手套，使用热处理夹钳夹持试样，避免烫伤、灼伤；

2）装、取试样时，夹钳不能带有水或油，在水或油中冷却后要擦拭干净；

3）部分加热炉需要断电后操作，应听从指导教师讲解；

4）测定硬度前必须用砂纸将试样表面的氧化皮去除并磨光。对每个试样，应在不同的部位测定 3 次硬度，并计算其平均值；

5）冷却过程中的试样在不确定的情况下不得直接用手触摸，以免试样未冷却彻底而烫伤手；

6）渗碳热处理时应注意操作安全，不要随意触动有关电炉及温度控制器的电源部分，以免触电及损坏设备。

五、实验报告要求

（1）每人一份实验报告，实验报告应包括但不限于实验目的、实验原理、实验设备和材料、实验方法与步骤、实验结果与分析。

（2）严格按照指导教师的要求和实验步骤进行实验，列出全套硬度数据，绘制（或拍照）各种渗碳热处理后的组织图，并根据热处理原理对渗碳组织的成因进行分析。

(3)小组分析渗碳工艺参数对渗碳层组织和性能(硬度)的影响,并阐明硬度变化的原因。

(4)根据所测的硬度数据,画出渗碳热处理后试样由表面到心部的硬度变化曲线,并阐明硬度变化的原因。

(5)指出实验过程中出现的各种问题,并提出改良方法。

六、思考题

(1)如何选择适当的渗碳方法来提高钢的硬度和耐磨性?

(2)如何控制渗碳层的深度和均匀性?

(3)渗碳后的钢材如何进行淬火处理?

(4)如何评估渗碳处理后钢材的性能?

实验六　钢的渗氮热处理实验

一、实验目的

(1)熟悉钢的气体渗氮原理及渗氮工艺。

(2)了解设备及操作方法。

(3)了解钢的渗氮过程中的组织和性能的变化。

(4)了解渗氮层厚度的测定方法。

二、实验原理

1. 渗氮的定义

渗氮是指在材料表面引入氮元素的过程,通过将氮原子扩散到材料表面,形成一层氮化物或固溶体层,以改善材料的硬度、耐磨性和抗腐蚀性能。渗氮是一种常用的表面处理技术,广泛应用于金属材料,特别是钢材。通过渗氮处理,可以使材料表面具有更高的硬度、抗磨损性和化学稳定性,提高材料的使用寿命和性能。渗氮可以使用不同的方法,如气体渗氮、盐浴渗氮、离子渗氮等,具体的方法取决于材料类型、处理要求和工艺条件等因素。

2. 渗氮的目的

(1)提高硬度:渗氮可以在材料表面形成氮化物或固溶体层,这些层具有较高的硬度。通过渗氮处理,材料的表面硬度可以显著提高,从而增加材料的抗磨损性和耐久性。

(2)增强耐磨性:渗氮处理可以形成具有良好耐磨性的表层,这对于经常接触或受到磨损的部件特别重要。渗氮能够提供对摩擦、磨损和刮擦等各种力的抵抗力,从而延长材料的使用寿命。

(3)提高抗腐蚀性:渗氮处理可以形成抗腐蚀的氮化物层,这可以提高材料的抗腐蚀性能。氮化物层可以提供有效的屏障，防止腐蚀性介质进入材料内部，从而减少腐蚀的发生。

（4）改善表面质量：渗氮可以消除材料表面的缺陷、氧化层和污染物等，从而改善材料的表面质量。渗氮处理可以使材料表面更加平滑、洁净，提高材料的观感和整体品质。

（5）增加材料的功能性：渗氮可以根据需要调节渗层的深度和硬度，从而实现对材料性能的定制。通过渗氮处理，可以使材料表面具有特定的功能，如耐磨、耐蚀、导电性等，以满足特定的应用要求。

3. 渗氮的方法

渗氮方法包括气体渗氮法、离子渗氮法、盐浴渗氮法、液体渗氮法等。常用的为气体渗氮法。

（1）气体渗氮法

气体渗氮法是一种常用的表面处理方法，用于在材料表面引入氮元素。在气体渗氮过程中，将工件放置在渗氮炉中，然后通入氮气和氢气的混合物。通过控制温度和渗氮时间，使氮气和氢气在一定温度范围内与材料表面的金属元素反应，生成氮化物层。

气体渗氮可采用一般渗氮法（等温渗氮法）或多段（二段、三段）渗氮法。一般渗氮法是在整个渗氮过程中渗氮温度和氨气分解率保持不变。温度在480~520℃，氨气分解率为15%~30%，保温时间近80h。这种工艺适用于渗层浅、畸变要求严、硬度要求高的零件，但处理时间过长。多段渗氮法是在整个渗氮过程中按不同阶段分别采用不同温度、不同氨分解率、不同时间进行渗氮和扩散。整个渗氮时间可以缩短至近50h，能获得较深的渗层，但这样渗氮温度较高，畸变较大。还有以抗蚀为目的的气体渗氮，渗氮温度在550~700℃，保温0.5~3h，氨分解率为35%~70%，工件表层可获得化学稳定性高的化合物层，防止工件受湿空气、过热蒸汽、气体燃烧产物等的腐蚀。正常的气体渗氮工件，表面呈银灰色。有时，由于氧化也可能呈蓝色或黄色，但不影响使用。常用的气体渗氮工艺包括等温渗氮、二段式渗氮和三段式渗氮三种方法。

1）一般渗氮法（等温渗氮法）：也称一段式渗氮法。它是在恒温下进行长时间保温的渗氮工艺，渗氮温度为510~530℃，其渗氮工艺曲线如图6-1所示。第一阶段保温15~20h，为吸氮阶段。这一阶段采用较低的氨分解率（18%~25%）。零件表面因洗后大量氮原子而与零件心部形成氮浓度差。第二阶段为扩散阶段。在这个阶段为减少活性氮原子的数量而将氨分解率提高至30%~40%，保温时间在60h左右。图6-1所示为减少渗氮层的脆性，在渗氮结束前2~4h进行退氮处理，氨分解率提高到70%以上，退氮温度提高至560~570℃。等温渗氮工艺过程简单，渗氮温度较低、渗层浅、零件变形小、表面硬度高，但渗氮速度慢，产生周期长，适用于渗氮深度浅、尺寸精度和硬度要求高的零件。

2）二段式渗氮法：二段式渗氮工艺曲线如图6-2所示。第一阶段的工艺参数（除保温时间外）与等温渗氮相同。第二阶段把渗氮温度提高至550~560℃，以加速氮原子的扩散，缩短渗氮周期，氨分解率提高至40%~60%。根据对渗氮层的脆性要求，急速前也应提前2h提高氨分解率和温度进行退氮处理。二段式渗氮的时间比等温渗氮短，表面硬度稍微低，变形略有增大，适用于渗氮层较深批量较大的零件。

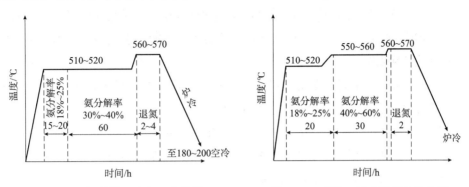

图 6-1　钢的等温渗氮工艺曲线　　　　图 6-2　钢的二段式渗氮工艺曲线

3）三段式渗氮法：三段式渗氮工艺曲线如图 6-3 所示。它是在二段式渗氮基础上发展起来的。这种工艺是将第二阶段的温度适当提高，以加快渗氮过程，同时增加较低温度的第三阶段，以弥补因第二阶段氮的扩散快而使表面氮浓度过低，保证表面含氮量以提高表面硬度。三段式渗氮能进一步提高渗氮速度，但硬度比一般渗氮工艺低，脆性、变形等比一般渗氮工艺略大。

（2）离子渗氮法

离子渗氮法是使用离子束或离子等离子体对材料进行渗氮的方法。在离子渗氮过程中，通过加速器将氮离子束引导到材料表面。氮离子在材料表面与金属元素相互作用，产生氮化物层。离子渗氮具有较高的渗透能力和较短的处理时间。

离子渗氮的过程如下：离子渗氮是在真空室内进行的，工件接高压直流电源的负极，真空中单接正极。将真空室的真空度抽到 66.67Pa 后，充入少量氮气或氢气、氮气的混合气体。当电压调整到 400~800V 时，氮即电离分解成氮离子、氢离子和电子，并在工件表面产生辉光放电现象。正离子受电场作用加速轰击工件表面，使工件升温到渗氮温度。氮离子在钢件表面获得电子，还原成氮原子而渗入钢件表面并向内部扩散，形成渗氮层。离子渗氮装置如图 6-4 所示。

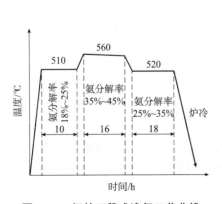

图 6-3　钢的三段式渗氮工艺曲线

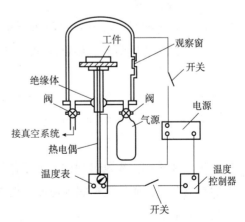

图 6-4　离子渗氮装置

离子渗氮的优点如下：

1)工作环境好。由于离子氮化法不是依靠化学反应作用，而是利用离子化了的含氮气体进行氮化处理，所以工作环境十分清洁而无须防止公害的特别设备。因而，离子氮化法也被称为"绿色"氮化法。

2)渗入速度快。由于离子氮化法利用离子化了的气体的溅射作用，因而可显著地缩短处理时间(离子渗氮的时间仅为普通气体渗氮时间的 1/3 ~ 1/5)。

3)能源消耗少。由于离子氮化法利用辉光放电直接对工件进行加热。也无须特别的加热和保温设备，且可以获得均匀的温度分布。与间接加热方式相比，加热效率可提高 2 倍以上，达到节能效果，可大大降低处理成本。

4)零件变形小。

5)渗氮组织易于控制。通过调节氮、氧及其他(如碳、氧、硫等)气氛的比例，可自由地调节化合物层的相组成，从而获得预期的机械性能。

6)适应范围广泛。可用于不锈钢模具的渗氮，利用离子的轰击作用，可以自动去除不锈钢、耐热钢模具表面的钝化膜，可直接进行不锈钢模具的渗氮。

7)易于实现局部渗氮。

(3)盐浴渗氮法

盐浴渗氮法是一种将材料浸入氮化物形成的盐浴中的方法。在盐浴渗氮中，工件被浸入含有氮化剂的盐浴中，然后通过加热使盐浴达到渗氮温度。渗氮过程中，盐浴中的氮化剂会与材料表面的金属元素反应，形成氮化物层。

(4)液体渗氮法

液体渗氮法是将材料浸入含有氮化剂的液体中进行渗氮处理的方法。常见的液体渗氮方法包括氰化钠和硝酸钠的混合物、氰化氢等。渗氮过程中，液体中的氮化剂会与材料表面的金属元素反应，形成氮化物层。

4. 渗氮工艺

(1)渗氮工艺参数

1)温度：是影响气体渗氮效果的重要参数。通常，渗氮温度在 500 ~ 600℃，根据材料类型和处理要求进行调节。温度过低会导致渗层不够均匀，温度过高则会影响材料的性能。

2)渗氮时间：是决定渗层深度和硬度的关键参数。渗氮时间根据所需的渗层厚度和硬度进行调节。较长的渗氮时间可以获得更深的渗层，但同时也可能导致过度的氮化和变质。

3)气氛气体比例：渗氮过程中，通常使用氮气和氢气的混合物作为渗氮气氛。氮气作为主要的渗氮介质，而氢气则起到还原和促进反应的作用。氮气和氢气的比例可以根据具体要求进行调节。

4)气氛流量：是指通入渗氮炉的氮气和氢气的流量。适当的气氛流量可以确保渗氮气氮的稳定性和均匀性。流量的选择取决于炉子的尺寸、渗氮厚度和所需的渗氮速率。

5)加热速率和冷却速率：也会影响渗氮效果。适当的加热速率和冷却速率可以控制渗氮温度的均匀性和材料组织的形成。

(2)渗氮工艺过程

1)准备工件：首先，准备待处理的工件，通常是金属材料（如钢）。工件需要进行预处理，如清洁、去除氧化物和油脂等，以确保材料表面的干净和光洁。

2)加热渗氮炉：将工件放置在渗氮炉中，然后加热炉内的气氛，通常是氮气和氢气的混合物。温度控制非常重要，通常在500~600℃，具体温度取决于材料类型和处理要求。

3)稳定温度：一旦温度达到设定值，需要保持温度稳定一段时间，通常是几个小时，以确保整个工件达到渗氮温度，并促进氮气和氢气的反应。

4)渗氮反应：在恒定温度下，开始通入氮气和氢气混合物。混合气体通过渗氮炉的气氛循环，与材料表面的金属元素发生反应。

氨在无催化剂时，分解活化能为377kJ/mol，而当有铁、钨、镍等催化剂掺杂时，其活化能约为167kJ/mol。因此钢渗氮时氨的分解主要在炉内管道、工件、渗氮箱及挂具等钢铁材料制成的构件表面通过催化作用来进行。通入渗氮箱的氨气，经过工件表面而落入钢件表面原子的引力场时，就被钢件表面所吸附。这种吸附是化学吸附。在化学吸附作用下，如前所述，解离出活性氮原子，被钢件表面吸收并渗入工件表面。

5)冷却和清洗：渗氮处理结束后，将工件从渗氮炉中取出，并进行适当的冷却和清洗。冷却可以使用氮气或其他冷却介质来控制温度，以避免过度的组织变化。清洗可以去除表面的残留物和杂质，以获得干净的渗氮层表面。

5. 渗氮后的热处理

(1)淬火处理：渗氮后的材料通常需要进行淬火处理，以提高其硬度和强度。淬火是将材料迅速冷却，使其组织发生相变，从而形成马氏体组织。这可通过将材料迅速浸入淬火介质（如水、油或气体）中来实现。淬火过程中需要注意温度和冷却速率的控制，以确保获得所需的淬火效果。

(2)回火处理：淬火后的材料通常过于脆硬，需要进行回火处理来降低其脆性同时保持一定的硬度。回火是将材料加热至较低的温度，并保持一段时间，然后缓慢冷却。回火温度和时间的选择取决于材料的类型和所需的硬度和韧性。适当的回火处理可以使材料获得更好的强度和韧性平衡。

(3)淬火回火处理：对于某些应用，淬火回火处理也可应用于渗氮后的材料。这是将材料先进行淬火处理，然后进行回火处理。淬火回火处理可以调整材料的硬度、强度和韧性，并获得更适合特定应用的性能。

6. 渗氮层深度的测量

渗氮层深度的测量是金属热处理领域的一个重要方面。渗氮是一种表面硬化技术，通过将氮原子扩散到金属表面来增强其硬度、耐磨性和抗疲劳性。检测渗氮层的深度对于保证零件性能至关重要。以下是几种测量渗氮层深度的常用方法：

（1）金相显微镜法

通过金相显微镜观察切割、研磨和抛光后的试样横截面。渗氮层和母材之间的过渡通常比较明显，可以被直观看到。通过使用金相分析软件可以准确测量渗氮层深度。

（2）硬度测试法

使用显微硬度计按照规定的间隔深度进行多点硬度测量。渗氮层的硬度会从表面向内逐渐降低，通过硬度变化来确定渗氮层深度。

（3）化学侵蚀法

利用酸或其他化学试剂对渗氮层进行颜色显现。对试样进行化学腐蚀处理后，不同深度的渗氮层会呈现不同颜色。通过观察颜色变化来测量渗氮层的深度。

（4）超声波检测法

利用超声波技术来检测渗氮层和母材界面。需要先确定材料不同深度的超声波传播速度。使用超声波探头在零件表面扫描，通过接收反射波来确定渗氮层的深度。

（5）显微镜测量法（Vickers 或 Knoop）

通过载荷较小的 Vickers 或 Knoop 硬度测试来确定渗氮层的硬度梯度。通常从表面向内部按一定间隔进行硬度测试并记录数据。

（6）EDS（能量色散 X 射线光谱分析）

使用扫描电子显微镜（SEM）下的 EDS 进行成分分析。在穿透到不同深度下利用 X 射线能量分布的差异来确定氮元素的含量及分布，从而推断渗氮层的深度。

三、实验设备及材料

（1）实验设备：实验用箱式电阻加热炉及控温仪表、实验用气体氮化炉、布氏硬度机、洛氏硬度机、维氏硬度机、金相显微镜、金相制样设备。

（2）实验材料：38CrMoAl 钢试样、汽油、洗涤剂（使用温度约为 22℃）。

（3）渗氮介质：氨气。

（4）其他设备：夹子、铁丝、钩子。

四、实验内容与步骤

（1）分组：全班分成几个小组，按分好的小组领取实验试样，并打上钢号以防混淆。

（2）预先工作：测定试样处理前的硬度值，并做好记录。渗氮去除工件上的毛刺、油污、锈斑等，然后在洗涤剂中清洗以保证氨气能均匀渗透材料表面。

（3）渗氮操作。气体渗氮实验的操作流程主要包括以下步骤。

1）装载工件：将清洁后的工件放入渗氮炉内，根据工件尺寸和数量，适当设置其在炉内的位置，以保证气体均匀流动。

2)炉内气氛准备：调整气体流量、确保气体纯度，通常使用的气体为氨气，有时也会掺杂尿素、氨基甲烷、特殊气体等作为氮源。清空炉内空气，建立所需的气氛。

3)加热：开启加热系统，炉温逐渐上升至设定的渗氮温度，通常在 $500 \sim 550℃$。炉温稳定后保温一段时间，使工件温度均匀。

4)渗氮处理：开始渗氮实验，在控制的渗氮气氛中维持恒温，持续一定时间以实现所需的渗氮深度。实验时间根据工件材料、预期的渗氮深度和氮化效果的要求确定。

5)冷却工件：渗氮完成后，根据材料特性和所需的性质，选择适当的冷却方式(空冷、油冷、水冷等)。有些工艺可能需要在炉内缓慢冷却以减少工件应力。

6)排气和关闭设备：关闭氮源气体供给，打开排气系统，确保所有氨气和副产品完全排出。关闭所有加热元件和相关设备。

7)检查和后处理：取出工件进行清洁和必要的后处理。对工件进行渗氮效果的检查，包括渗氮层深度的测量、硬度测试和微观结构分析等。

8)记录数据和清理现场：完整记录实验参数、操作步骤和结果。清理现场及设备，为下一次实验做准备。

(4)钢的渗氮处理缺陷：

1)白层的生成：在气体渗氮过程中，表面可能会生成硬度较高的白亮层(又称化合物层)，由铁氮化合物(如 Fe_4N 或 $Fe_{2-3}N$)组成。这层虽然硬度高，但通常脆性也大，可能导致在实际应用中产生裂纹或剥落。

2)渗氮层脆性：渗氮层如果氮化过度，会导致脆性增加，抗冲击性和疲劳寿命会降低。

3)不均匀的渗氮层：渗氮层深度不均匀，可能是因为工件放置不当、炉内气氛不均匀或是工件预处理不彻底。

4)产生应力和变形：渗氮处理的温度控制不当，或冷却速度控制不均匀会造成工件内部的残余应力增加，进而导致变形。

5)黏结：如果炉内放置的工件过于紧密，可能会造成接触部位的气体流动不畅，导致渗氮不均匀，有些地方甚至出现黏结。

6)渗氮层过浅：渗氮时间或温度控制不足，抑或使用的钢材能力不足，都可能导致渗氮层过浅无法满足使用要求。

7)气体污染：炉内气氛污染，如进入了氧气或其他有害气体，会影响渗氮质量，形成氧化物或其他化合物。

(5)实验注意事项：

1)高温下装样、取样，要穿好工作服，戴好耐热手套，使用热处理夹钳夹持试样，避免烫伤、灼伤。

2)装、取试样时，夹钳不能带有油，在油中冷却后要擦拭干净。

3)材料必须清洁，表面无油污、生锈或其他污染物，对于形状复杂的工件，需确保所有表面都可被渗氮气体触及。

4)严格控制渗氮温度，高温有助于提高渗透率，但过高温度会增加脆性和白层的风险。准确设定渗氮时间，以获得所需的硬化深度。确保气体流动稳定，压力适中，以保证炉内气氛均匀。

5)冷却过程中的试样在不确定的情况下不得直接用手触摸，以免试样未冷却彻底而烫伤手。

6)使用高纯度的渗氮气体，任何杂质都可能影响渗氮效果。保证气体流量和压力符合设定的参数。

7)工件应均匀分布在炉内，避免相互之间形成遮挡，确保气体可覆盖工件的各个表面。避免工件之间直接接触，以防粘连。

8)渗氮过程中的升温和冷却速度应控制，以防止快速温变造成的内应力和变形。

9)渗氮过程中会使用到有害气体，操作人员必须佩戴适当的个人防护设备。实验室应有良好的通风系统，以及紧急情况下的安全阀和泄漏处理方案。要有完备的操作培训和安全教育。

10)对渗氮炉的性能进行检查，以保证加热和温控的准确性。实验后，要对工件进行检查，测试渗氮深度、硬度和微观组织等，确保渗氮效果符合要求。

五、实验报告要求

(1)每人一份实验报告，实验报告应包括但不限于实验目的、实验原理、实验设备和材料、实验方法与步骤、实验结果与分析。

(2)严格按照指导教师的要求和实验步骤进行实验，列出全套硬度数据，绘制(或拍照)各种渗碳热处理后的组织图，并根据处理原理对渗氮组织的成因进行分析。

(3)小组分析渗氮工艺参数对渗氮层组织和性能(硬度)的影响，并阐明硬度变化的原因。

(4)根据所测的硬度数据，画出渗氮处理后试样由表面到心部的硬度变化曲线，并阐明硬度变化的原因。

(5)指出实验过程中出现的各种问题，并提出改良方法。

六、思考题

(1)描述钢的气体渗氮过程中发生的主要化学反应，并说明为什么这些反应能够提高钢材的表面硬度和耐磨性？

(2)如果气体渗氮处理的时间增加，这会如何影响渗氮层的深度和特性？是否存在一个最佳的渗氮时间，为什么？

(3)在气体渗氮过程中，工件表面出现了不均匀的白层(化合物层)，请列举可能的原因，并提出应对策略。

（4）渗氮炉内未能达到预期的氮气纯度，导致渗氮效果不一致。请讨论可能的影响因素和如何通过调整工艺参数改善渗氮效果。

（5）讨论在气体渗氮实验中可能遇到的安全风险，以及应采取哪些防护措施来确保实验人员和环境的安全？

（6）有些钢材对渗氮响应不良，原因是什么？钢材的哪些成分会影响其对渗氮的响应，并说明其原理。

（7）渗氮炉在长期使用后，内部升温和冷却速率与原设置的参数产生了偏差。这可能由什么原因引起？应如何进行炉子的维护和校准？

（8）如何评估气体渗氮处理后钢材的质量？请列举至少三种检测和分析方法，并解释它们对评价渗氮效果的重要性。

第五节　金属表面处理实验

实验一　电镀实验

一、实验目的

（1）掌握金属或其络合离子在阴极上还原成金属的过程。

（2）了解电镀镍镀液的配制及维护措施。

二、实验原理

电镀是利用电解原理在某些金属表面镀上一薄层其他金属或合金的过程，是利用电解作用使金属或其他材料制件表面附着一层金属膜的工艺，从而起到防止腐蚀，提高耐磨性、导电性、反光性及增进美观等作用。

电镀原理即在盛有电镀液的镀槽中，经过清理和特殊预处理的待镀件作阴极，用镀覆金属制成阳极，两极分别与直流电源的负极和正极连接。电镀液由含有镀覆金属的化合物、导电的盐类、缓冲剂、pH调节剂和添加剂等的水溶液组成。通电后，电镀液中的金属离子，在电位差的作用下移动到阴极上形成镀层。阳极的金属形成金属离子进入电镀液，以保持被镀覆的金属离子浓度。在有些情况下，如镀铬，是采用铅、铅锑合金制成的不溶性阳极，它只起传递电子、导通电流的作用。电解液中的铬离子浓度，需依靠定期地向镀液中加入铬化合物来维持。电镀时，阳极材料的质量、电镀液的成分、温度、电流密度、通电时间、搅拌强度、析出的杂质、电源波形等都会影响镀层的质量，需要适时进行控制。

当金属电极浸入含有该金属离子的溶液中时，存在以下的平衡，即金属失电子而溶解于溶液的反应和金属离子得电子而析出金属的逆反应同时存在：

$$M^{n+} \rightleftharpoons M \qquad\qquad (1-1)$$

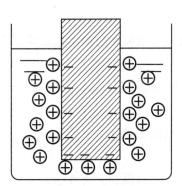

图 1-1　金属与溶液交界处电层示意

当无外加电压时，正、逆反应很快达到动态平衡，表面上，反应似乎处于停顿状态。这时，电极金属和溶液中的金属离子之间建立平衡电位。但由于反应平衡建立前，以金属失电子的氧化反应为主，电极上有多余的电子存在，而靠近电极附近的溶液区有较多的金属离子，即在金属与溶液的交界处出现双电层，如图 1-1 所示。

Ni 是白色微黄的金属，具有铁磁性，相对原子质量为 58.7，密度为 $8.9g/cm^3$。在空气中 Ni 表面易形成薄的钝化膜，因而具有较高的化学稳定性。在常温下 Ni 能抵御大气、水和碱液的浸蚀，在碱、盐、有机酸中稳定，但在硫酸和盐酸中缓慢溶解，易溶于稀硝酸。镍镀层可用作防护装饰性镀层，要求具有较高的耐蚀性，并按需要处理成全光亮、半光亮或锻面等外观。然而，一般镍镀层都是多孔的，除少数产品直接使用外，常与其他镀层组合，用作中间层。

镀镍的电极反应：阴极　　　$Ni^{2+} + 2e \Longrightarrow Ni$

$$2H^+ + 2e \Longrightarrow H_2$$

阳极　　　$Ni - 2e \Longrightarrow Ni^{2+}$

当镀液中阳极活化剂很少，阳极电流密度过高时，阳极发生钝化而析出氧，即

$$2H_2O - 4e \Longrightarrow 4H^+ + O^2$$

生成的氧将氧化阳极表面生成暗棕色三氧化二镍氧化膜，阻止阳极溶解。此时槽电压升高，电能损失增加。

电镀工艺过程一般包括以下三个阶段：

1. 镀前预处理

电镀预处理工艺主要是设法得到干净新鲜的金属表面，为最后获得高质量镀层做准备。其主要包括整平、脱脂、除锈和氧化皮、弱浸蚀（活化处理）及特殊的表面调整等工艺。

（1）整平

预处理的第一步，是要使表面粗糙度达到一定的要求。可选用的方法有磨光、机械抛光、滚光、刷光和喷砂等。其中最常用的方法是抛光。抛光的目的是镀件经过精磨光后，设法消除镀件表面的细微不平，进一步降低表面粗糙度值，从而使表面呈现镜面光泽。抛光一般用于装饰性或装饰——防护性电镀的预处理以及镀后的精加工，也可单独作为制品表面精饰加工的方法。常用的金属抛光方法有机械抛光、化学抛光、电化学抛光（电解抛光）和化学机械抛光。

1）机械抛光

机械抛光是利用抛光轮、精细磨料（如抛光膏等）对制品表面进行轻微切削和研磨，获

得平整光亮表面的过程。抛光时磨料先把凸出的氧化膜抛去，基体金属露出后又很快形成新的氧化膜，再被抛去，如此不断抛光，最终获得光亮表面。

2) 化学抛光

化学抛光是将制品放在特定的酸性或碱性溶液中依靠化学浸蚀作用，获得平整光亮表面的过程。其优点是设备简单，能处理带有深孔等形状复杂的零件，生产率高；缺点是使用寿命短，溶液浓度调节和再生较为困难，并且容易产生有害气体污染环境。

3) 电化学抛光

电化学抛光是将金属制品在一定组成的溶液中进行特殊的阳极处理，获得平整光亮表面的过程，又称电解抛光、电抛光。具体来说，这是一种利用阳极的溶解作用，使阳极凸起部分发生选择性溶解以形成平滑表面的方法。为此，必须使金属表面生成液体膜或固体膜，并通过此膜按稳速扩散的速度产生金属溶解，这要求电化学液必须同时具有能溶解金属和形成保护膜的机能。

电化学抛光的质量通常优于化学抛光。在化学抛光中，由于材料的质量不均匀，会引起局部电位高低不一，产生局部阴阳极区，在局部短路的微电池作用下使阳极发生局部溶解。然而，电化学抛光通过外加电位的作用可以完全消除局部阴阳极区，所以抛光效果更好。它与机械抛光相比，不仅抛光效果好，而且操作简便，抛光厚度易于控制，抛光速度快，能抛形状复杂工件，并且不改变工件的几何形状和金相组织，以及便于自动化生产，节省原材料和劳动力。

4) 化学机械抛光

化学机械抛光是制品通过化学和机械两者的共同作用，获得平整光亮表面的过程。在化学机械抛光设备中有制品(工件)、抛光浆料和抛光垫三个组成部分。抛光浆料含有腐蚀剂、成膜剂和助剂、磨料粒子。抛光垫通常由多孔弹塑性材料制成。加入抛光浆料后，工件与抛光垫之间形成一层抛光浆料膜，工件在压盘施加压力的作用下与抛光垫接触。在抛光过程中，抛光浆料的各种化学物质和磨料粒子流动于工件与抛光垫之间，这样工件在化学和机械的共同作用下逐步实现表面的抛光。

抛光浆料按 pH 值大致可分为两类：①酸性抛光浆料，通常含氧化剂、助氧化剂、抗蚀剂(又称成膜剂)、均蚀剂、pH 调制剂和磨料粒子；②碱性抛光浆料，通常含络合剂、氧化剂、分散剂、pH 调制剂和磨料粒子。由于碱性抛光浆料只有在强碱中才有很宽的腐蚀范围，故其应用远不如酸性抛光浆料。

化学机械抛光避免了机械抛光易损伤工件表面和化学抛光速度慢、抛光一致性差等缺点，显著提高抛光质量，因而受到人们的重视。

(2) 脱脂

预处理的第二步是脱脂。镀件在机械加工、半成品存放运输中都会黏附上各种油脂，无论多少都必须在镀前除尽。可选用的方法有化学脱脂、电化学脱脂、有机溶剂脱脂、超声波脱脂、表面活性剂脱脂等。

（3）除锈和氧化皮

通常利用化学和电化学方法，通过一定的浸蚀液来除去镀件表面的锈蚀物、氧化皮。浸蚀前务必脱脂，否则，浸蚀液不能与金属氧化物充分接触，达不到预期效果。浸蚀液要根据镀件材质和养护物的性质来选择。

（4）弱浸蚀（活化处理）

弱浸蚀目的是除去工件待镀过程中所生成的薄层氧化膜，使基体暴露而处于活化状态，保证镀层与基体之间有良好的结合。弱浸蚀液浓度低，处理时间也短，从数秒到1min，并且通常在室温下进行。弱浸蚀也包括化学和电化学两种方法。

（5）特殊的表面调整

弱浸蚀是一种活化处理，为常用的表面调整方法，以使下一步电镀工序顺利进行。实际上，表面调整除弱浸蚀外，还有浸渍沉积、置换镀、预镀等方法，有的在基体表面沉积晶核来提高镀层的结晶质量，而有的在基体表面预镀其他金属以改变基体表面的电化学状态。

2. 电镀

电镀包括工艺规范、镀液的配制、成分和工艺条件的控制、添加剂、电极反应、镀液的维护、故障及处理等内容，以保证获得高质量的镀层。

3. 镀后处理

（1）钝化处理。钝化处理是指在一定的溶液中进行化学处理，在镀层上形成一层坚实致密的、稳定性高的薄膜的表面处理方法。钝化使镀层耐蚀性大大提高并能增加表面光泽和抗污染能力。

（2）除氢处理。有些金属（如锌）在电沉积过程中，除自身沉积出来外，还会析出一部分氢，这部分氢渗入镀层中，使镀件产生脆性，甚至断裂，称为氢脆。为了消除氢脆，在电镀后，使镀件在一定的温度下热处理数小时，称为除氢处理。

三、实验设备及材料

硫酸镍、氯化镍、硼酸、润湿剂、盐酸、酒精、卡尺、砂纸、直流电源、电镀槽、电子天平。

四、实验内容与步骤

（1）试件编号、测量。

（2）将试件磨光和脱脂。

（3）把试件浸蚀或酸洗。

（4）进行电镀。

（5）镀后处理。

五、数据记录

始镀时间：				终镀时间：	
试件编号：	试件材料：		第一次	第二次	第三次
试件尺寸/mm	长度×宽度				
	厚度				
	小孔直径				
	表面积				
镀液成分：					
试件质量/g	镀前 w_0				
	镀后 w_1	未进行后处理			
		进行后处理			
增加质量 $w_1 - w_0$					

六、结果处理

在电镀实验中，镀液成分和试件表面尺寸存在不均匀性，所得的数据分散性较大，通常要采用 2~5 个平行实验。本实验采用 3 个小组的 3 个平行实验，取其中 2 组相近数据的平均值，计算电镀沉积速率。

七、实验报告要求

(1)分析电镀的优点和缺点及适用范围。

(2)分析实验的误差来源。

八、思考题

(1)电镀实验中，选择哪种电镀溶液？不同溶液对电镀效果有什么影响？

(2)在电镀过程中，如何控制电流密度和电镀时间？它们对镀层质量有什么影响？

(3)讨论电镀实验中，阴极和阳极的作用及其对电镀过程的影响。如何选择合适的阴极和阳极材料？

(4)电镀实验中，如何提高镀层的附着力和耐腐蚀性能？有哪些后处理技术可以用于优化镀层性能？

(5)分析电镀过程中，溶液的 pH 值和温度对电镀效果的影响。如何控制这些参数以达到最佳的电镀效果？

实验二　化学镀实验

一、实验目的

(1)掌握化学镀施镀工艺过程。

(2)了解化学镀镍磷合金镀液的配制及维护措施。

二、实验原理

1. 化学镀

化学镀是指在无外电流通过的情况下，利用还原剂将电解质溶液中的金属离子化学还原在呈活性催化的镀件表面，沉积出与基体牢固结合的镀覆层。化学镀不是由电源提供金属离子还原所需的电子，而是靠溶液中的还原剂来提供。

化学镀按电子获取途径的不同，可分为以下三种类型：

(1)置换法。利用基体金属的电位比镀层金属负，将镀层金属离子从溶液中置换在基体金属表面，电子由基体金属给出。这种方法应用不多，原因是：放出电子的过程是在基体表面进行的，当表面被溶液中析出的金属完全覆盖时，还原反应立刻停止，因而镀层很薄；同时，还原反应是通过基体金属的腐蚀才得以进行的，这使镀层与基体的附着力不佳。

(2)接触镀。将基体金属与另一种辅助金属(第三种金属)接触后浸入溶液后构成原电池。辅助金属的电位低于镀层金属，而基体金属的电位比镀层金属正。在上述的原电池中，辅助金属为阳极，被溶解释放出电子，由此再将镀层金属离子还原在基体金属表面。接触镀与电镀类似，区别在于前者的电流是靠化学反应供给的，而后者是靠外电源。接触镀虽然缺乏实际应用意义，但可考虑应用于非催化活性基材上引发化学镀过程。

(3)还原法。在溶液中添加还原剂，利用还原剂被氧化时释放出电子，再把镀层金属离子还原在基体金属表面。如果还原反应不加以控制，使反应在整个溶液中进行，这样的沉积是没有实用价值的。因此，这里所说的还原法专指在具有催化能力的活性表面沉积出金属镀层，由于镀覆过程中沉积层仍具有自催化能力，因而能连续不断地沉积形成一定厚度的镀层。

2. 化学镀镍磷合金

用还原剂将镀液中的镍离子还原为金属镍并沉积到基体金属表面的方法称为化学镀镍磷合金。化学镀镍磷合金使用的还原剂包括次磷酸盐、硼氢化物、氨基硼烷、肼及其衍生物等，其中以次磷酸盐为还原剂的酸性镀液是使用最广泛的化学镀镍磷合金液。

(1)原子氢态理论

原子氢态理论认为，镀件表面(催化剂、如先沉淀析出的镍)的催化作用使次磷酸根分解析出初生态原子氢，部分原子氢在镀件表面遇到镍离子就使其还原成金属镍，部分原子氢与次亚磷酸根离子反应生成的磷与镍反应生成镍化磷，部分原子态氢结合在一起就形成氢气。

$$H_2PO_2 + H_2O \Longrightarrow HPO_3^- + 2H + H^+$$

$$Ni^{2+} + 2H \Longrightarrow Ni + 2H^+$$

$$H_2PO_2^- + H \Longrightarrow H_2O + OH^- + P$$

$$3P + Ni \Longrightarrow NiP_3$$

$$2H \Longrightarrow H_2 \uparrow$$

（2）电化学理论

电化学理论认为，次磷酸根被氧化释放出电子，使镍离子还原为金属镍。镍离子、次磷酸根、氢离子吸附在镀件表面形成原电池，电池的电动势驱动化学镀镍磷合金过程不断进行，在原电池阳极与阴极将分别发生下列反应：

$$Ni^{2+} + H_2PO_2^{2-} + H_2O \Longrightarrow H_2PO_2^{2-} + 2H^+ + Ni \downarrow$$

$$H_2PO_2^{2-} + e \Longrightarrow P \downarrow + 2OH^-$$

$$2H \Longrightarrow H_2 \uparrow$$

化学镀是一个催化的还原过程，还原作用仅仅发生在催化表面，如果被镀金属本身是反应的催化剂，则化学镀的过程就具有自动催化作用。反应生成物本身对反应的催化作用，使反应不断继续下去。

3. 镀液成分及工艺条件

以次磷酸盐为还原剂的化学镀镍磷合金溶液有两种类型，酸性镀液和碱性镀液。酸性镀液的特点是溶液比较稳定易于控制，沉积速度较快，镀层中磷的质量分数较高（2% ~ 11%）。碱性镀液的 pH 值范围较宽，镀层中磷的质量分数较低（3% ~ 7%），但镀液对杂质比较敏感，稳定性较差，难维护，所以这类镀液不常使用。

镍盐是镀液主盐，一般使用硫酸镍，其次是氯化镍。镍盐浓度高，镀液沉积速度快，但稳定性下降。次磷酸钠作为还原剂通过催化脱氢，提供活泼的氢原子，把镍离子还原成金属，同时使镀层中含有磷的成分。

三、实验设备及材料

硫酸镍、氯化镍、次磷酸钠、柠檬酸钠、盐酸、酒精、卡尺、砂纸、化学镀镀槽、电子天平。

四、实验内容与步骤

（1）试件编号、测量。

（2）将试件磨光和脱脂。

（3）把试件活化。

（4）进行化学镀。

（5）镀后处理。

五、数据记录

始镀时间：				终镀时间：	
试件编号：	试件材料：		第一次	第二次	第三次
试件尺寸/mm	长度×宽度				
	厚度				
	小孔直径				
	表面积				
镀液成分：					
试件质量/g	镀前 w_0				
	镀后 w_1	未进行处理			
		进行处理			
增加质量 $w_1 - w_0$					

六、结果处理

在化学镀实验中，镀液成分和试件表面尺寸存在不均匀性，所得的数据分散性较大，通常要采用 2~5 个平行实验。本实验采用 3 个小组的 3 个平行实验，取其中 2 组相近数据的平均值，计算化学镀沉积速率。

七、实验报告要求

（1）分析化学镀的优点和缺点及适用范围。

（2）分析实验的误差来源。

八、思考题

（1）化学镀实验中，镀液的主要成分是什么？这些成分分别起到什么作用？

（2）化学镀的沉积机理是什么？它是如何工作的？

（3）在化学镀实验中，如何控制镀液的 pH 值和温度？这些因素对镀层质量有什么影响？

（4）讨论化学镀实验中，不同金属或合金的化学镀特性。哪些金属或合金更容易进行化学镀？

（5）化学镀实验中，如何提高镀层的附着力和耐腐蚀性能？有哪些后处理技术可以用于优化镀层性能？

实验三　常温发黑实验

一、实验目的

(1) 掌握常温发黑工艺过程。

(2) 了解发黑液的配制方法及维护措施。

二、实验原理

钢铁的化学氧化是指钢铁在含有氧化剂的溶液中进行处理，使其表面生成一层均匀的蓝黑到黑色膜层的过程，也称钢铁的发蓝或发黑。钢铁材料表面黑化是一种常用的化学处理手段，其目的是改进金属表面性能，减少机械产品在运转过程中的闪光以减轻眼睛的疲劳，是金属材料腐蚀与防护的有效方法之一。与高温发黑相比，常温发黑具有节能、高效、操作简便、成本较低、环境污染小等优点。

钢铁件发黑膜的形成过程大多数的看法是：在氧化剂的作用下，零件表面的 Fe 被溶解，在金属铁和溶液界面处形成 Fe_2O_3 的过饱和溶液，进而在促进剂的作用下，在金属表面的活性点上形成氧化物晶脆，并逐渐增长形成一层连续成片的氧化膜。其主要反应如下：

$$Fe + 2H^+ =\!=\!= Fe^{2+} + H_2 \uparrow$$

$$Cu^{2+} + 2e =\!=\!= Cu \downarrow$$

$$Cu + L(发黑剂) =\!=\!= Cu_2O$$

多数人认为，当钢钉浸入发黑液中时，钢铁件表面的 Fe 置换了溶液中的铜离子，铜覆盖在工件表面，即

$$CuSO_4 + Fe =\!=\!= FeSO_4 + Cu \downarrow$$

覆盖在工件表面的金属铜进一步与亚硒酸反应，生成黑色的硒化铜表面膜，即

$$3Cu + 3H_2SeO_3 =\!=\!= 2CuSeO_3 + CuSe \downarrow + 3H_2O$$

也有人认为，除上述机理外，钢铁表面还可以与亚硒酸发生氧化还原反应，生成的硒离子与溶液中的铜离子结合生成硒化铜黑色膜。

常温发黑液主要由成膜剂、pH 缓冲剂、络合剂、表面润湿剂等组成。这些物质的正确选用和适当的配比是保证常温发黑质量的关键。

(1) 成膜剂。在常温发黑液中，最主要的成膜物质是铜盐和亚硒酸，它们最终在钢铁表面生成黑色 CuSe 膜。在含磷发黑液中，磷酸盐也可参与生成磷化膜，可称为辅助成膜剂。辅助成膜剂的存在可以改善发黑膜的耐蚀性和附着力等性能。

(2) pH 值缓冲剂。常温发黑一般将 pH 值控制在 2~3。若 pH 值过低，则反应速度太

快，膜层疏松，附着力和耐蚀性下降。若 pH 过高，反应速度缓慢，膜层太薄，且溶液稳定性下降，易产生沉淀。在发黑处理过程中，随着反应的进行，溶液中的氢离子不断消耗，pH 值将升高。加入缓冲剂的目的就是维持发黑液的 pH 值在使用过程中的稳定性。磷酸 – 磷酸二氢盐是常用的缓冲剂。

(3)络合剂。常温发黑液中的络合剂主要用来络合溶液的亚铁离子和铜离子，但对这两种离子络合的目的是不同的。

当钢铁浸入发黑液中时，在氧化剂和酸的作用下，Fe 被氧化成亚铁离子进入溶液。溶液中的亚铁离子可以被发黑液中的氧化性物质和溶解氧进一步氧化成铁离子。微量的铁离子即可与硒酸根生成硒酸铁白色沉淀，使发黑液混浊失效。若在发黑液中添加如柠檬酸、抗坏血酸等络合剂时，它们会与亚铁离子生成稳定的络合物，避免了亚铁离子的氧化，起到稳定溶液的作用。因此，这类络合剂也称溶液稳定剂。

另外，表面膜的生成速度对发黑膜的耐蚀性、附着、致密度等有很大的影响。发黑速度太快会造成膜层疏松，使附着力和耐蚀性下降。因此，为了得到较好的发黑膜，必须控制好反应速度，不要使成膜速度太快。有效降低反应物浓度，可以使成膜反应速度降低。铜离子是主要成膜物质，加入柠檬酸、酒石酸盐、对苯二酚等能与铜离子形成络合物的物质，可以有效地降低铜离子浓度，使成膜时间延长至 10min 左右。这类络合剂也称速度调整剂。

(4)表面润湿剂。表面润湿剂的加入可降低发黑溶液的表面张力，使液体容易在钢铁表面润湿和铺展，这样才能保证得到均匀一致的表面膜。所使用的表面润湿剂均为表面活性剂，常用的有十二烷基磺酸钠、OP – 10 等。有时也将两种表面活性剂配合使用，效果可能会更好。表面润湿剂的用量一般不大，通常占发黑液总质量的 1% 左右。

三、实验设备及材料

硫酸铜、硫酸镍、葡萄糖、甘油、盐酸、酒精、卡尺、砂纸、发黑槽、电子天平。

四、实验内容与步骤

(1)试件编号、测量。

(2)将试件磨光和脱脂。

(3)把试件活化。

(4)进行发黑。

(5)发黑后处理。

五、数据记录

开始发黑时间：　　　　　　　　　　　　　　　　　　　　　　　　最终发黑时间：

试件编号：		试件材料：		第一次	第二次	第三次
试件尺寸/mm	长度 × 宽度					
	厚度					
	小孔直径					
	表面积					
镀液成分：						
试件质量/g	发黑前 w_0					
	发黑后 w_1	未进行后处理				
		进行后处理				
增加质量 $w_1 - w_0$						

六、结果处理

在发黑实验中，发黑液成分和试件表面尺寸存在不均匀性，所得的数据分散性较大，通常要采用 2~5 个平行实验。本实验采用 3 个小组的 3 个平行实验，取其中 2 组相近数据的平均值，计算沉积速率。

七、实验报告要求

(1)分析发黑的优点和缺点及适用范围。

(2)分析实验的误差来源。

八、思考题

(1)常温发黑实验中，发黑液的主要成分是什么？这些成分如何共同作用使金属表面形成黑色氧化膜？

(2)在常温发黑实验中，如何控制发黑液的浓度和 pH 值？这些因素对氧化膜的形成有什么影响？

(3)常温发黑实验中，金属表面的预处理(如除锈、除油)对最终氧化膜的质量有什么影响？如何进行有效的预处理？

(4)讨论常温发黑实验中，温度、时间和搅拌等因素对氧化膜性能的影响。如何确定最佳的发黑条件？

(5)与传统的热浸镀锌、电镀等防腐方法相比，常温发黑有哪些优势和局限性？在哪些应用场景中更为适用？

实验四　电弧喷涂及喷熔实验

一、实验目的

(1)掌握电弧喷涂加工工艺。

(2)了解锌铝合金涂层的结构特点。

二、实验原理

电弧喷涂是指利用某种热源将喷涂材料迅速加热到熔化或半熔化状态，再经过高速气流或焰流使其雾化，并以一定速度喷射到经过预处理的材料或制件表面，从而形成涂层的一种表面技术。采用电弧喷涂技术不仅能使零件表面获得各种不同的性能，如耐磨、耐热、耐腐蚀、抗氧化和润滑性能，而且在许多材料(金属、合金、陶瓷、水泥、塑料、石膏、木材等)表面上都能进行喷涂。喷涂工艺灵活，喷涂涂层厚度可达到 0.5~5mm，而且对基体材料的组织和性能的影响很小。

1. 喷涂过程

喷涂时，喷涂材料从进入热源到形成涂层可以划分为四个阶段，如图 4-1 所示。

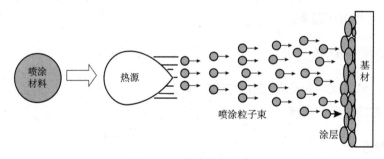

图 4-1　喷涂阶段示意

(1)喷涂材料的熔化阶段。该阶段利用热源将喷涂材料加热到熔化或半熔化状态。

(2)熔化或半熔化状态的喷涂材料发生雾化阶段。线材喷涂时，进入热源高温区的线材熔化成液滴被高速气流或焰流雾化成细小熔滴向前喷射；粉末喷涂时，直接被高速气流或焰流推动而向前喷射。

(3)粒子的飞行阶段。熔化或半熔化的细小颗粒首先被高速气流或焰流加速，当飞行一定距离后速度减慢。

(4)粒子的喷涂阶段。具有一定速度和温度的细小颗粒到达基材表面，并且发生强烈的碰撞。

2. 涂层的形成

粒子在强烈碰撞基材表面及经碰撞已形成的涂层的瞬间,把动能转化为热能后传给基材,同时粒子在凹凸不平的基材表面发生变形而形成扁平状粒子并且迅速凝固成涂层(见图4-2)。喷涂时细小的粒子不断飞至基材表面,产生碰撞—变形—冷凝的过程,变形粒子与基材之间及粒子与粒子之间相互交叠在一起,形成涂层。

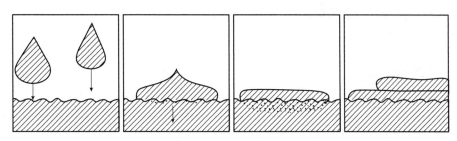

图4-2 涂层形成示意

喷涂层是由无数变形粒子互相交错呈波浪式堆叠在一起的层状组织结构。颗粒之间不可避免存在一部分孔隙或空洞,其孔隙率为4% ~20%。涂层中还可能存在氧化物或其他夹杂物。采用等离子弧等高温热源、超声速喷涂以及低压或保护气氛喷涂,可减少上述缺陷,改善涂层结构和性能。

3. 涂层结合机理

涂层的结合包括涂层与基材的结合及涂层与涂层的结合。前者的结合强度称为结合力,后者的结合强度称为内聚力。

涂层与基材之间的结合机理可能有以下几种类型:

(1)机械结合,又称抛锚效应,其与基材表面的粗糙程度密切相关,使用喷砂、粗车、车螺纹、化学腐蚀等粗化基材表面的方法,可以提高结合力。

(2)物理结合,即熔融粒子撞击基材表面后两者距离达到晶格常数范围内时,产生范德华力,这要求基材表面达到干净和活化状态,如喷砂后立即热喷涂可以提高结合力。

(3)扩散结合,即熔融粒子撞击基材表面,基材表面的原子得到足够的能量,通过扩散形成一层固溶体或金属间化合物,增加了涂层与基材之间的结合强度。

(4)冶金结合,即在一定情况下(如基材预热、喷涂粒子有高的熔化热、喷涂粒子本身发生放热化学反应),熔融粒子与拒不熔化的基材之间发生"焊合"现象,形成微区冶金结合。

三、实验设备及材料

电弧喷涂机、空压机、喷砂机、锌丝、铝丝、卡尺、砂纸、电子天平。

四、实验内容与步骤

(1)试件编号、测量。

(2)将试件喷砂。

(3)把试件除尘。

(4)进行电弧锌铝合金喷涂。

(5)喷涂后处理。

五、数据记录

开始喷涂时间：				最终喷涂时间：	
试件编号：	试件材料：		第一次	第二次	第三次
试件尺寸/mm	长度 × 宽度				
	厚度				
	小孔直径				
	表面积				
镀液成分：					
试件质量/g	喷涂前 w_0				
	喷涂后 w_1	未进行后处理			
		进行后处理			
增加质量 $w_1 - w_0$					

六、结果处理

在喷涂实验中，涂层厚度和试件表面尺寸存在不均匀性，所得的数据分散性较大，通常要采用 2~5 个平行实验。本实验采用 3 个小组的 3 个平行实验，取其中 2 组相近数据的平均值，计算沉积速率。

七、实验报告要求

(1)分析电弧喷涂的优点和缺点及适用范围。

(2)分析实验的误差来源。

八、思考题

(1)在电弧喷涂及喷熔实验中，如何控制电弧的稳定性，以获得质量良好的涂层？

(2)电弧喷涂及喷熔过程中，涂层的孔隙率和粗糙度是如何变化的？如何优化这些参数以提高涂层的性能？

（3）讨论电弧喷涂及喷熔实验中，涂层与基材之间的结合强度及其影响因素。如何提高结合强度以保证涂层的质量和可靠性？

（4）讨论电弧喷涂及喷熔实验中涂层的耐磨性能和硬度。这些性能如何影响涂层的应用范围和使用寿命？

（5）在电弧喷涂及喷熔实验中，如何检测和评估涂层的性能？有哪些标准和测试方法可以用于评估涂层的性能和质量？

第三章　机械工程材料性能实验

第一节　金属力学性能实验

实验一　金属硬度实验

一、实验目的

(1)掌握含碳量对铁碳合金(20钢、45钢、T8钢、T12钢等)显微组织的影响。

(2)掌握布氏、洛氏、维氏硬度计的使用方法及硬度的测量方法。

二、实验原理

铁碳合金的显微组织是研究和分析钢铁材料性能的基础。平衡状态的显微组织是指合金在极为缓慢的冷却条件下(如退火状态即接近平衡状态)所得到的组织。可以根据 Fe - Fe$_3$C 相图来分析铁碳合金在平衡状态下的显微组织,如图 1 – 1 所示。

铁碳合金的平衡组织主要是指碳钢和白口铸铁的室温组织。从图 1 – 1 可见,碳钢和白口铁的室温组织均由铁素体和渗碳体这两个基本相组成。但是由于含碳量不同,铁素体和渗碳体的相对数量,析出条件以及分布情况均有所不同,因而呈现各种不同的组织形态。

1. 铁碳合金的基本组织及特征

(1)奥氏体(A)

碳溶解 γ – Fe 中的间隙固溶体。其最大溶碳量为 2.11% ,碳钢中的奥氏体仅能在高温下(大于 723℃)存在,在高温金相显微镜下可观察到。而在某些合金钢,也称奥氏体钢中(如高锰钢、18 – 8 不锈钢),由于含有大量扩大 γ 相区的元素,才能在室温下观察到。此外,碳钢和合金钢在淬火后有时还保留部分奥氏体至室温。

碳钢中的高温奥氏体组织,在光学显微镜下呈多边形晶粒,其晶粒内部往往出现平行的孪晶带,这是由于加热和冷却过程中所产生的热应力使奥氏体发生塑性变形所致。

奥氏体的硬度较低,一般为170~220HBS,塑性好,所以钢在压力加工时,都要加热到形成奥氏体温度。

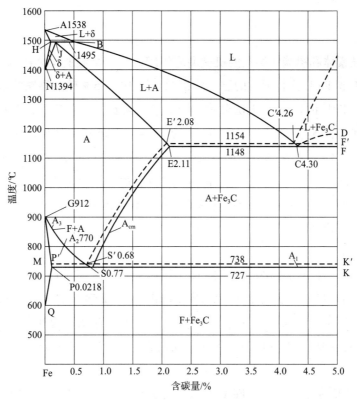

图 1-1　Fe-Fe$_3$C 相图

（2）铁素体（F）

碳溶解在 α-Fe 中的间隙固溶体。其溶碳量随着温度的改变而变化，其最大的溶碳量在 723℃时为 0.02%。

经 3%～5% 硝酸酒精溶液浸蚀后呈白色的多边形晶粒，黑色网是晶粒边界。重浸蚀后晶粒呈明暗不同的颜色，这是由于各晶粒的位向不同，显示出各晶粒具有不同的耐腐蚀性。亚共析钢中，随着含碳量的增加，珠光体量增加而铁素体量减少，当铁素体量多时，它呈块状分布，而当钢的含碳量接近共析成分时，铁素体在珠光体的边界上呈网状分布。铁素体硬度低，一般为 80～120HBS，强度也较低。但塑性和韧性都好，所以低碳钢适合作为冷冲压材料。

（3）渗碳体（Fe$_3$C）

渗碳体是铁和碳的一种化合物，含碳量为 6.67%，在铁碳合金中，当碳含量超过其溶解度时，多余的碳就以 Fe$_3$C 出现。

Fe$_3$C 的抗腐蚀能力较强，经 3%～5% 硝酸酒精溶液浸蚀后呈白亮色。Fe$_3$C$_I$ 直接从液体中析出，呈粗大条状分布在莱氏体中，Fe$_3$C$_{II}$ 由奥氏体中析出，由于量少而沿奥氏体晶界析出，随后奥氏体变成珠光体，故 Fe$_3$C$_{II}$ 呈网状分布在 P 的边界上。

Fe$_3$C 的硬度很高，达到 800HB，它是一种硬而脆的相，所以强度、塑性都很差。故单纯的 Fe$_3$C 或以 Fe$_3$C 为基体的铁碳合金没有实用价值，只有在 F 基体上配合适量 Fe$_3$C

才可用。

(4)珠光体(P)

珠光体是铁素体和渗碳体两相的机械混合组织。是由高温奥氏体冷却到723℃发生共析反应得到的F和Fe$_3$C交替形成的层片状组织。经3%~5%硝酸酒精溶液浸蚀后，在低的倍数下观察，其中F与Fe$_3$C无法分辨，呈黑色乌云状，在中等倍数下观察，片状珠光体中F呈白亮色，而Fe$_3$C呈黑色条纹状，这是因为在片状珠光体中铁素体片宽。当放大倍数很高时，F和Fe$_3$C片状形态都能真实地反映出来。F和Fe$_3$C都保持成平面，由于前者不易被浸蚀，故凸出于F之外，但在两者接界处，由于浸蚀时电化学作用较剧烈，产生的凹陷在直射光照射下光线被散射而呈黑色。片状珠光体硬度为190~230HB，随着片层间距的变小而硬度升高。

(5)莱氏体(L'd)

莱氏体是一个两相共晶组织。在723℃以上是A和Fe$_3$C共晶的机械混合物。在723℃时，L'd发生共析反应，而变成珠光体，所以室温下观察的莱氏体组织是渗碳体+珠光体的机械混合物，Fe$_3$C中包括共晶Fe$_3$C和Fe$_3$C$_{II}$，但由于连在一起而分辨不开，经3%~5%硝酸酒精溶液浸蚀后，L'd的组织特征是在白亮色Fe$_3$C基体上分布着许多黑色点状或条状的P。

L'd和P的不同在于前者是在Fe$_3$C的基体上分布着P，后者是在F基体上分布着Fe$_3$C。

莱氏体硬度很高，达到700HB，性脆，它一般存在于含碳量大于2.11%的白口铁中，在某些高碳合金钢的铸造组织中也会出现。

2. 布氏硬度的基本原理

硬度是表征材料强度特性的一种重要性质。硬度试验方法很多，但用得最广泛的是压入法，在压入法中最常用的是布氏硬度和洛氏硬度法。

压入法测定硬度的方法是：用一坚硬而不发生永久变形的物体压入金属表面时，金属抵抗在其表面产生局部塑性变形的能力。

因为硬度值的大小能说明金属材料的耐磨性的好坏，同时与金属强度指标之间存在一定的近似关系，实验时不破坏工件，而且试验设备简单，操作方便、迅速。所以，硬度试验是机械性能试验中用得最广泛的一种。

布氏硬度试验是施加一定大小的载荷P，将直径为D的钢球压入被测金属表面(见图1-2)保持一定时间，然后卸除载荷，根据钢球在金属表面压出凹痕面积$F_凹$求出平均压力值，以此作为硬度值的计算指标，并用符号HB表示。

其计算公式如式(1-1)所示：

$$HB = P/F_凹 = \frac{P}{\pi D(D - \sqrt{D^2 - d^2})} \qquad (1-1)$$

式中　HB——布氏硬度值；

　　　P——载荷，kgf；

$F_凹$——凹 – 压痕面积，mm^2；

　　D——钢球直径，mm；

　　d——压痕直径。

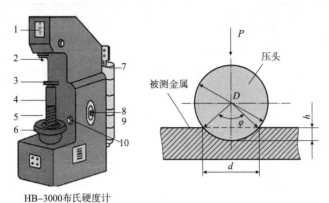

HB–3000布氏硬度计

图 1 – 2　布氏硬度试验原理

1—指示灯；2—压头；3—工作台；4—立柱；5—丝杠；6—手轮；
7—载荷砝码；8—压紧螺钉；9—时间定位器；10—加载按钮

　　式（1 – 1）中只有 d 是变数，故只需测出压痕直径 d，根据已知 D 和 P 值即可计算出 HB 值。在实际测量时，可由测出的压痕直径 d 直接查表得到 HB 值。

　　由于金属材料有硬有软，所测工件有厚有薄，若只采用同一种载荷和钢球直径时，则对硬的金属适合，而对软的金属就不适合，会发生整个钢球陷入金属中的现象；若对于厚的适合，则对于薄的工件出现压透的可能，所以在测定不同材料的布氏硬度值时就要求有不同的载荷 P 和钢球直径 D。为了得到统一的、可以相互进行比较的数值，必须使 P 和 D 之间维持某一比值关系，以保证得到的压痕形状的几何相似关系，其必要条件是使压入角 φ 保持不变。

　　根据相似原理可知：

$$HB = \frac{P}{D^2}\frac{1}{\frac{\pi}{2}\left(1 + \sqrt{1 + \sin^2\frac{\varphi}{2}}\right)} \qquad (1-2)$$

　　由式（1 – 2）可知，当 φ 值为常数时，为使 HB 值相同，P/D^2 值为 30、10、2.5 时，钢球的直径 D 为 10mm、5mm、2.5mm。

　　根据上述要求，规定不同材料不同厚度的金属，测定布氏硬度的实验条件可参考表 1 – 1。

　　布氏硬度试验主要用于室温下黑色、有色金属原材料检验，也可用于退火、正火钢铁零件的硬度测试。GB/T 231—2009《金属材料　布氏硬度试验　第 1 部分：试验方法》中可测范围：＜450HB（650HB），HBS 表示用淬火钢球，适用于硬度值在 450 以下的材料，HBW 表示用钨合金钢球，适用于硬度值在 450 以上的材料。

表 1 – 1　布氏硬度试验规程

材料种类	硬度值范围/ HB	试样厚度/ mm	载荷与钢球 直径的关系	钢球直径 D/ mm	负荷/kg	负荷持续 时间/s
黑色金属 铁、钢	140 ~ 450	>8	$P = 30D^2$	10	3000	10
		8 ~ 3		5	750	
		<3		2.5	187.5	
	<140	>8	$P = 30D^2$	10	3000	30
		8 ~ 3		5	750	
		<3		2.5	187.5	
铜镁有色 金属及合金	31.8 ~ 130	>8	$P = 10D^2$	10	1000	30
		8 ~ 3		5	250	
铝及轴承 合金	8 ~ 35	>8	$P = 2.5D^2$	10	250	60

3. 洛氏硬度试验的基本原理

洛氏硬度与布氏硬度一样也属于压入硬度法，但布氏硬度由于钢球本身存在变形的问题，对太硬（HB >450）的金属材料不能采用，同时由于压痕较大，不宜于某些成品检验和薄件检验。洛氏硬度是根据压痕深度来确定硬度值指标的，所以不存在上述缺点。根据金属材料软硬程度不一，可选用不同的压头和载荷配合使用，最常用的是 HRA、HRB 和 HRC。这三种洛氏硬度的压头、负荷及使用范围见表 1 – 2。洛氏硬度测定时，需要先后两次施加载荷（预载荷和主载荷），预加载荷的目的是使压头与试样表面接触良好，以保证测量结果准确。

表 1 – 2　洛氏硬度试验条件及应用范围

洛氏硬度值	压头	载荷/kg	常用硬度范围	应用
HRA	120°金刚石圆锥	150	20 ~ 87（相当：230 ~ 700HB）	测量中等硬度的金属材料，如淬火钢及 HB >450 的材料
HRB	120°金刚石圆锥	80	>70（相当：HB >700）	测量极薄（厚度为 0.3 ~ 0.5mm）极硬（HRC >75）的材料
HRC	直径 1/18 （1.588mm）的钢球	100	25 ~ 100（相当：80 ~ 230HB）	测量退火钢，有色金属等软而薄的材料

洛氏硬度试验主要用于室温下金属材料热处理后的产品硬度测试，测量范围为 20 ~ 67HRC；60 ~ 85HRA；25 ~ 100HRB，测试标准为 GB/T 231.1—2018《金属材料　洛氏硬度试验　第 1 部分：试验方法》。

如图 1 – 3 所示，0 – 0 位置为未加载荷时的压头位置，1 – 1 位置为加上 10kgf 预加载荷后的位置，此时压入深度为 h_1，2 – 2 位置为加上主载荷后的位置，此时压入深度为 h_2，

h_2 包括由加载引起的弹性变形和塑性变形，卸除主载荷后，由于弹性变形恢复而稍提高到 3 – 3 位置，此时压入深度为 h_3。洛氏硬度是以主载荷引起的残余压入深度（$h = h_3 - h_1$）来表示。但这样直接以压入深度的大小表示深度，将会出现硬的金属硬度值较小，而软的金属硬度值较大的现象，这与布氏硬度所标志的硬度值大小的概念相矛盾。为了与习惯上数值越大硬度越高的概念相一致，采用一常数（K）减去（$h_3 - h_1$）的差值表示硬度值。为简便起见，又规定每 0.002mm 压入深度作为一个硬度单位（刻度盘上一小格）。HRS – 150A 型洛氏硬度计操作说明如图 1 – 4 所示。

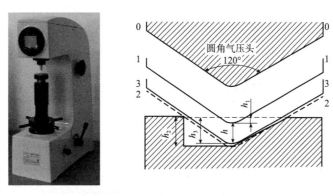

图 1 – 3　洛氏硬度试验原理

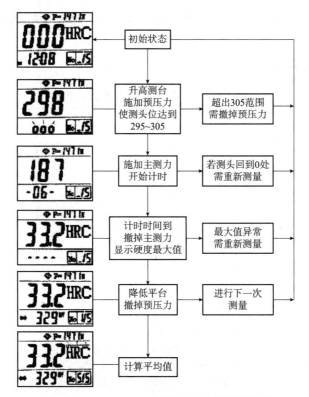

图 1 – 4　HRS – 150A 型洛氏硬度计操作说明

4. 肖氏硬度测试实验的基本原理

以一个圆锥形金刚石(或钢球)标准冲头从一定高度自由下落到试样的表面,以冲头回弹的高度来计算即为肖氏硬度值。肖氏硬度值用 HS 表示,并在符号后注以 C、D 型号。其计算公式为:

$$HS = k \frac{h_2}{h_1} \qquad (1-3)$$

式中　k——系数,C 型硬度 $k = 104/65$;D 型硬度 $k = 140$;

　　　h_1——冲头自由下落的高度,mm;

　　　h_2——冲头落于试样表面后的回弹高度,mm。

C、D 型肖氏硬度的技术参数如表 1-3 所示。

表 1-3　C、D 型肖氏硬度技术参数

项目	C 型	D 型
冲头重量/N	0.0231	0.3550
下落高度 h_1/mm	254	19
冲击速度/(m/s)	2.23	0.61
回弹高度 h_2/mm	165.1	12.35

适用范围:肖氏硬度试验主要用于在室温条件下测定精度要求不高的金属及合金大型工件的硬度测试。

各硬度允许误差范围见表 1-4。

表 1-4　硬度值计的允许示值误差

硬度种类	示值范围	允许示值误差
布氏硬度	当负荷≥1839N	< ±3%
	当负荷<1839N	< ±4%
洛氏硬度	60~85HRA	±1.0
	40~65HRC	±1.0
	25~35HRC	±1.2
	75~95HRB	±1.2
	40~60HRB	±1.5
维氏硬度	当负荷>98N	≤ ±2.0%
	当负荷≤98N	≤ ±3.0%
显微维氏硬度	当负荷为4.9N和9.8N时,700~800HV	≤ ±3.0%
	当负荷为1.96N时,700~800HV	≤ ±4.0%
	当负荷为0.98N时,400~500HV	≤ ±4.0%
	当负荷为0.49N时,200~300HV	≤ ±5.0%
肖氏硬度	HSD	≤ ±2.5

5. 维氏硬度测试实验(Vicker's hardness)的基本原理

以一相对两面夹角为136°的金刚石正四棱锥形压头，在一定的负荷作用下，压入试样表面，经规定的保荷时间卸除负荷后，计量残留压痕两对角线长度(见图1-5)，并由此求出平均值。由实验负荷与残留压痕表面积之商计算出维氏硬度值。维氏硬度值用 HV 表示，其计算公式为：

$$HV = 0.102\frac{F}{A} = 0.1891\frac{F}{d^2} \tag{1-4}$$

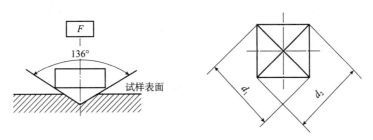

图1-5　维氏硬度实验原理示意

适用范围：维氏硬度试验主要用于在室温下薄板材或金属表层的硬度测定以及较精确的硬度测定。适用测量范围为 8~1000HV。测量标准有 GB/T 4340.1—2024《金属材料维氏硬度试验　第1部分：试验方法》。

研究新型复杂合金的显微组织时，常常有必要来评定各个独立组织组成物的硬度，特别是研究合金在经受热处理、焊接以及压力加工以后内部组织所发生的变化；或是测定经化学热处理后表层的性能。

硬度测定是机械性能测定中最简便的一种方法，把硬度测定的对象缩小到显微尺度以内，称为显微硬度测定法。显微硬度能够测定在显微观察时欲评定的某一组织组成物或某一组成相的硬度。除此以外，显微硬度能够测定极硬极脆的材料的硬度，如金刚石、碳化物、玻璃等。

(1)显微硬度压入头的类型

显微硬度的压入头是一个极小的金刚石锥体，重0.05~0.06克拉(克拉是金刚石重量计算的单位，1 克拉 =0.2033g)，镶在压入头的顶尖上。目前采用的显微硬度压入头有两种不同的型式：一种是正方锥体压入头，又称维氏锥体，其应用比较广泛；另一种是菱面锥体压入头，又称为克诺伯型压入头，如图1-6所示。

(2)维氏显微硬度值(HV)

维氏锥体压入头测得的显微硬度，以 HV 表示。在计算时，压痕的面积可以根据压痕对角线长度计算求得。若以 d 表示压痕对角线长度(单位 μm)，α 表示锥体的夹角，则：

$$HV = 2\sin\frac{\alpha}{2} \times \frac{P}{d^2} \quad \text{kgf/mm}^2 \tag{1-5}$$

维式锥体 $\alpha = 136°$，代入式(1-5)得：

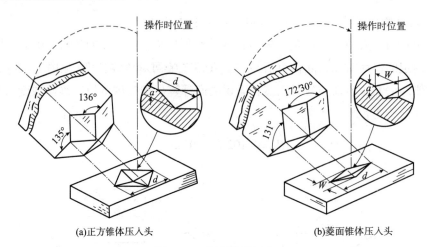

(a)正方锥体压入头　　　　　　　　(b)菱面锥体压入头

图1-6　硬度计压入头

$$HV = 1854\frac{P}{d^2} \quad \text{kgf/mm}^2 \tag{1-6}$$

式中　P——负荷，gf；

　　　d——压痕两对角线平均长度，μm。

(3)测定显微硬度的技术要求

1)压痕中心到试样边缘的距离，或两相邻压痕中心之间的距离，应不小于2倍压痕对角线之长。

2)试验矿物时，上述距离应不低于5倍压痕对角线之长。

3)试样厚度应不小于压痕对角线长度1.5倍。

4)试验金属合金的单独结构部分时，同样采用上列规程，并以晶粒的边界作为试样的边界。

(4)数显自动转塔机型测试过程(表1-5)

1)开机。

2)使转塔转到想要的物镜位置。

3)将试件放在十字工作台上，聚焦找到焦面。

4)按START按钮，压头无论在任何位置都将转到正前方并开始测试，此时不要做任何多余动作等待测试完成。

5)加载完成转塔会自动转到40倍物镜，此时进行对角线测量就可得出硬度值。

表1-5　数显自动转塔机型测试过程

①从目镜中观察视场内的两条刻线，旋转眼罩使刻度线清晰。注：旋转眼罩可能引起压痕成像模糊，待两刻线清晰后再转动升降旋轮使压痕的成像清晰，见图1-7。	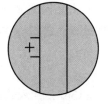 图1-7

②转动测微目镜两侧的鼓轮，使两条刻线内侧无限接近，即两刻线内侧之间透光逐渐处于有光和无光的临界状态，按"清零键 CLEAR"，这是主屏幕上的 D1：数值为 0，即术语中的零位

（每次开机必须重新对零位），见图 1－8。

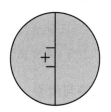

图 1－8

③反向转动测微目镜的两鼓轮，两刻线逐渐分开，转动目镜左鼓轮，使左刻线内侧与压痕左边的边缘相切，见图 1－9。

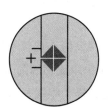

图 1－9

④转动右侧鼓轮，使得右刻线内侧与压痕右边的边缘相切，见图 1－10。按下目镜上"测量"按钮（19），D1 测量完成。

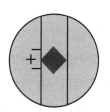

图 1－10

⑤将测微目镜转动 90°（注意转动时要紧贴目镜管），转动鼓轮，使下颏线内侧与压痕下边的边缘相切，见图 1－11。

图 1－11

⑥转动测量鼓轮，使上刻线内侧与压痕上边的边缘相切，见图 1－12。按下目镜上"测量"按钮（19），D2 测量完成。仪器自动计算硬度值并显示，测试次数自动加一，一次测量完成。

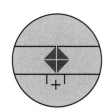

图 1－12

三、实验设备及材料

金相显微镜、布氏硬度计、洛氏硬度计、显微维氏硬度计、金相图谱、各种铁碳合金（20、45、T8、T12 等）的金相显微试样等。

四、实验内容与步骤

（1）认真观察各种材料的显微组织，识别各显微组织的特征。

（2）在显微镜下选择各种材料显微组织的典型区域，并根据组织特征，绘出其显微组织示意图。

（3）记录所观察的各种材料的牌号或名称，显微组织，放大倍数及侵蚀剂，并把显微组织示意图中组织组成物用箭头标出其名称。

（4）对指定钢样，根据显微组织中各组织所占面积，近似估算其平均含碳量及其钢号。

（5）利用显微硬度计测定以上典型碳钢的硬度值。

（6）作出含碳量与硬度的关系曲线。

五、思考题

（1）简述显微硬度计使用方法和要点。

（2）测定出不同试样显微硬度值并鉴定。

（3）作出含碳量与硬度的关系曲线并分析结果。

实验二　金属拉伸实验

一、实验目的

（1）研究材料的拉伸过程，测定低碳钢在拉伸时的机械性能（屈服极限 σ_s、强度极限 σ_b 以及延伸率 δ 和断面收缩率 ψ），测定典型脆性材料（铸铁）在拉伸时的机械性能（强度极限 σ_b）。同时对两种材料进行比较并观察实验过程中的现象（屈服、冷作硬化、颈缩等）。

（2）掌握万能材料试验机的基本原理及操作方法。

二、实验原理

拉伸试验是材料机械性能试验中最基本、最重要的试验。从实验的结果中，不但可以了解材料在静拉伸下一些重要的机械性能和材料对载荷的抵抗能力的变化规律，还能足够准确地推断材料在其他形式的变形条件下的性质，甚至还可以估计非静载荷条件下材料的一些性能。这些性能是工程上合理选用材料以及进行强度计算的重要依据。在材料力学各种计算中，几乎都要用到实验所测得的数据。

本实验需测定塑性材料在拉伸状态下的两项强度指标和两项塑性指标；测定脆性材料在拉伸状态下的强度指标。

通常，用以表征材料强度极限的指标是屈服极限 σ_s 和强度极限 σ_b。

$$\sigma_s = \frac{P_s}{A_0} \quad \sigma_b = \frac{P_b}{A_0} \qquad (2-1)$$

式中 P_s——试件材料的下屈服点对应的载荷，也称屈服载荷；

        P_b——试件材料拉伸过程中的最大载荷，也称破坏载荷；

        A_0——试件的原始截面面积。

一般用以表征材料塑性性能的指标有延伸率 δ 及断面收缩率 ψ。

$$\delta = \frac{L_1 - L_0}{L_0} \times 100\% \qquad (2-2)$$

式中 L_0——试件原始的计算长度；

        L_1——试件拉断后的计算长度。

$$\psi = \frac{A_0 - A_1}{A_0} \times 100\% \qquad (2-3)$$

式中 A_1——试件拉断后颈缩处最小截面面积。

拉伸图由试验机上的自动绘图装置画出。

为了测得一定精度的实验数据，GB/T 228.1—2021《金属材料 拉伸试验 第1部分：室温试验方法》规定，本实验必须保证试验机与量具的精度。同时要求试件标准化，以便进行比较。常见的有圆形和板形两种，本实验室采用圆形试件，如图2-1所示。

图2-1中 d_0 是试件直径；L_0，在试件中间等截面部分取工作长度称为试件标距，作为测量拉伸变形时的原始长度，也称为计算长度。由刻线机刻出或事先打好标记。

对于圆形截面试件，规定标距 L_0 与直径 d_0 的比例分别为：

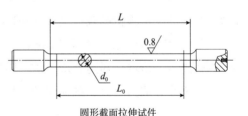

圆形截面拉伸试件

图2-1 拉伸试样示意

$L_0 = 5d_0$，称为五倍试件或短试件；

$L_0 = 10d_0$，称为十倍试件或长试件。

本实验室所使用的低碳钢和铸铁试件为标准圆形10倍试件。

对于板状试件（比例试样）：标距与矩形截面面积呈一定比例关系。

$L_0 = 5.65 \sqrt{A_0}$，称为短试件。

$L_0 = 11.3 \sqrt{A_0}$，称为长试件。

式中 A_0——比例试样标距之内的矩形截面面积。

三、实验设备与仪器

（1）万能材料试验机。

（2）刻线机。

（3）游标卡尺、磁性千分表架。

四、实验内容与步骤

1. 低碳钢拉伸试验

（1）试件刻线：用刻线机在试件上刻好标距 L_0。

（2）测量直径：用游标卡尺测量直径。取标距两端及中间三个横截面的相互垂直方向各测量一次，取其平均值，再用所得的三个数据中的最小值计算试件的横截面面积。

（3）试验机的吨位选择：估算最大载荷，试验机的吨位必须大于最大载荷，并且必须留有一定的余量。

（4）接通试验机及控制计算机的电源，使计算机与试验机处于联机状态。

（5）调整参数：在计算机中设定试验机运行速度等参数（相关参数已设定，实验可按已设定的参数进行）。

（6）试件安装：通过计算机或试验机上的控制盒调整上夹头到适当位置，将试件安装于上、下夹头内，旋转夹头手柄夹紧试件两端，操作过程中要特别注意安全。

（7）进行试验：通过软件对初始载荷、位移等参数进行清零，然后通过计算机或试验机控制盒对试件进行加载。观察加载过程中试件的弹性变形、屈服、强化、颈缩等现象。在弹性阶段后，试验机的载荷会出现快速的上下波动，表明此时材料已达到屈服阶段，软件能捕捉到其中的最小载荷并加以标记。此值称为屈服载荷 P_s。过了屈服阶段，材料强化。载荷随着变形增加而达到最大值。随后开始下降。此时，试件发生颈缩，由于颈缩后作用面积缩小，应力增大，载荷快速下降，试件断裂。最大载荷值 P_b 同样由软件捕获并加以标记。

（8）结束工作：关闭机器，取下试件，将拉断的试件断口对齐并量出拉断后的长度 L_1 以及断口直径 d_1。

根据记录的 P_s、P_b、L_1、d_1 以及原始尺寸，计算 σ_s、σ_b、δ、ψ 等相关指标。

2. 铸铁拉伸试验

由于铸铁在拉伸的过程中没有屈服阶段，且在无显著变形的情况下突然断裂，故对铸铁只测定其强度极限 σ_b。即

$$\sigma_b = \frac{P_b}{A_0} \tag{2-4}$$

测试方法与低碳钢试件相仿。

五、思考题

(1)低碳钢拉伸过程大致可分为几个阶段？在拉伸图上，各个阶段力与变形之间有什么关系？会出现什么现象？

(2)低碳钢与铸铁的拉伸性能有什么不同？

实验三　冲击试验

一、实验目的

(1)掌握冲击试验方法。
(2)熟悉低温脆性评定的各种方法。
(3)测定45钢的韧脆转变温度。

二、实验原理

冲击试验用以测定金属在动弯曲负荷作用下折断时的冲击韧性。

冲击韧性是指一定尺寸和形状的金属试样，在规定类型的试验机上受冲击负荷折断时，试样剖槽处单位横截面积上所消耗的冲击功。

1. 试样

根据 GB/T 229—2020《金属材料　夏比摆锤冲击试验方法》规定，以图3−1、图3−2所示的试样为冲击韧性试验的标准试样。其尺寸及建议的加工光洁度如图中所示。

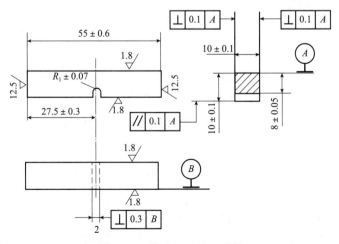

图3−1　梅氏U形缺口试样

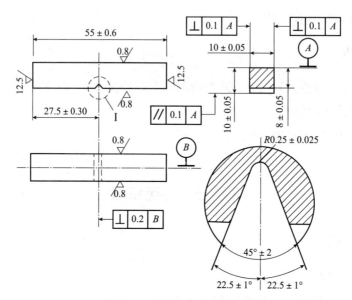

图3-2 夏氏V形缺口试样

2. 冲击试验机及试验原理

实验是在摆锤式冲击试验机上进行的。冲击试验机主要由摆锤和支架组成，其基本原理如图3-3所示。

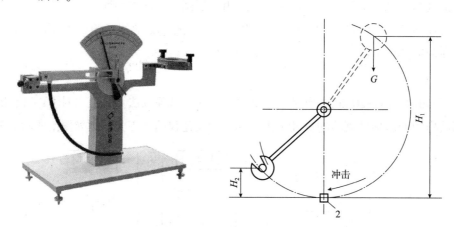

图3-3 冲击试验机原理

将试样水平放在试验机支座上，缺口位于冲击相背方向。然后将具有一定重量的 G 摆锤举至一定高度 H_1，使其获得一定位能 G_{H_1}。释放摆锤冲断试样，摆锤的剩余能量为 G_{H_2}，则摆锤冲断试样失去的位能为 $G_{H_1} - G_{H_2}$，此即为试样变形和断裂所引起的功，称为冲击吸收功，以 A_k 表示，单位为 J。

冲击吸收功 A_k 的大小并不能真正反映材料的韧脆程度，因为缺口试样冲击吸收的功并非完全用于试样变形和破断，其中有一部分功消耗于试样掷出、机身振动、空气阻力以及轴承与测量机构中的摩擦消耗等。金属材料在一般摆锤冲击试验机上试验时，这些功是忽略不计的，但当摆锤轴线与缺口中心线不一致时，上述功耗较大。所以，在不同试验机

上测得的 A_k 值彼此可能相差 10% ~ 30% 。此外，根据断裂理论，断裂类型取决于裂纹扩展过程中所消耗的功，消耗功大，则断裂表现为韧性的，反之则为脆性的。但 A_k 值相同的材料，断裂功并不一定相同。

3. 韧脆转变温度测定

(1) 韧脆转变温度

温度降低时金属材料由韧性状态变化为脆性状态的温度区域，也称延性 – 脆性转变温度或塑性 – 脆性转变温度，简称脆性转变温度。主要针对钢铁随着温度的变化其内部晶体结构也发生改变，从而使钢铁的韧性和脆性发生相应的变化。低温脆性受位错移动力(派纳力)的影响，低温下派纳力移动困难，导致材料屈服强度急剧升高，在某一温度与断裂强度相等。当温度上升至 200 ~ 300℃ 时，由于内能增高，使得晶体键断裂。此时钢仍为较硬的固态，因此变脆易折。

在脆性转变温度区域以上，金属材料处于韧性状态，断裂形式主要为韧性断裂；在脆性转变温度区域以下，材料处于脆性状态，断裂形式主要为脆性断裂(如解理)。脆性转变温度越低，说明钢材的抵抗冷脆性能越高，如图 3 – 4 所示。因此在寒冷地区(如冬季的西伯利亚、南北两极)使用的钢材必须选用能适应寒冷情况的种类。

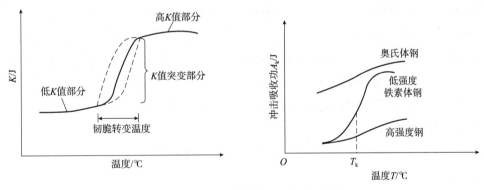

图 3 – 4　冲击吸收能量与温度关系曲线

(2) 特征

基本特征如下：

1) 与作用力大小有关，作用力大小不同，此温度也不同；

2) 随着升温速率不同，其大小也不同。

(3) 测定方法

脆性转变温度要通过一系列不同温度的冲击试验来测定，根据测定方法的不同存在不同的表示方法，主要包括：

1) 能量准则法。规定为冲击吸收功 (A_k) 降到某一特定数值时的温度，如取 $A_{kma} \times 0.4$ 对应的温度，常以 T_k 表示。

2) 断口形貌准则法。规定以断口上纤维区与结晶区相对面积达一定比例时所对应的温度，如取结晶区面积占总面积 50% 所对应的温度，以 FATT(Fracture Appearance Transition

Temperature)表示。

3)落锤试验法。规定以落锤冲断长方形板状试样时断口100%为结晶断口时所对应的温度为无塑性转变温度，以NDT(Nil Ductility Temperature)表示。

脆性转变温度除与表示方法有关外，还与试样尺寸、加载方式及加载速度有关，不同材料只能在相同条件下进行比较。在工程应用中，为防止构件脆断，应选择脆性转变温度低于构件下限工作温度的材料。对于那些含氮、磷、砷、锑和铋等杂质元素较多，在长期运行过程中有可能发生时效脆化、回火脆性等现象的材料，其脆性转变温度会随着运行时间而升高。因此，脆性转变温度以及脆性转变温度的增量已成为构件材料性能的考核指标之一。

(4)常用材料韧脆转变温度

一般的钢材为 $-20 \sim -40℃$；纯钼为 $RT \sim 120℃$；纯钨为 $400℃$ 左右。

宏观上，体心立方中、低强度结构钢随着温度的降低，冲击功急剧下降，具有明显的韧脆转变温度。而高强度结构钢在很宽的温度范围内，冲击功都很低，没有明显的韧脆转变温度。面心立方金属及其合金一般没有韧脆转变现象。

微观上，体心立方金属中位错运动的阻力对温度变化非常敏感，位错运动阻力随着温度下降而增加，在低温下，该材料处于脆性状态。而面心立方金属因位错宽度较大，对温度不敏感，故一般不显示低温脆性。体心立方金属的低温脆性还可能与迟屈服现象有关，对低碳钢施加一高速到高于屈服强度时，材料并不立即产生屈服，而需要经过一段孕育期(称为迟屈时间)才开始塑性变形，这种现象称为迟屈服现象。由于材料在孕育期中只产生弹性变形，没有塑性变形消耗能量，所以有利于裂纹扩展，往往表现为脆性破坏。

(5)测定原理

试样为GB/T 229—2020规定 10×10 标准夏氏V形缺口试样，如图3-2所示。材料为45号钢。

将不同温度的试样水平放置在试验机支座上(缺口位于冲击相背方向)，用有一定高度 H_1 和一定质量 m 的摆锤(其具有一定位能 mgH_1)在相对零位能处冲断试样，摆锤剩余能量为 mgH_2，则测得摆锤冲断各不同温度试样失去的位能，即为试样变形和断裂所消耗的冲击吸收功 A_{kv}，从而反映温度对金属材料的冲击韧性的影响。

三、实验设备及材料

冲击试样、加热炉、摆锤式冲击试验机、冷却装置(广口保温瓶、冷却介质为酒精加干冰)等。

四、实验内容与步骤

(1)试件准备。

(2)检查冲击试验机，调整零位。

（3）试样加热和冷却。

系列冲击试验的目的在于得到冲击功随着温度的变化曲线。因此，试样必须加热和冷却到指定温度并经过 15min 的保温。

加热：试样在加热炉中完成。冷却：试样在低温仪内完成。

制备低温介质。其温度应比实验温度低 3℃，以补偿试样从取出到冲断时温度的回升。实验温度根据 GB 2106—1980《金属夏比(V 形缺口)冲击试验方法》和 GB/T 229—2020《金属材料　夏比摆锤冲击试验方法》标准规定，为室温到 -40℃ 范围内的 6 种温度。

冷却试样。试样放入低温介质后，保温时间不应少于 15min。

（4）检查试验机，校正指针的零点位置。

（5）安装低温试样。用特制夹子将试样自保温瓶取出放置到冲击试验机支座上，要求动作迅速准确(事先可以多次练习以达到要求)。

（6）进行冲击试验。

（7）冲完后立即读取，记录冲击功 A_{kv} 值，将指针拨回零位。

（8）找回冲断试样，观察截面断口上各区，并估算各区的面积比。

记录冲击功，注意每一温度下的冲击试验不应少于 3 个试样。分别记录试样结果，不要取平均值，最后绘制冲击—温度曲线。

（9）记录实验数据，并填入以下实验数据记录表 3 - 1。

（10）作出 $A_{kv} - T$ 曲线(根据实验数据在坐标纸上绘制)。

（11）由 $A_{kv} - T$ 曲线确定脆性转变温度 T_K(℃) 值(采用能量法准则，即求出 $A_{kv} = 20.3$J 对应的温度 V15TT)。

表 3 - 1　冲击实验记录表

材料		实验设备			实验时间			
组别	实验温度/℃	冲击功 A_{kv}/J						
		1	2	3	4	5	6	平均值
	70							
	50							
	20							
	10							
	-5							
	-10							
	-15							
	-20							
	-30							
	-40							

五、思考题

(1)绘出金属的冲击韧性与温度的关系曲线。

(2)温度对金属材料的冲击韧性的影响趋势。

实验四　摩擦磨损试验

一、实验目的

(1)了解和掌握摩擦磨损试验机的原理及使用。

(2)测定试件的磨损量。

二、实验原理

在机器运转时,任何机件在接触状态下相对运动都会产生摩擦、引起磨损。如轴与轴承、活塞环与气缸、十字头与滑块、齿轮与齿轮之间经常因磨损和接触疲劳,造成尺寸变化、表层剥落而失效。因此,研究磨损规律,提高机件耐磨性,对延长机件寿命具有重要意义。

金属抵抗磨损的能力称为耐磨性,这种性能和金属的其他性能一样,是金属在一定外部条件下行为表现。但与其他许多性能不同的是,影响耐磨性的外部条件十分复杂,其中包括试样的表面粗糙度,陪试样的材料、性质、表面粗糙度,试样和陪试样的结构形成、表面的接触状态及其在摩擦过程中的变化,相对滑动速度,施加的载荷、环境介质、温度及散热条件等。每一个因素对耐磨性的影响都不容忽略。实际上耐磨性是包括所有内部因素和外部条件在内的整个系统的性质,已远不是材料单一性质的表现。因此,制定统一的耐磨性测试材料是十分困难的。耐磨性数据都是在特定的试验条件下测定的。只有在特定试验系统内,所测数据可以互相比较。不同试验系统之间的数据不能相互比较。

没有统一的测试方法,也没有统一的耐磨性指标。也就是说,这种性能还没有统一的衡量标准。目前有以下几种表示耐磨性的方法。

磨损量:试样在一定磨损试验条件下的质量损失。磨损量越小,耐磨性越高。

磨损体积:试样在一定的磨损试验条件下的体积减小量。有时也可用特定条件下试样的线长度减少量表示。磨损体积越小,耐磨性越高。

磨损率:试样在一定磨损试验条件下,承受单位压力并滑动单位距离后的磨损量或磨损体积。

相对耐磨性 ε 为:

ε = 标准试样的磨损量/被测试样的磨损量。

相对耐磨性 ε 越高，材料的磨损抗力越大。

相对耐磨性的倒数称为磨损系数。

1. 仪器构造

摩擦磨损试验机型号为：MMU – 10G 高温摩擦磨损试验机，外观如图 4 – 1 所示。该试验机以端面滑动摩擦形式，在浸油润滑和无油润滑条件下，对试样施加较高的端面试验力，用于评定材料的室温和高温摩擦磨损性能。

图 4 – 1　MMU – 10G 高温摩擦
磨损试验机外观

该试验机的结构由主机、计算机控制系统及附具组成，具体见外观图 4 – 1。

（1）主机部分

主机由主轴驱动系统、摩擦副专用夹具、高温炉、试验力传感器、摩擦力测定系统、摩擦副下副盘升降系统、液压施力系统、操纵面板系统等部分组成。它们都安装在以焊接机座为主体的机架中。

机座的右上方是试验机面板操作系统，左上方是主轴驱动系统和高温炉、摩擦副，机座的左下部是试验机液压施力系统和微机自动加荷系统，右下部是工具箱，机座的前后及左侧有门，打开时能清楚看到内部机构，以便进行调试检修。

1）主轴及其驱动系统

主轴电机选用松下交流伺服电机及调速系统。该系统电机的额定力矩为 14.3N·m，调速范围为 10～3000r/min，无级恒扭矩，高速精度为 0.2%。该电机最大功率约 3kW，在主轴和电机上部分别装有从动和主动特制的圆弧齿形带轮，通过圆弧齿同步带把电机的功率传到主轴上。由于应用了闭环调速系统使其在低转速下具有高的传动力矩，它完全改变了可控硅无级变速系统在低转速下传动力成倍递减的特点。

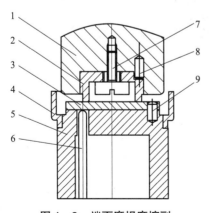

图 4 – 2　端面磨损摩擦副

1—主轴；2—上试样；3—下试样；4—挡屑盘；5—下试样座；6—测温热电偶；7—固定螺钉；8—上力矩销；9—下力矩销

2）摩擦副部分

该试验机配端面磨损摩擦副，端面磨损摩擦副结构如图 4 – 2 所示。按照图示位置安装好试样，即可进行试验。

3）摩擦力测量部分

该试验机力测量可通过高精度负荷传感器测量摩擦力，进而根据力矩轮尺寸计算出相应的摩擦力矩。试验机上试样摩擦面为一环面，内径为 ϕ20mm，外径为 ϕ26mm，平均摩擦直径为 ϕ23mm。力矩测量轮测量尺寸为 ϕ100mm。试验时若测得摩擦力（显示摩擦力值)$F = 50N$，则摩擦力矩为：

$$M = F \cdot R$$

即

$$M = 50 \times 100/2 = 2500N \cdot mm(100mm \text{ 为摩擦力矩轮直径})$$

若换算到试样上，摩擦力矩不变，而实际摩擦力为：

$$F = M/11.5 = 217.4N(11.5mm \text{ 为上试样上推圈平均直径})$$

4）液压加载部分

本试验机采用液压加载，加载系统提供恒定不变的试验力。

（2）电气控制部分

试验机操作面板分为两部分，其中左面为油源控制部分，右面为试验参数控制部分。油源控制部分面板如图4-3所示。试验参数控制面板如图4-4所示。

图4-3　油源控制面板

图4-4　参数控制面板

2. 操作方法

（1）在液晶显示器下方有一电脑主机开关，接通电源后，按下此按扭，打开电脑主机，从桌面上打开控制系统。

（2）依次打开主机控制面板上的电源开关，压力油泵开，预热30min左右。

（3）调整转速。

（4）设定试验参数。

（5）清零操作。

（6）温度控制部分。常温摩擦磨损试验无须操作温度控制器。

详细操作可参照以下步骤：

(1)接通电源，按下电脑主机开关，从桌面打开控制系统。

(2)打开电源开关，打开油泵开关，预热30min左右，预热过程中通过转速给定调节转速，直到达到试验方法要求的理想状态。调节转速的具体步骤：首先单击参数控制系统栏中电机测试按扭，此时转速显示区域显示一定数值，通过转速给定调节转速，顺时针减小，逆时针增大，直到达到试验方法要求的理想状态，单击停止测试(转速调整时油缸升降按扭必须处于关闭状态)。

(3)选择试验方法，安装试样。如图4-2所示先安装上试样，将上试样安装到正确位置后用锁紧螺钉固定，再安装下试样。

(4)试样安装好后，进行参数设置。

(5)加载试验力，首先按下油缸升降开(绿色)按扭，点击手动加载，然后顺时针旋转手动加荷手轮，使柱塞上升，在试验试样触前，对试验力清零(此时使力矩轮处在适当位置，不至于在上升过程中保险杆撞上保险柱)。当试验力(如设定值为50N时，应手动加载到30~40N)接近设定值时，设定自动加载速度(30~50)，选择自动加载使试验力加到设定值。当试验力达到设定值时，将自动加载速度改小(2~5)，将摩擦力清零并挂上牵引线，再将力矩轮旋到适当位置。

(6)试验结束后，等柱塞降下米之后，按下油缸升降关(红色)按钮，待温度降下来之后，用钳子取出试样分析数据，保存数据。

三、实验内容和步骤

(1)试件准备；(试件若干个)。

(2)量取试件尺寸或称其质量。

(3)试验机准备。

在学习试验机构造原理基础上，结合具体机器认识主要部件及其作用。了解它的性能特点，并学习试验机的操作规程、安全事项和操作方法。

(4)安装试件。

(5)进行实验。

四、实验报告要求

(1)简述试验机原理及操作过程。

(2)测量出磨损量并计算摩擦系数。

五、思考题

金属材料的耐磨性与硬度之间的关系。

第二节　金属腐蚀与防护实验

实验一　用重量法测定金属腐蚀速度

一、实验目的

(1)掌握重量法和容量法测定金属腐蚀速度的原理和方法。

(2)用重量法和容量法测定碳钢在稀盐酸中的腐蚀速度。

二、实验原理

1. 重量法

金属受到均匀腐蚀时的腐蚀速度的表示方法有两种：一种是用在单位时间内、单位面积上金属损失(或增加)的质量来表示，通常采用的单位为：$g/(m^2 \cdot h)$；另一种是用单位时间内金属腐蚀的深度来表示，通常采用的单位为：mm/a。

重量法是根据腐蚀前后金属试件重量的变化来测定金属腐蚀速度的。重量法分为失重法和增重法两种。当金属表面的腐蚀产物较容易除净且不会因为清除腐蚀产物而损坏金属本体时常用失重法；当腐蚀产物牢固地附着在金属表面时则用增重法。

把金属做成一定形状和大小的试件，放在腐蚀环境中，经过一定的时间后，取出并测定其重量和尺寸的变化，计算其腐蚀速度。对于失重法，可由式(1-1)计算其腐蚀速度：

$$v^- = \frac{w_0 - w_1}{st} \qquad (1-1)$$

式中　v^-——金属的腐蚀速度，$g/(m^2 \cdot h)$；

　　　w_0——试件腐蚀前的质量，g；

　　　w_1——腐蚀并经除去腐蚀产物后金属的质量，g；

　　　s——试件暴露在腐蚀介质中的表面积，m^2；

　　　t——试件腐蚀的时间，h。

对于增重法，即当金属表面的腐蚀产物全部附着在上面，或者腐蚀产物脱落下来时可以全部被收集起来时，可由式(1-2)计算腐蚀速度：

$$v^+ = \frac{w_2 - w_0}{st} \qquad (1-2)$$

式中　v^+——金属的腐蚀速度，$g/(m^2 \cdot h)$；

　　　w_2——带有腐蚀产物的试件的质量，g。

对于密度相同的金属，可以用上述方法比较其耐蚀性能。对于密度不同的金属，尽管单位表面积的质量变化相同，其腐蚀深度却不一样，对此用腐蚀深度表示更为合适。其换算公式如式(1-3)所示：

$$v_1 = \frac{v^-}{\rho} \times \frac{24 \times 365}{1000} = 8.76 \times \frac{v^-}{\rho} \qquad (1-3)$$

式中　v_1——用腐蚀深度表示的腐蚀速度，mm/a；

　　　　ρ——金属的密度，g/cm^3。

应当指出的是，重量法也有其局限和不足，首先，它只考虑均匀腐蚀的情况，而未考虑局部腐蚀的情况。其次，对于失重法很难将腐蚀产物完全除去，如果用重量法测定其腐蚀速率，肯定不能说明实际情况。另外，失重法的实验周期较长，短则几小时，多则数年乃至数十年，对于重量法要想做出腐蚀速率—时间曲线需要大量的样品和冗长的时间。

2. 容量法

对于伴随析氢或吸氧腐蚀过程，经过测定一定时间内析氢量或吸氧量来计算金属腐蚀速度的方法即为容量法。

很多金属在酸性溶液中，一些电负性较强金属在中性甚至碱性溶液中全部会发生去氢极化而遭到腐蚀。

其中：阳极过程　$M \Longrightarrow M^{n+} + ne$

　　　　阴极过程　$nH^+ + ne \Longrightarrow \left(\dfrac{n}{2}\right)H_2 \uparrow$

在阳极上金属不停失去电子而溶解的同时，溶液中氢离子和阴极上过剩电子结合而析出 H_2。金属溶解量和氢析出量相当，即有一克当量金属溶解，就有一克当量氢析出。由试验测出一定时间内析氢体积 $V_H(mL)$，由气压计读出大气压力 $p(mmHg)$ 和用温度计读出室温，并查出该室温下饱和水蒸气压力 $p_{H_2O}(mmHg)$，依据理想气体状态方程式：

$$pV = NRT \qquad (1-4)$$

能够计算出所析出氢气摩尔数：

$$NH = \frac{(p - p_{H_2O})V_H}{RT} \qquad (1-5)$$

为了得到更正确的结果，还应考虑氢在该实验介质中溶解量 V_B'，即由表中查出室温下氢在该介质中溶解度(可用氢在水中溶解量近似计算，并略去氢在量气管水中溶解量)乘以该介质体积，则金属腐蚀速度为：

$$v = \frac{N \times 2N_H}{s \cdot t} = \frac{2N(p - p_{H_2O})(V_H - V_H')}{s \cdot t \cdot R \cdot T} \qquad (1-6)$$

式中　N——金属氧化还原当量，g；

　　　　s——金属暴露面积，m^2；

　　　　t——金属腐蚀时间，s；

　　　　R——气体状态常数。

三、实验设备及材料

（1）Q235 碳钢试件、1mol/L 盐酸。

（2）试件打磨、清洗、干燥及测量用品。

（3）分析天平、温度计。

四、实验内容与步骤

（1）将试件打磨、编号、测量、清洗和干燥。

（2）称重。

（3）在三角烧杯中注入硫酸溶液，用尼龙绳将试件悬挂浸泡在硫酸溶液中。

（4）在硫酸溶液中浸泡约 1h 后取出，用自来水冲洗，观察和记录试件表面的现象，用机械法或电化学法去除表面的腐蚀产物。此为去膜。

（5）试件干燥后称重，去膜，再称重，如此反复几次，直至两次去膜后的质量差不大于 0.5mg，即视为恒重，记录之。要求学生去膜 1～2 次即可。

五、数据记录

浸入时间：　　　　　　　　　　　　　　　　取出时间：

试件编号：					
试件材料：			第一次	第二次	第三次
试件尺寸/mm	长度×宽度				
	厚度				
	小孔直径				
	表面积				
试件质量/g	介质成分：				
	腐蚀前 w_0				
	腐蚀后 w_1	第一次去膜			
		第二次去膜			
	质量损失 $w_0 - w_1$				
腐蚀速度	V^-, g/(m² · h)				
	V_1, mm/a				

六、结果处理

在腐蚀实验中，腐蚀介质和试件的表面存在不均匀性，所得的数据分散性较大，通常要采用 2～5 个平行试验。本实验采用 3 个小组的 3 个平行试验，取其中 2 组相近数据的平均值，计算腐蚀速度。

七、思考题

(1)重量法测定金属腐蚀速度的优点和缺点及适用范围。

(2)分析实验的误差来源。

实验二　用恒电位法测定阴极极化曲线

一、实验目的

(1)掌握恒电位法测定阴极极化曲线的基本原理和方法。

(2)运用极化曲线初步判定施行阴极保护的可能性。

(3)掌握恒电位仪的使用方法，正确进行操作。

二、实验原理

对于构成腐蚀体系的金属电极，在外加电流的作用下，阴极的电位偏离其自腐蚀电位向负的方向移动，这种现象称为阴极极化。电极上通过的电流密度越大，电极电位偏离的程度也越大。控制外加电流密度，使其由小到大逐渐增加，即可测得一系列对应各电流值的电位值。阴极电位与电流密度的关系曲线即为恒电流阴极极化曲线。图 2 - 1 所示为阴极极化曲线示意。

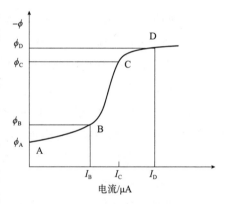

图 2 - 1　阴极极化曲线

极化曲线用 ABCD 明显地分为三段。当外加阴极电流由 I_A 增加到 I_B 时，由于阴极处于极化的过渡区，电位由 ϕ_A 缓慢地向负的方向移动到 ϕ_B，其电位变化不大(AB 段)。当外加的电流继续增大到 I_C 时，虽然电流变化不大，电位向负的方向移动的幅度却很大。此时阴极上积累了大量的电子，阴极极化加强，金属得到保护(BC 段)。最小保护电流在 $I_B \sim I_C$，最小保护电位在 $\phi_B \sim \phi_C$。当外加阴极电流继续增加时，阴极电位仍然负移，但变化幅度较小(CD 段)，因为阴极上增加了氢去极化过程，消耗部分电子。当电位变到中 ϕ_D 时，氢去极化加剧。阴极上放出大量氢气。

对于氧去极化控制的腐蚀体系，附加搅拌将使溶液的流动速度加快，促使氧的扩散，氧的去极化腐蚀加剧，因此在相同的极化电位下，极化电流相应增加。

三、实验设备及材料

恒电位仪、氯化银电极、铜电极、饱和氯化钾盐桥、碳钢试件、试件固定夹具、氯化钠水溶液(3%)或海水、电解池、铁架、试件表面处理用品。

图2-2所示为恒电位法测定阴极极化曲线的接线图。

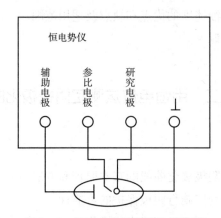

图2-2　恒电位仪测极化曲线装置

(注：下面内容中的开关1、开关2、开关4做实验时，结合新仪器，由实验教师现场说明!)

四、实验内容与步骤

(1)将加工到一定光洁度的试件用细砂纸打磨光亮，测量其尺寸，安装到夹具上，分别用丙酮和乙醇擦洗脱脂。

(2)按图2-2组装电解池，接好线路。

(3)仪器调整，a. 开关1置于"断"挡，b. 开关4置于"200μA"挡。

(4)开关2置于"参比"挡，测定碳钢在3%氯化钠溶液中的自腐蚀电位。若较长时间不稳定，可通入小的阴极电流活化1~2min，切断电源后重新测定。电位在几毫伏内波动可视为稳定，记录之。待读数稳定后做好记录。

(5)确定适当的极化度。对研究电极施以小的电极电位，测定相应的电流值，则电位变化值与电流之比为极化度。极化度过大，所测定的数据间隔太大，难以测到极化曲线拐点的数值；极化度过小，测定速度太慢。因此应根据极化曲线的特点，选取适当的极化度，在同一曲线的不同线段上极化度也可以不同。

(6)开关2置于"给定"挡，调节旋钮使表的读数为自腐蚀电位。

(7)开关1置于"通"挡，开始测量阴极极化曲线：

①开关2置于"电流"挡，待读数稳定后记录相应数据。

②再将开关2置于"给定"挡，调节旋钮，使电位值为所需值。

③重复步骤①、②。

④开始时调节电位幅度为每次向负方向调节10mV，到邻近几次电位调节后对应的电流值变化很小时加大电位调节幅度为每次向负方向调节50mV，以便在较短时间内取得较完整的曲线。每次调节电位后将开关2置于"电流"挡，读数稳定后记录数据。

⑤读下对应的电流、电位值，记入表中。直到通入阴极电流较大，而电位变化缓慢时

为止(相当于图 2-1 中的 D 点以上)。观察并记录在阴极表面开始析出氢气泡时的电位。

(8)切断电源,把仪器旋钮恢复到原始状态,取出电极进行处理。

五、数据记录

试件材料		尺　寸		
暴露面积		介质成分		
介质温度		参比电极		
辅助电极		自腐蚀电位		
时　间	电流强度 I	电极电位 ϕ		现象

六、结果处理

在同一直角坐标纸上,绘出无搅拌和加搅拌条件下的 $\phi - I$ 阴极极化曲线;运用阴极极化曲线初步判定施行阴极保护的可能性;估计出保护电流密度和保护电位的大致范围。

七、思考题

(1)用恒电位法测定上述阴极极化曲线,能否得到同样的结果? 为什么?

(2)阴极保护中的两个主要参数,哪个起决定作用? 为什么?

(3)如何合理选定阴极保护的保护电位?

(4)搅拌对阴极极化曲线有什么影响?

实验三　用恒电位法测定阳极极化曲线

一、实验目的

(1)掌握恒电位法测定阳极极化曲线的原理和方法,并与恒电流法测定的结果进行比较。

(2)通过阳极极化曲线的测定,判定实施阳极保护的可能性,初步选取阳极保护的技术参数。

(3)掌握恒电位仪的使用方法。

二、基本原理

阳极电位和电流的关系曲线叫作阳极极化曲线。为了判定金属在电解质溶液中采取阳极保护的可能性，选择阳极保护的三个主要技术参数——致钝电流密度、维钝电流密度和钝化区的电位范围，需要测定阳极极化曲线。

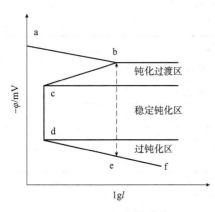

图 3 - 1　阳极极化曲线
abcdef 线—恒电位法；abef 线—恒电流法

阳极极化曲线既可用恒电位法又可用恒电流法测定。图 3 - 1 所示为一条较典型的阳极极化曲线。曲线 abcdef 是恒电位法测得的阳极极化曲线。当电位从 a 逐渐向正向移动到 b 点时，电流也随之增加到 b 点，当电位过 b 点以后，电流反而急剧减小。这是因为在金属表面生成了一层高电阻耐腐蚀的钝化膜，钝化开始发生。人为控制电位的增高，电流逐渐衰减到 c 点。到 c 点以后，电位若继续增高，

由于金属完全进入钝态，电流维持在一个基本不变的很小的值——维钝电流。当使电位增高到 d 点以后，金属进入过钝化状态，电流又重新增大。从 a 点到 b 点的范围称为活化溶解区，从 b 点到 c 点称为钝化过渡区，从 c 点到 d 称为钝化稳定区，过 d 点以后称为过钝化区。对应于 b 点的电流密度称为致钝电流密度，对应于 cd 段的电流密度称为维钝电流密度。

若把金属作为阳极，通以致钝电流使之钝化，再用维钝电流去保护其表面的钝化膜，可使金属的腐蚀速度大大降低，这就是阳极保护的原理。

用恒电流法测不出上述的 bcde 段。在金属受到阳极极化时其表面发生了复杂的变化，电极电位成为电流的多值函数，因此当电流增加到 b 点时，电位即由 b 点跃增到真正的 e 点，金属进入过钝化状态，反映不出金属进入钝化区的情况。

由此可见，只有用恒电位法才能测出完整的阳极极化曲线。本实验采用恒电位仪给定阳极电位，同时测定对应的电流值，并在半对数坐标纸上绘成 $\varphi - \lg l$ 曲线，即为恒电位阳极极化曲线。反之，用恒电流仪器逐点恒定电流值，测定对应的阳极电位，在半对数坐标纸上绘成 $\varphi - \lg l$ 曲线，即为恒电流阳极极化曲线。

三、实验设备及材料

恒电位仪、饱和甘汞电极、铜电极、盐桥、电解池、碳钢试件、硝酸(1mol/L)、试件固定夹具、铁夹、铁架、试件表面处理用品。

四、实验内容与步骤

(1)将已加工到一定光洁度的试件用细砂纸打磨光亮，测量其尺寸，安装到夹具上，

分别用丙酮和乙醇擦洗脱脂。

（2）按图 3 - 2 接好线路，检查各接头是否正确，盐桥是否导通。

（3）测定碳钢在硝酸中的自腐蚀电位。若电位偏正，可先用很小的阴极电流活化 1 ~ 2min，再测定之。

（4）调节恒电位仪进行阳极极化。每隔 2 ~ 3min 调一次电位。在电流变化幅度较大的活化区和过渡钝化区，每次可调 20mV 左右；在电流变化幅度较小的钝化区每次可调 50 ~ 100mV。记录下对应的电位和电流值，观察其变化规律及电极表面的现象。

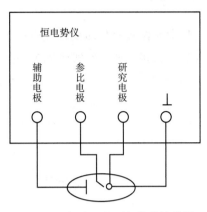

图 3 - 2　恒电位仪测极化曲线装置

（5）本实验也可在恒电位仪上连接扫描信号发生器和数据采集存储器，进并行自动扫描测定极化曲线。

五、数据记录

试件材料		尺　　寸	
暴露面积		介质成分	
介质温度		参比电极	
辅助电极		自腐蚀电位	
时　　间	电流强度 I	电极电位 ϕ	现象

六、结果处理

（1）求出各点的电流密度，填入表中。

（2）在半对数坐标纸上作恒电位法测出的 $\varphi - \lg I$ 关系曲线。

（3）初步确定碳钢在硝酸中进行阳极保护的 3 个基本参数。

七、思考题

(1)分析阳极极化曲线各线段和各拐点的意义。

(2)阳极极化曲线对实施阳极保护有什么指导意义？

(3)测定阳极极化曲线为什么要用恒电位法？

(4)自腐蚀电位、析氢电位和析氧电位各有什么意义？

(5)使用恒电位仪应注意些什么？

实验四　用极化曲线法评选缓蚀剂

一、实验目的

(1)掌握用极化曲线塔菲尔外推法测定金属的腐蚀速度、评选缓蚀剂的原理和方法。

(2)评定乌洛托品在盐酸水溶液中对碳钢的缓蚀效果。

二、实验原理

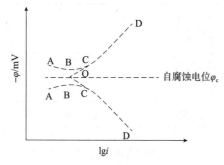

图 4 - 1　阴、阳极极化曲线

利用近代的电化学测试技术，可以测得以自腐蚀电位为起点的完整的极化曲线，如图 4 - 1 所示。

这样的极化曲线可分为三个区域：(1)线性区域——AB 段；(2)弱极化区域——BC 段；(3)塔菲尔区域——直线 CD 段。把塔菲尔区域的 CD 段（在 $\varphi - \lg i$ 图上）外推与自腐蚀电位 φ_c 的水平线相交于 O 点，此点所对应的电流密度即为金属的自腐蚀电流密度 i_c。根据法拉第定律，即可把 i_c 换算为腐蚀的重量指标或腐蚀的深度指标。对于阳极极化曲线不易测准的体系，常常只由阴极极化曲线的塔菲尔直线外推与 φ_c 的水平线相交以求取 i_c。

这种利用极化曲线的塔菲尔直线外推求腐蚀速度的方法称为极化曲线法或塔菲尔直线外推法。其有许多局限性：它只适用于活化极化控制的腐蚀体系，如析氢型的腐蚀。对于浓度极化较大的体系，对于电阻较大的溶液和在强烈极化时金属表面发生较大变化的情况就不适用。此外，在外推作图时也会引入较大的误差。

用极化曲线法评选缓蚀剂是基于缓蚀剂会阻滞腐蚀的电极过程，降低腐蚀速度，从而改变受阻滞的电极过程的极化曲线的走向，如图 4 - 2 所示。

由图 4 - 2 可见，未加缓蚀剂时，阴阳极理想极化曲线相交于 O 点，腐蚀电流为 i_o。加入缓蚀剂后，阴阳极理想极化曲线相交于 S 点，腐蚀电流为 i。i 比 i_o 要小得多。可见，缓蚀剂明显地减缓了腐蚀。根据缓蚀剂对电极过程阻滞的机理不同，可以把缓蚀剂分为阴极型、阳极型和混合型。

缓蚀剂的缓蚀率也可以直接用电流来计算：

$$\eta = \frac{i_o - i}{i} \times 100\% \qquad (4-1)$$

式中　η——缓蚀剂的缓蚀率；

　　　i_o——未加缓蚀剂时金属在介质中的腐蚀电流；

　　　i——加缓蚀剂时金属在介质中的腐蚀电流。

本实验用恒电位法测定碳钢在 1mol/L 盐酸水溶液、1mol/L 盐酸水溶液加入 0.5% 的乌洛托品中的极化曲线，评定其缓蚀率。

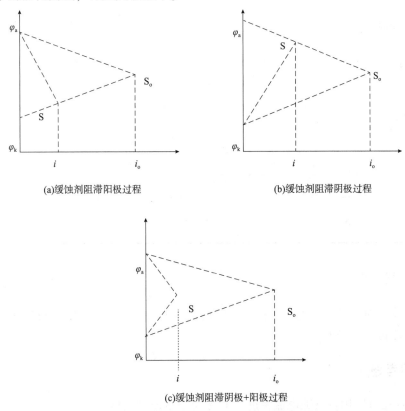

图 4-2　缓蚀剂阻滞阴、阳极过程的极化曲线

三、实验设备及材料

恒电位仪、饱和甘汞电极和盐桥、铜电极、碳钢试件、电解池、乌洛托品、电极夹具，试件预处理用品。

四、实验内容与步骤

(1)准备好待测试件，打磨、测量其尺寸，用丙酮脱脂除油、安装于电解池中。

（2）按图接好线路，装好仪器。按恒电位仪的操作规程进行操作：将恒电位仪的"电流测量"置于最大量程，预热。测定待测电极的自腐蚀电位，调节给定电位等于自腐蚀电位，再把"电流测量"置于适当的量程，进行极化测量，即从腐蚀电位开始，由小到大增加极化电位。电位调节幅度可由 10mV、20mV、30mV 增加到 80mV 左右。每调节一电位值 1~2min 后读取电流值。

（3）按步骤（1）和（2）进行以下测量：测定碳钢在 1mol/L 盐酸水溶液中的阴极极化曲线，然后重测其自腐蚀电位，再测定其阳极极化曲线；更换或重新处理试件，在上述介质中加入 0.5% 的乌洛托品，并测定此体系中的自腐蚀电位及阴、阳极极化曲线。

（4）本实验也可在恒电位仪上连接扫描信号发生器和数据采集存储器，进行自动扫描测定极化曲线。

五、数据记录

试件材料		介质成分	
介质温度		试件暴露面积	
参比电极		参比电极电位	
辅助电极		试件自腐蚀电位/mV	
序　　号	电极电位/mV	极化电流/mA	备注
1			
2			
3			

六、结果处理

在同一张半对数坐标纸上分别描绘出碳钢在两组溶液中的阴、阳极极化曲线，并求出自腐蚀电流密度及缓蚀率。

七、思考题

（1）为什么可以用自腐蚀电流密度 i_c 代表金属的腐蚀速度？如何将 i_c 换算为金属腐蚀的质量指标与腐蚀的深度指标。

（2）本实验的误差来源有哪些？

实验五　金属钝化性能测定

一、实验目的

（1）初步掌握有钝化性能的金属在腐蚀体系中的临界孔蚀电位的测定方法。

（2）通过绘制有钝化性能的金属的阳极极化曲线，了解击穿电位和保护电位的意义，并应用其评价金属耐孔蚀性能的原理。

（3）进一步了解恒电位技术在腐蚀研究中的重要作用。

二、实验原理

不锈钢、铝等金属在某些腐蚀介质中，由于形成钝化膜而使其腐蚀速度大大降低，而变成耐蚀金属。但是，钝态是在一定的电化学条件下形成或破坏的。在一定的电位条件下，钝态受到破坏，孔蚀就产生了。因此，当把有钝化性能的金属进行阳极极化，使之达到某一电位时，电流突然上升，伴随着钝性被破坏，产生腐蚀孔。在此电位以前，金属保持钝态，或者虽然产生腐蚀点，但又能很快地再钝化，这一电位叫作临界孔蚀电位 φ_b（或称击穿电位，见图 5-1）。φ_b 常用于评价金属材料的孔蚀倾向性。临界孔蚀电位越正，金属耐孔蚀性能越好。图 5-2 所示为不锈钢在氯化物溶液中的典型阳极极化曲线。

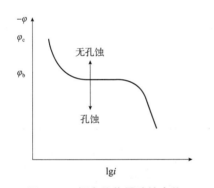

图 5-1　恒电位临界孔蚀电位

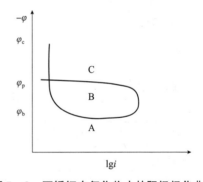

图 5-2　不锈钢在氯化物中的阳极极化曲线

一般而言，φ_b 依溶液的组分、温度、金属的成分和表面状态以及电位扫描速度而变。在溶液组分、温度、金属的表面状态和扫描速度相同的条件下，φ_b 代表不同金属的耐孔蚀趋势。

本实验采用恒电位仪手动操作，当阳极极化到 φ_b 时，随着电位的继续增加，电流急剧增加，一般在电流密度增加到 $200 \sim 2500 \mathrm{mA/cm^2}$ 时，就进行反方向极化，电流密度相应下降，回扫曲线并不与正向曲线重合，直到回扫的电流密度又返回钝态电流密度值，此时所对应的电位中 φ_p 为保护电位。这样整个极化曲线形成一个"滞后环"，把 $\varphi - \lg i$ 图分为 3 个区，如图 5-2 所示。A 为必然孔蚀区；B 为可能孔蚀区；C 为无孔蚀区。可见，回扫曲线形成的"滞后环"可以获得更具体判断孔蚀倾向的参数。

三、实验设备及材料

恒电位仪、参比电极、辅助电极、盐桥、电解槽，温度计、18-8 不锈钢试件、氯化钠溶液实验装置。

四、实验内容与步骤

（1）待测试件准备：把 18-8 不锈钢试件放入 60℃、30% 的硝酸溶液中钝化 1h，取出冲洗、干燥，封装。分别用丙酮和无水乙醇擦洗以清除表面的油脂。

（2）按图接好线路。测定自腐蚀电位 φ_c，直到取得稳定值为止，并做好记录。

（3）调节恒电位仪的给定电位，使之等于自腐蚀电位，自 φ_c 开始对研究电极进行阳极极化，由小到大逐渐加大电位值。起初每次增加的电位幅度小些，并密切注意电流表的指示值，在电位调节好后 1~2min 记录电流值。在孔蚀电位以前，电流值增加很少，一旦到达孔蚀电位 φ_c，电流值便迅速增加。当电位接近 φ_b 时，要细致调节以测准孔蚀电位。过孔蚀电位以后，电位调节幅度可适当增加，当电流密度增大到 $500\mu A/cm^2$ 左右时，即可进行反方向极化，回扫速度可由每分钟 30mV 减小到 10mV 左右，直到回扫的电流密度又返回钝态时，即可结束实验。

（4）本实验也可在恒电位仪上连接扫描信号发生器和数据采集存储器，进行自动扫描测定极化曲线。

五、数据记录

试件材料		介质成分	
介质温度		试件暴露面积	
参比电极		参比电极电位	
辅助电极		试件自腐蚀电位/mV	
序　号	电极电位/mV	极化电流/mA	备注

六、结果处理

在半对数坐标纸上绘出 $\varphi-\lg l$ 曲线，并由图上求出 φ_b 和 φ_p 的值。

七、思考题

（1）根据测定临界孔蚀电位曲线的特点，讨论恒电位技术在孔蚀电位测定中的重要作用。

（2）产生缝隙腐蚀的原因是什么？封装试件中如何防止缝隙腐蚀的产生？

第四章　热加工工艺模拟仿真实验

第一节　铸造模拟仿真实验

一、实验目的

(1)优化工艺参数：通过模拟铸造过程，可以分析和优化铸造工艺参数，如浇注温度、模具温度、冷却速度等，以提高铸件的质量和性能。

(2)预测和解决缺陷：预测铸造过程中可能出现的缺陷，如缩孔、缩松、热裂等，并研究相应的解决方案，以减少或消除这些缺陷。

(3)缩短开发周期：通过模拟在早期预测和解决铸造问题，从而缩短产品开发周期。

(4)降低成本：通过优化工艺参数和预测并解决铸造缺陷，减少试验次数和材料浪费，从而降低生产成本。

(5)提高安全性：在实际铸造前预测和评估可能的风险，从而提高生产过程的安全性。

(6)研究和开发新的铸造技术：用于研究和开发新的铸造技术，如新的合金材料、新的铸造工艺等。

二、实验原理

1. 铸造数值模拟技术

铸造过程中的数值模拟技术的实质是对铸件成型系统(包括铸件－型芯－铸型等)进行几何上的有限离散，在物理模型的支持下，通过数值计算来分析铸造过程有关物理上的变化特点，并结合铸造缺陷的形成判据来预测铸件质量。

数值解法的一般步骤如下：

(1)汇集给定问题的单值性条件，即研究对象的几何条件、物理条件、初始条件和边界条件等。

(2)将物理过程涉及的区域在空间上和时间上进行离散化处理。

(3)建立内部节点(或单元)和边界节点(或单元)的数值方程。

(4)选用适当的计算方法求解线性代数方程组。

(5)编程计算。

其中，核心部分是数值方程的建立。根据建立数值方程的方法不同，又分为多种数值方法。铸造过程采用的主要数值方法有：有限差分法（FDM）、直接差分法（DFDM）、控制体积法（VEM）、有限元法（FEM）、边界元法（BEM）等。

比较常用的方法包括有限差分法和有限单元法。

有限差分法（FDM）是计算机数值模拟最早采用的方法，该方法将求解域划分为差分网格，用有限个网格节点代替连续的求解域。有限差分法以 Taylor 级数展开等方法，把控制方程中的导数用网格节点上的函数值的差商代替进行离散，从而建立以网格节点上的值为未知数的代数方程组。该方法是一种直接将微分问题变为代数问题的近似数值解法，数学概念直观，表达简单，是发展较早且比较成熟的数值方法。

有限单元法（FEM）的基础是变分原理和加权余量法，其基本求解思想是：把计算域划分为有限个互不重叠的单元，在每个单元内，选择一些合适的节点作为求解函数的插值点，将微分方程中的变量改写成由各变量或其导数的节点值与所选用的插值函数组成的线性表达式（形函数），借助变分原理或加权余量法，将微分方程离散求解。采用不同的权函数和插值函数形式，便构成不同的有限单元法。

无论采用怎样的数值计算方法，铸造过程数值模拟软件都应包括三个部分：前处理—中间计算—后处理。其中，前处理部分主要为数值模拟提供铸件和铸型的几何信息、铸件及造型材料的性能参数信息和有关铸造工艺信息。中间计算部分主要根据铸造过程所涉及的物理场为数值计算提供计算模型，并根据铸件质量或缺陷与物理场的关系（判据）预测铸件质量。后处理部分的主要功能是将数值计算所获得的大量数值以各种直观的图形形式显示出来。

2. 宏观流场、温度场和溶质场耦合模型

宏观温度场的计算是微观组织模拟的基础，温度场的模拟为微观组织模拟中的过冷度的计算提供了条件，对最终的凝固组织有至关重要的影响。流场是温度场计算的基础，首先介绍流场的计算模型。

（1）宏观流场模型

凝固过程中的动量传输主要包括自然对流、强迫对流及传输过程引起的流动、自然对流包括浮力流和凝固收缩引起的流动。浮力流是最基本、最普遍的对流方式，它是由于凝固过程中的溶质再分配、传热和传质引起的液相密度的不均匀而造成的流动。自然对流的速度值虽然不大，但它可以改变凝固界面前沿的温度场和溶质浓度场，影响凝固组织形态，并可引起溶质的长程传输，导致宏观偏析等缺陷。强迫对流式通过各种外加方式驱动液体流动，如通过外加电磁场，以离心转动来产生流动。有效利用流动有益的一面，可以获得性能优良的铸件。

（2）宏观温度场模型

凝固过程的传热包括热传导、热对流和热辐射。在这三种方式中，热量传递的本质是各不相同的。在本模拟工作中主要采取传导传热方式。

热传导也称导热，导热现象是物体的各个质点或不同温度的各个物体直接接触时热量的传递过程。凝固过程需要考虑结晶过程的潜热，目前对潜热的处理主要采用热熔法。将其视为具有内热源的导热问题。

采用热熔法处理凝固潜热具有以下优点：无论是具有凝固温度范围的合金，还是对于纯金属或共晶合金等在一定温度下凝固的金属，都可以采用热熔法进行统一的处理；并且在模拟计算中比较容易计算出固相率的值。

(3)凝固宏观偏析模型

ProCAST在计算凝固过程中，需要在温度场、浓度场和流场耦合模拟的基础上，才可以定量预测宏观偏析。宏观偏析是指铸件中合金成分在大于晶粒尺度范围内的不均匀分布。宏观偏析程度与溶质分配系数密切相关，溶质分配系数越小，宏观偏析越严重。宏观偏析是由以下5个因素的作用引起的，即

1)合金以平直界面定向凝固时，固液界面前沿的不稳定现象和断面效应；

2)液相内中等强度的搅动对固液界面的枝晶臂的冲刷；

3)等轴晶的迁移和沉积；

4)糊状区内枝晶骨架的变形；

5)糊状区内枝晶间液相纵深的流动，包括温度差和浓度差引起的自然对流。通常是几个因素互相竞争，最后导致铸件的宏观偏析。

在凝固过程中，固液界面前沿会出现溶质富集或贫乏，即出现了在晶粒尺度范围内的溶质不均匀。同时，在糊状区、液相区内溶质梯度和温度梯度导致自然对流，引起溶质富集或贫乏的液相长程流动，产生宏观偏析。可以认为，固液界面的溶质再分配是宏观偏析的起因，而自然对流是形成宏观偏析的主要途径。反之，通过自然对流，会改变固液界面前沿局部凝固条件，也会影响界面溶质再分配，从而影响微观偏析。对于宏观偏析的精确定量模拟，只有分别在固相、液相及糊状区内建立起溶质场、流场、温度场的耦合模型才有可能实现，而耦合模型求解的难点在于追踪液相与糊状界面、糊状区与固相界面。

宏观偏析的各种模式，如正偏析、负偏析、A型偏析、V型偏析及逆V型偏析都会在钢锭凝固过程中出现，对宏观偏析进行定量模拟，首先要建立三场耦合模型；其次对模型进行求解，得到温度场、溶质场、流场；最后对计算得到的数据进行分析，预测最后的宏观偏析过程。

三、实验设备

1. 设备：计算机1台、SolidWorks软件、ProCAST软件。

2. 软件介绍：

(1)SolidWorks软件简介

SolidWorks是一款功能强大的三维机械设计软件系统，具有功能强大、易学易用和技

术创新三大特点，这使得 SolidWorks 成为领先的、主流的三维 CAD 解决方案。使用 SolidWorks 软件可以直接从三维实体设计入手，减少设计过程中二维草图与三维设计之间的转换，易于理解和操作。

（2）ProCAST 软件简介

ProCAST 软件是由美国 UES(UNIVERSAL ENERGY SYSTEM)公司开发的铸造过程的模拟软件采用基于有限元的数值计算和综合求解的方法，对铸件充型、凝固和冷却过程等提供模拟，提供了很多模块和工程工具来满足铸造工业最富挑战的需求。基于强大的有限元分析，它能够预测严重畸变和残余应力，并能用于半固态成形、吹芯工艺、离心铸造、消失模铸造、连续铸造等特殊工艺。ProCAST 适用于砂型铸造、消失模铸造、高压铸造、低压铸造、重力铸造、倾斜浇铸、熔模铸造、壳型铸造、挤压铸造、触变铸造、触变成形、流变铸造。由于其采用了标准化、通用的用户界面，任何一种铸造过程都可以用同一软件包 ProCAST 进行分析和优化。它可以用来研究设计结果，如浇注系统、通气孔和溢流孔的位置，冒口的位置和大小等。实践证明，ProCAST 可以准确地模拟型腔的浇注过程，精确地描述凝固过程。可以精确地计算冷却或加热通道的位置以及加热冒口的使用。

四、实验内容与步骤

1. 模拟实验步骤

（1）SolidWorks 建模

采用 SolidWorks 软件，利用其面特征和体特征根据零件图绘制所需的三维模型。

（2）ProCAST 有限元网格划分

依次对导入的三维模型进行检查修复、面网格划分、体网格划分、分析优化。由于 ProCAST 不能直接创建实物模型，需通过第三方软件 SolidWorks 建模并导入 ProCAST 中，但是 ProCAST 与大多数三维造型软件没有专用的接口，需要通过格式的转化才能被 ProCAST 读取，图 1 - 1 所示为划分好网格的铸造模型图。

（3）设置铸件和模具的材料属性

打开材料属性管理器，依次为铸件、模具的设定材料属性，若进行流场计算，需设置"铸件区域"为空。需要特别注意的是，在计算模拟

图 1 - 1　铸件模型的网格划分

中，每次循环前，整个模型的温度都要重新初始化。例如，第 $N - 1$ 次循环的模具温度要作为第 N 次循环的初始条件。因此，为每个组件设置正确的材料类型非常重要。

（4）创建并设置各部件之间的界面

创建各部件之间的界面，设置不同的界面系数。

（5）设置模拟参数

依次设置边界条件、重力条件、常量初始条件和运行参数。其中设置重力条件时应注意，重力加速度由三个矢量组成，应根据实际情况设置大小；而运行参数设置时应选择"HPDC Cycling"，这样软件会自动设置正确的运行参数，如图 1 – 2 所示。

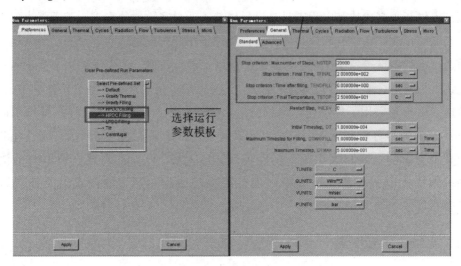

图 1 – 2　运行条件设置界面

（6）利用 ProCAST 计算

将以上文件保存后，打开 ProCAST 对话框，勾选"execute datacast first"复选框，将不必单独运行 datacast，然后单击"计算"按钮。

（7）根据铸造、凝固的模拟进行分析

在铸造模拟过程中，合理设计浇注方案、浇注系统、浇注位置、浇注时间，并针对相关的模拟判断是否存在缺陷。合理的浇注方案能够清楚地观察到如夹渣、卷气等缺陷的形成过程，有效地进行模拟优化。合理的浇注系统能够防止缩松、缩孔的产生；浇注位置的选择对钢铸件的凝固顺序具有非常大的影响；浇铸时间影响钢铸件的品质，可以与模拟结果结合，再由浇口大小及铸件总体积，可以粗略得出浇注速度。对于充型过程的模拟和型体内钢液的流速场模拟，箭头的密集程度反映了钢液流动速度的快慢。利用粒子追踪技术反映了模拟过程是否产生卷气，钢液流速是否平稳。

在凝固模拟过程中，液态合金在冷却凝固时液态收缩与凝固收缩所缩减的容积是否能得到及时补足，会影响铸件最后凝固的部位是否形成缩松或者缩孔缺陷的关键因素。利用 ProCAST 软件提供的铸件凝固过程模拟，对铸件的缩松和缩孔缺陷进行预测并对缺陷进行优化处理。

根据以上的分析结果得到最合理的铸造模拟方案。

2. 实验内容

实验一：阀体铸造模拟(见图 1 - 3)。

该零件是常用的阀体，其材质为 35CrNiMo 合金钢，属于小型铸件，请采用熔模铸造的铸造方式利用 ProCAST 软件进行模拟。

已知：材料为 35CrNiMo 合金钢、小型铸件。

要求：结合所学知识对阀体铸造的宏观流场、温度场和溶质场进行分析，设计出阀体的铸造工艺(浇注位置、铸造工艺参数等)和铸造浇注方案(浇注系统、浇注方式、浇注时间)。

图 1 - 3 阀体的三维模型

利用 SolidWorks 软件完成阀体的三维建模，并将其导入 ProCAST 软件进行网格划分、设置材料属性、模拟参数设置、计算模拟、分析优化等；确保模拟结果没有夹渣、卷气、浇注不足等缺陷。

图 1 - 4 带轮的三维模型

实验二：带轮铸造模拟(见图 1 - 4)。

请利用 SolidWorks 软件画出带轮的三维图形，并将其导入 ProCAST 软件中进一步进行砂型铸造模拟，其中铸造材料选用球墨铸铁，铸型砂选用硅砂(具有良好的耐火性、可塑性、透气性)，砂芯选用 H13 钢。

已知：铸造材料为球墨铸铁、铸型砂为硅砂、砂芯为 H13 钢、零件图(见图 1 - 5)。

要求：结合所学知识对带轮铸造的宏观流场、温度场和溶质场进行分析，并设计出带轮的铸造工艺(浇注位置、分型面、砂芯、铸造工艺参数

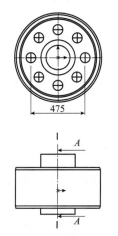

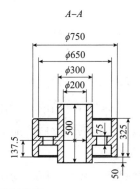

图 1 - 5 带轮的零件图

等)和铸造浇注方案(浇注系统、浇注方式、浇注时间);利用 SolidWorks 软件完成带轮的三维建模,并将其导入 ProCAST 软件进行网格划分、设置材料属性、模拟参数设置、计算模拟、分析优化等;确保模拟结果没有夹渣、卷气、浇注不足等缺陷。

五、实验报告要求

(1)实验前要求做好预习,熟悉实验目的、具体实验内容、实验原理及实验步骤,并事先对所使用的软件有一定的了解等准备工作。

(2)实验报告内容应包括:

1)实验名称;

2)实验目的;

3)实验内容与实验步骤,包括实验内容、原理分析及具体实验步骤;

4)实验设备及材料,包括实验所使用的软件;

5)实验结果,包括实验数据的处理与分析方法,填写实验结果记录表,绘制实验曲线等;

6)回答思考与讨论题目,总结实验的心得体会等内容。

(3)实验报告书写在专用实验报告纸上,要求字体规范得体,绘图要用直尺等绘图工具,报告整洁美观。

六、思考题

(1)传统铸造有什么局限性,计算机铸造模拟的优势又有哪些?

(2)用一句话概括铸造模拟的工作原理。

(3)充型模拟和凝固模拟中分别会出现什么缺陷?如何处理这些缺陷?

第二节 锻造模拟仿真实验

一、实验目的

(1)理解材料行为:研究金属在锻造过程中的变形和变形行为。探究材料的塑性变形及应力分布。

(2)优化工艺参数:确定最佳的工艺参数,如温度、压力和变形速率,以改善产品质量。通过模拟不同工艺条件下的结果,优化生产效率和成品性能。

(3)预测产品质量:预测成形后产品的尺寸、形状和内部应力分布。确保预测产品的质量符合设计标准和需求。

(4)节约成本和时间:减少实际试验次数,从而降低成本和减少生产周期。通过模拟,提前发现并解决潜在问题,避免在实际生产中遇到不必要的挑战。

(5)增进工艺理解与知识积累：通过模拟实验，深入理解金属锻造过程中的物理现象和机制。积累并分享工艺知识，以便今后的工艺改进和产品设计。

二、实验原理

金属锻造是一种重要的制造工艺，用于制作各种金属零件和工件。Deform – 3D 是一种专业的有限元分析软件，用于模拟金属锻造过程。在该软件中，涉及金属锻造模拟的基本原理主要涉及物理原理和数值模拟方法。

1. 物理原理

(1)变形原理

塑性变形：金属在受到力的作用下会发生塑性变形，超越其弹性极限，从而改变形状和尺寸。这种塑性变形包括弹性变形(在应力消除后恢复原状)和塑性变形(形状和尺寸发生永久性改变)。在锻造过程中，这是一个主要的物理过程。

(2)热力学原理

塑性变形与温度关系：金属在不同温度下的塑性特性不同。在锻造过程中，温度的变化会直接影响金属材料的变形性能。一方面，高温有利于金属的塑性变形，使得材料更容易受到塑性变形。另一方面，温度也影响材料的硬度和强度，这在锻造过程中需要加以考量。

(3)流变学原理

应变硬化：在金属受力后，会出现应变硬化现象。这说明随着金属材料的塑性变形，其抵抗变形的能力会增加。导致金属在变形过程中更难塑性变形，需要更大的应变来继续形状的改变。

(4)材料特性与本构模型

金属材料的特性如弹性模量、屈服强度、应变硬化曲线等，被数学模型所描述，称为本构模型。这些模型以数学公式和实验数据来描述材料在受力和变形时的行为。在 Deform – 3D 软件中，这些本构模型用于预测金属在不同应变率、温度和应力下的行为。

(5)热传导原理

在金属锻造中，温度的变化对金属材料的塑性变形、相变和应力分布等都有重要影响。热传导原理考虑了金属在受力和变形的过程中热量的产生、传递和分布。

Deform – 3D 软件利用这些物理学原理来模拟金属锻造过程，通过对材料的塑性行为、热特性和力学特性进行数值模拟，帮助工程师预测和优化金属锻造工艺。软件会考虑这些原理来模拟材料的变形、应力分布、温度变化等情况，以便用户更好地设计和优化金属锻造工艺。

2. 数值模拟方法

(1)有限元方法

Deform – 3D 使用有限元方法，将复杂的金属锻造过程离散化为许多小单元，以便进行数值计算。这些小单元称为有限元，其尺寸和形状根据模拟的需要进行调整。这个过程包括以下关键步骤。

离散化：初始的金属工件被离散成许多有限元，其中每个有限元代表在模拟过程中要考虑的小部分金属。

网格划分：金属工件根据有限元方法被划分成一个由节点和单元构成的网格结构。这些节点和单元之间的关系被用来计算应变、应力和其他物理量。

网格更新：随着模拟的进行，这些有限元的形状和尺寸会随着时间和受力的改变而发生变化，即网格更新。这确保了模拟的准确性。

（2）材料模型

Deform－3D 软件使用材料模型来描述金属材料的塑性行为。这些模型根据金属的特性和实验数据建立，以预测金属在应变、温度和应变速率下的行为。这些模型包括：本构模型和应变硬化模型。

本构模型：描述材料在受力和变形时的行为。这些模型根据材料的硬度、强度、应变硬化等特性来定义金属的力学行为。

应变硬化模型：描述金属在应变变化过程中硬度和强度的变化。

（3）边界条件和工艺参数

在模拟金属锻造过程时，用户需要提供边界条件和工艺参数。这些参数包括：受力条件、温度条件、工艺参数等。

受力条件：在模拟中施加在金属工件上的力或压力的条件。

温度条件：模拟中施加在金属工件上的温度条件，如加热或冷却。

工艺参数：包括锻压速率、模具的几何形状和其他制程参数。

（4）收敛性和稳定性

模拟的准确性取决于数值方法的收敛性和稳定性。为了确保模拟的准确性，需要进行合适的网格划分、时间步长选择以及对模拟参数的调整，以使模拟结果收敛并保持稳定。

Deform－3D 软件结合这些数值模拟方法，允许工程师对金属锻造过程进行详细的模拟和分析，以优化工艺和确保最终产品的质量。

三、实验内容与步骤

实验案例一：钼坯拔长模型

1. 有限元建模

（1）使用 Deform－3D 软件进行有限元建模。

（2）建立了纯钼锻造过程的几何模型，锻件形状为 $\phi75\,\text{mm} \times 100\,\text{mm}$ 的圆柱体。

（3）锻件采用四面体网格划分，总网格数设置为 60000 个。

2. 锻造参数设置

（1）初始开坯温度设置为 1300℃。

（2）工步间退火温度设置为1100℃。

（3）拔长过程中砧头设计为弧形，镦粗砧头为平砧。

（4）砧头被设置为传热刚体，其变形被忽视。

（5）砧头与锻件之间的库伦摩擦系数被设置为0.3。

（6）模具温度为300℃，界面传热系数为5N/（s·mm·℃）。

（7）环境温度为20℃，热对流系数为0.02N/（s·mm·℃）。

拔长弧形砧模具设计图如图2－1所示。

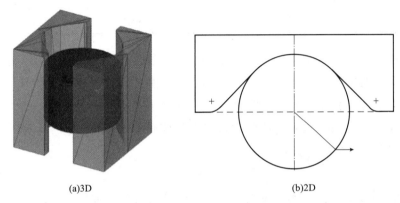

(a)3D   (b)2D

图2－1　拔长弧形砧模具设计图

3. 锻造过程中的运动

（1）下锤头在锻造过程中保持不动。

（2）上锤头的速度被设置为10mm/s。

（3）Deform－3D软件的材料库中没有纯钼，参考文献设置纯钼坯材料参数，如表2－1所示，假设各参数在模拟温度区间恒定。选择Langrangian增量形式计算锻造过程中的塑性变形，通过共轭梯度法计算单步，计算步之间采用直接迭代。

表2－1　纯钼坯材料参数

类别	参数
塑流应力方程	$\bar{\varepsilon} = 6.19 \times 10^8 \left[\sinh(0.0038\sigma) \right]^{7.7175}$ $\exp\left[-282479/(RT) \right]$
热膨胀系数	5×10^{-6} K^{-1}
杨氏模量	2.79×10^{11} MPa
泊松比	0.324
导热系数	98.8W/（m·K）
塑性功至热变换率	0.9
密度	10.2g/cm³
初始相对密度	0.95

各工步中变形参数如表 2 - 2 所示。

表 2 - 2　多向锻造过程各工步试样的变形参数

工步数	变形方向	变形温度/℃	变形量/%
1	一次拔长	1300	56
2	一次镦粗	1100	70
3	二次拔长	1100	50
4	二次镦粗	1100	70
5	三次拔长	1100	50

（4）多向锻造实验，取模拟过程中最优选的锻造参数进行多向锻造变形实验，利用鞍钢 1000t 快锻机对纯钼进行反复拔长镦粗变形，锻造模具为 H13 耐热模具钢，使用高温天然气喷枪加热模具。采用中频感应加热炉加热，开坯在 1300℃下保温 30min，各道次退火均在 1100℃下保温 6min。拔长过程每次锻打锻件旋转 60°左右，每工步采用 3 个道次加工，镦粗过程采用 2 个道次加工。

4. 实验结论

（1）采用有限元数值模拟软件对纯钼的大塑性变形进行了数值模拟，建立起恰当的数值模型，通过改变锻造温度、锻造压下量等参数，获得了一种反复拔长—镦粗的纯钼多向锻造变形工艺。

（2）获得的优选多向锻造方案为：在 1300℃开坯，对纯钼烧结坯进行 5 个工步的反复拔长—镦粗锻造，每个工步分为 2 ~ 3 个道次，每道次退火温度为 1100℃。

（3）初始平均晶粒约 55μm 的纯钼烧结坯经历反复拔长—镦粗后，晶粒尺寸减小至 2 ~ 3μm，且烧结孔洞明显减少，致密度增加。

实验案例二：道钉模拟

图 2 - 2 所示为取完对称面的简化模型(1/4)和有限元模型(含模具)。

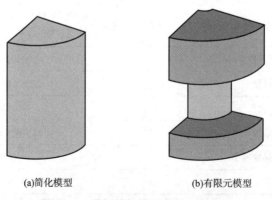

(a)简化模型　　　　(b)有限元模型

图 2 - 2　道钉简化模型和有限元模型

此案例是一个热锻成形工艺。

工艺参数：几何体和工具采用 1/4 来分析。

单位：英制（English）。

坯料材料（Material）：AISI - 1025。

模具材料（Material）：AISI - H - 13。

坯料温度（temperature）：2000℉。

模具温度（temperature）：300℉。

上模速度：2in/s。

模具行程：0.75in。

对于这个热成形工艺进行数值仿真，要分为 3 个工序进行分析。

（1）模拟 10s 内坯料从炉子到模具的热传递。这是从炉子里拿出来进行锻造之前，工件和空气之间进行的热交换。

（2）对坯料停留于下模的 2s 时间进行模拟。这个过程也是一个热传递的模拟。

（3）进行热传递和锻造工艺共同进行的耦合分析过程。

提示：温度的变化对后面的塑性产生影响，一般情况下，金属塑性随着温度的降低而降低。

提示：实际工作中，工人师傅将工件放到工作台，到开始变形需要一定的时间，此时坯料与下模接触的部分温度变化更快。

提示：这里将针对轴对称体的塑性成形问题进行 1/4 建模。零件是轴对称的，也可进行 2 - D 模拟，这里主要是想通过这个案例来阐述 3 - D 模拟中的一些主要概念。

下面介绍详细步骤：

1. 热传导工序分析

（1）创建一个新问题

选择开始→程序→DEFORM - 3D V6.1→DEFORM - 3D 命令，进入 DEFORM - 3D 主窗口。单击 按钮新建问题，在弹出的界面中单击 Next > 按钮，在接下来的弹出的界面中单击 Next > 按钮，在下一个界面中输入问题名称（Problem Name）Spike，单击 Finish 按钮，进入前处理模块。

（2）设置模拟控制

在前处理控制窗口中单击 按钮，在弹出的 Simulation Controls 对话框中，把模拟标题（Simulation title）改为 spike forging，工序名称（Operation Name）改为 transfer from furnace，Mode 选项区域中取消勾选 Deformation 复选框，勾选 Heat transfer 复选框，将 Operation number 设置为 1，进行热传递的模拟，如图 2 - 3 所示。

单击 Step 按钮，设置以下参数：Number of simulation steps 为 50，Step increment to save 为 10，分析用时间控制，Constant 数值为 0.2，如图 2 - 4 所示。

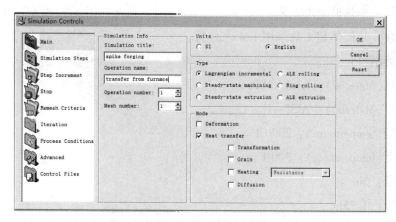

图 2-3　模拟控制界面

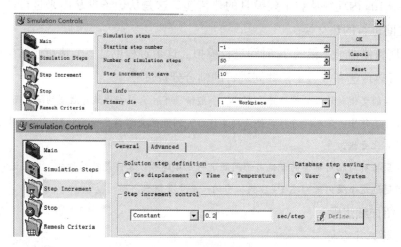

图 2-4　步骤设置

(3)定义毛坯的温度和材料

此时默认选中物体 Workpiece，单击 按钮，物体类型(Object Type)采用默认的塑性体(Plastic)。

单击 Assign temperature... 按钮，在弹出的对话框中输入 2000，单击 OK 按钮，关闭对话框。

单击 按钮，选择材料库中的 Steel→AISI-1025[1800-2200F(1000-1200C)]选项，单击 Load 按钮加载。

(4)几何体导入

单击 按钮，然后单击 Import Geo... 按钮，在弹出的读取文件对话框中找到 Spike-Billet. STL(DEFORM3D\V6-1\Labs)并加载此文件。

在 Objects 窗口中单击 按钮，在物体的列表中增加了一个名为 Top Die 的物体，并单击 按钮，然后单击 Import Geo... 按钮，在弹出的对话框中导入 SpikeTop-Die1. STL

（DEFORM3D\V6_ 1\Labs）文件。

单击 按钮，增加一个名为 Bottom Die 的刚性物体，单击 按钮导入 Spike - BottomDie. STL 文件。导入的几何体如图 2-5 所示。

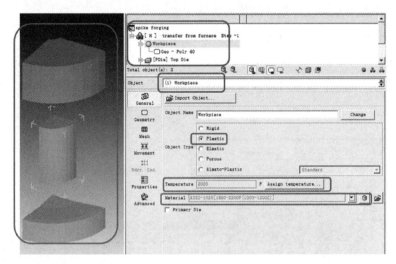

图 2-5 导入几何体

（5）坯料网格划分

选中物体 Workpiece，单击 按钮，使其处于单一物体模式，然后单击 按钮进入网格划分窗口；选择 Detailed Settings 的 General 选项卡，将类型［Type 改为绝对的（Absolute）］，尺寸比（Size Ratio）改为 3，单元尺寸（Element Size）改为最小单元尺寸（Min Element Size）0.04。此时单击 Surface Mesh 按钮生成表面网格，单击 Solid Mesh 按钮生成实体网格，如图 2-6 所示。

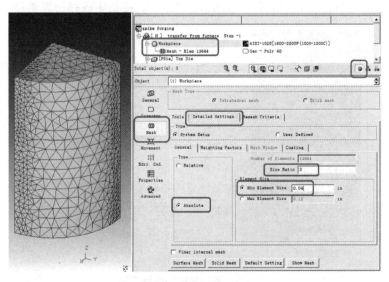

图 2-6 坯料网络和网格参数

（6）定义热边界条件

这是一个 1/4 对称体的一部分，所以在分析中，要通过边界条件的定义体现出来，因此要分析热问题，定义一热边界条件即可。因为所有的边界条件都是加载到节点和单元上，这一步操作必须是对已经划分网格的物体才能操作。

1）在物体树中选中物体 Workpiece，单击 [Bdry. Cnd] 按钮，弹出对话框，在 BCC Type 中选择 Thermal 类中的 Heat Exchange with Environment 选项，如图 2−7 所示。单击 [Environment] 按钮，在弹出的对话框中，设置环境温度为 68℉（默认），设置完成后单击 [OK] 按钮，关闭此对话框。

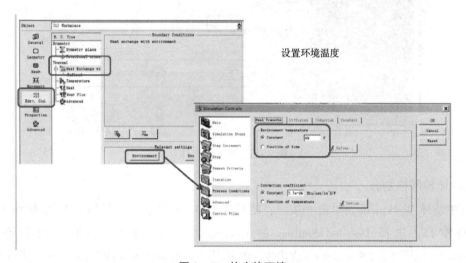

图 2−7　热交换环境

2）在屏幕左下角出现的小窗口是为了选择边界面，在默认的情况下，单击热交换面，包括毛坯的上下和圆柱外面，如图 2−8 所示，单击 [按钮] 按钮完成热边界条件的定义。

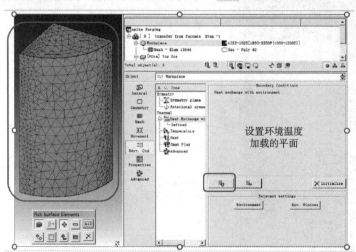

图 2−8　热交换面和选择工具

提示：除对称面以外的物体面都是热交换面。

提示：在选择上述3个面的过程中，你不可能在一个视角内将3个面都找到，必须在不同视角之间切换，可以利用旋转图标和选择图标联合完成。前者通过旋转角度，寻找边界面，后者保证能够用鼠标选择。也可通过中键旋转，直接选择。

(7)检查生成数据库文件

在前处理控制窗口中单击按钮，在弹出的 Database Generation 对话框中单击 Check 按钮。如图2-9所示，出现提示 No inter-object relations are defined. ，说明没有任何接触关系被定义，不用去理会它。单击 Generate 按钮生成模拟所需的 DB 文件，然后单击 Close 按钮返回。此时单击按钮，进入主窗口。

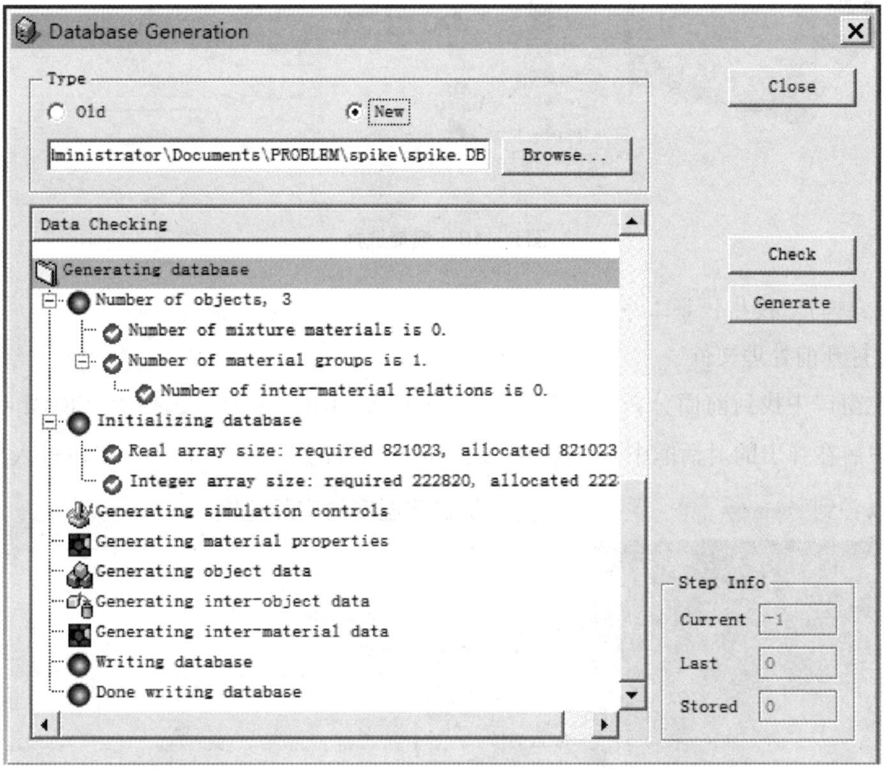

图2-9　DB检查

提示：对此工序不需要定义接触关系，因为模具实际上还没起作用，如果不考虑后面工序，此案例实际上不需要增加上模和下模。

(8)模拟和后处理

在 Deform-3D 的主窗口中，选择 Simulator 中的 Run 选项开始模拟。

模拟完成后，选择 DEFORM-3D Post 选项。此时默认选中物体 Workpiece，单击按钮，图形区将只显示 Workpiece 一个图形。在 step 窗口选择最后一步(50)，在变量下拉列表框中选择温度(Temperature)，物体温度显示如图2-10所示。

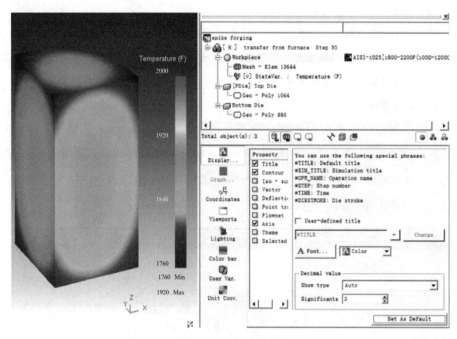

图 2 - 10　温度选择

2. 坯料与下模热传导工序

（1）打开前处理文件

在主窗口中找到前面分析获得的数据文件 Spike. DB，选中后选择 DEFROM – 3D Pre 选项，然后在弹出的对话框中选择第 50 步，如图 2 – 11 所示，单击 OK 按钮进入前处理。这时可以看到 Temperature 1760 ~ 1920 ，是目前温度的实际范围。

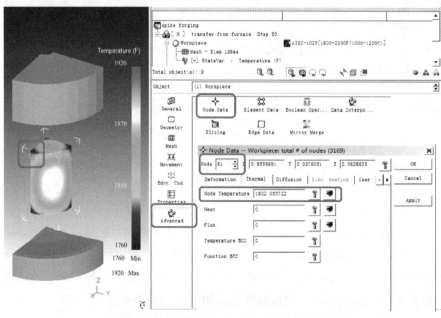

图 2 - 11　导入后的物体、节点温度和节点资料

提示：对于一个已经进行计算过的数据文件，在前处理打开时，会提示输入哪个时间步，如果是在原来的基础上接着计算，可以选择最后一步，如果计算有问题想重新进行前处理，选择第一步。如有其他用途，选择其中的任何一个时间步。导入后的物体如图 2 – 11 所示。

提示：图形显示可能略有不同，可通过切换显示改变。

单击 `Advanced` 按钮，然后单击 `Node Data` 按钮，选择 `Thermal` 选项卡，单击 Node Temperature 后面的 按钮，查看此时节点温度，结果如图 2 – 11 所示。

（2）定义上模

1）选中物体 Top Die，单击 `General` 按钮，物体类型（Object Type）保持默认的刚性体（Rigid）。单击 `Assign temperature...` 按钮，在弹出的对话框中输入 300，单击 `OK` 按钮，关闭对话框。

2）在前处理控制窗口中，单击 按钮，选择材料库中的 Die – material→AISI – H – 13。单击 `Load` 按钮加载。

3）单击 `Mesh` 按钮，在默认的情况下，单击 `Generate Mesh` 按钮。

4）单击 `Bdry. Cnd.` 按钮，弹出对话框，在 BCC Type 下选择 Thermal 类中的 Heat Ex – change with Environment 选项，然后选择除对称面之外的所有面，如图 2 – 12 所示，单击 按钮。

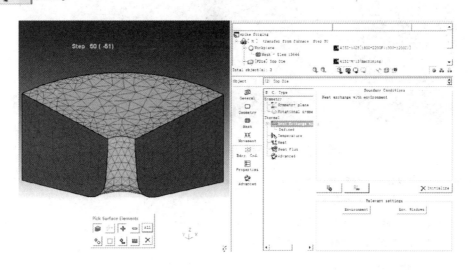

图 2 – 12　上模热交换面

（3）定义下模

1）选中物体 Bottom Die，单击 `General` 按钮，物体类型（Object Type）保持默认的刚性体（Rigid）。单击 `Assign temperature...` 按钮，在弹出的对话框中输入 300，单击 `OK` 按钮，关闭对话框。

2）在前处理控制窗口中，单击 按钮，单击定义过的 `AISI-H-13[1450-1850F(800-1000C)]` 加载。

3）单击 按钮，在默认的情况下，单击 `Generate Mesh` 按钮。

4）单击 按钮，弹出对话框，在 BCC Type 下选择 Thermal 类中的 Heat Exchange with Environment 选项，选择除对称面之外的所有面，如图 2-12 所示，单击 按钮。

（4）调整工件位置

前面定义了毛坯和模具的接触关系，但在几何上还未实现，所以必须通过 Object Positioning 功能将它们接触上。这主要是为了节省时间，将模具与毛坯接触的过程省略。

在前处理控制窗口的右上角单击 按钮，在弹出的对话框中，方法（Method）选择自动干涉（Interference），需要定位的物体（Positioning Object）选择 Workpiece，参考物体（Reference）选择 Bottom Die，定位方向（Approach direction）选择 -Z，干涉值（Interference）采用默认的 0.0001，如图 2-13 所示。然后单击 Apply 按钮应用，再单击 OK 按钮，关闭对话框，坯料将从上往下靠拢下模。

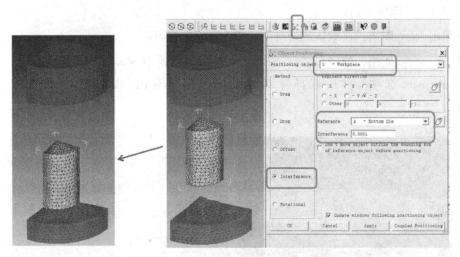

图 2-13　网络模型和自动干涉对话框

提示：-Z 向的自动靠模就好比参考物体放在那里不动，移动的物体往下（-Z 方向）放到参考物体上面，推荐大家永远都用 -Z 方向。

提示：做自动靠模时，坯料必须已经划分了网格。

提示：此时上模还没接触坯料，所以不做移动。

（5）定义接触关系

1）在前处理控制窗口的右上角单击 按钮，在弹出的对话框中单击 Yes 按钮，弹出 Inter-Object 对话框，如图 2-14 所示。

2）选中第二个关系 Bottom Die-（1）Workpiece，单击 Edit... 按钮，弹出定义对话框，单击 按钮，在弹出的下拉菜单中选择 Free resting 选项，热交换系数会自动给定 0.0003，如图 2-15 所示，单击 Close 按钮，关闭该对话框。

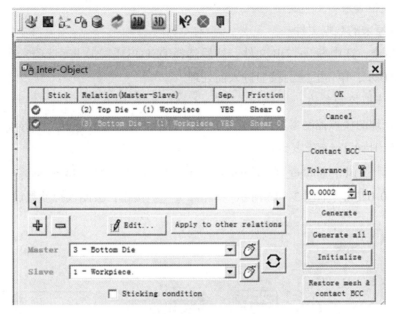

图2-14　关系定义

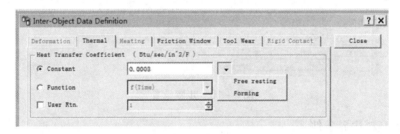

图2-15　热交换系数

3) 单击 Generate all 按钮生成接触关系。

提示：此时上模和坯料还未接触，保持热传递系数0不变，删掉此接触关系对结果也没有影响，但是后面工序还需加入，这里保留。

(6) 设置模拟控制

1) 在前处理控制窗口中单击 按钮，在弹出的 Simulation Controls 对话框中，把 Operation Name 改为 Dwell，Operation Number 改为2。

2) 单击 按钮，Number of Simulation Steps 设置为10，Step Increment to Save 设置为5，每步时间为0.2s。

(7) 检查数据库模拟文件

选择 File→Save 命令存盘，保存 KEY 文件，单击 按钮，在弹出的对话框中单击 Check 按钮检查，出现提示 Heat transfer coefficient between objects 1 and 2 is ZERO.，单击 Generate 按钮生成 DB 文件，然后单击 Close 按钮返回。单击 进入主窗口。

3. 热锻成形工序

(1)打开原来的数据文件

在主窗口中，选中 Spike. DB 文件，然后选择 DEFORM – 3D Pre 选项，在弹出的对话框中，选择 60 步，单击 ⌐OK┐ 按钮进入前处理。

(2)改变模拟控制参数

1)在前处理的模拟控制参数设置对话框中，将 Operation Name 改为 Forging，同时勾选 Deformation 和 Heat Transfer 复选框。

2)单击 🖱Step 按钮，Number of Simulation Steps 设置为 30，Step Increment to Save 设置为 5，每步长为 0.025in，如图 2 – 16 所示。单击 ⌐OK┐ 按钮，关闭模拟参数设置对话框。

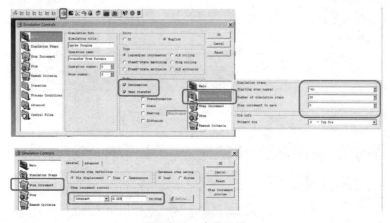

图 2 –16　步骤设置

(3)设置坯料边界条件

当模拟控制中 Deformation 没有被激活时，对称边界不能设置，下面将进行设置。

选中物体 Workpiece，单击 🖱Bdry. Cnd. 按钮，选中 🖱Symmetry plane 图标，然后分别选中坯料的对称面，并单击 ⌐🖱┐ 按钮，增加(–1, 0, 0)和(0, –1, 0)对称面。设置完成后，设置区如图 2 – 17 所示。

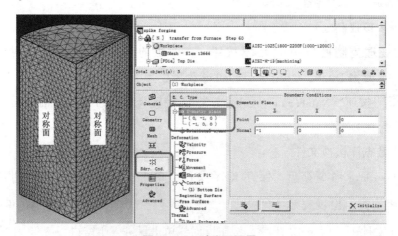

图 2 –17　对称面设置

（4）添加体积补偿参数

此时选中物体 Workpiece，单击 Properties 按钮，在 Deformation 选项卡的目标体积（Target Volume）选项区域中选中 ⦿ Active in FEM + meshing 单选按钮。意思是，在计算过程和重划分网格时都要考虑网格的目标体积。然后单击 按钮，单击 Yes 按钮，目标体积会自动复制到体积输入。

（5）上模对称及运动设置

1）选中物体 Top Die，单击 Geometry 按钮，选择 Symmetric Surface 选项卡，然后分别选中上模的对称面，并单击 ✚ Add 按钮。设置完成后设置区如图 2 – 18 所示。

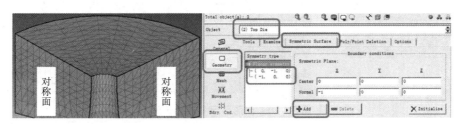

图 2 – 18　上模对称面

提示：刚性体的对称面在几何体单击 Geometry 按钮，然后在 Symmetric Surface 选项卡中进行设置，而不是像塑性体在边界条件单击 Bdry Cnd 按钮和 Symmetry plane 图标后进行设置。

2）单击 Movement 按钮。定义在 Z 轴上的速度为 2in/s，如图 2 – 19 所示。

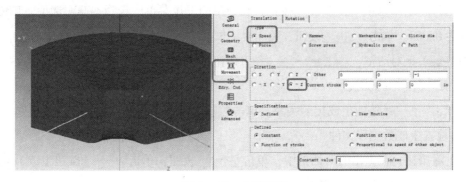

图 2 – 19　上模速度

（6）下模对称设置

选中物体 Bottom Die，单击 Geometry 按钮，选择 Symmetric Surface 选项卡，然后分别选中下模的对称面，并单击 ✚ Add 按钮完成设置。

（7）定位上模

在前处理控制窗口的右上角单击 按钮，在弹出的对话框中，方法（Method）选择自动干涉（Interference），需要定位的物体（Positioning object）选择 Top Die，参考物体（Reference）选择 Workpiece，定位方向（Approach direction）选择 – Z，干涉值（Interference）

采用默认的 0.0001。然后单击 Apply 按钮应用,单击 OK 按钮关闭对话框,上模将从上往下靠拢坯料,如图 2 – 20 所示。

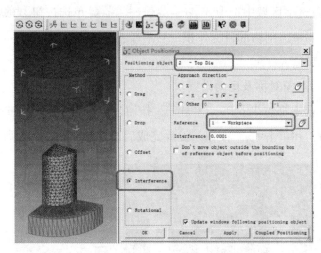

图 2 – 20　图形显示和自动干涉

(8)设置接触关系

1)单击 按钮,弹出 Inter – Object 对话框,选中关系 Top Die – Workpiece,单击 Edit... 按钮,弹出定义对话框,此时单击 按钮,在弹出的下拉菜单中选择 Hot forging (lubricated) 0.3 选项,摩擦因数系统设置为 0.3。

2)选择 Thermal 选项卡,单击 按钮,在弹出的下拉菜单中选择 Forming 选项,热传导系数默认为 0.004。单击 Close 按钮,关闭对话框。

3)接触关系对话框,单击 Apply to other relations 按钮将 Top Die – Workpiece 之间的关系复制到 Bottom Die – (1) Workpiece。

4)单击 Generate all 按钮生成接触关系。单击 OK 按钮关闭该对话框。

(9)检查生成数据库文件

单击 按钮,在弹出的对话框中,单击 Check 按钮,单击 Generate 按钮生成 DB 文件,单击 Close 按钮返回,单击 按钮进入主窗口。

(10)模拟和后处理

在 Deform – 3D 的主窗口中,选择 Simulator 中的 Run 选项开始模拟。模拟完成后,选择 DEFORM-2D/3D Post 选项。在 step 窗口选择最后一步,在变量对话框中选择温度(Temperature),展示窗口如图 2 – 21 所示。

提示:这个模拟一共有 90 步,其中 1 ~ 50 步是散热过程,51 ~ 60 步是下模传热过程,61 ~ 90 步是成形和热交换的耦合过程。

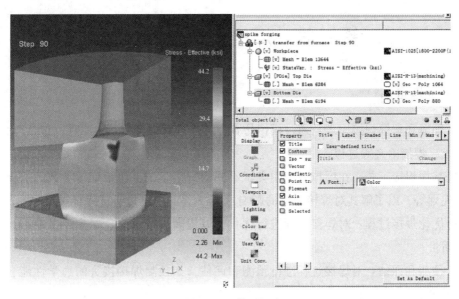

图 2 -21　模型温度

四、实验报告要求

（1）实验前要求做好预习，熟悉实验目的、具体实验内容、实验原理及实验步骤，并事先对所使用软件有一定的了解等准备工作。

（2）实验报告内容应包括：

1）实验名称；

2）实验目的；

3）实验内容与实验步骤，包括实验内容、原理分析及具体实验步骤；

4）实验设备及材料，包括实验所使用的软件；

5）实验结果，包括实验数据的处理与分析方法，填写实验结果记录表，绘制实验曲线等；

6）回答思考与讨论题目，总结实验的心得体会等内容。

（3）实验报告书写在专用实验报告纸上，要求字体规范得体，绘图要用直尺等绘图工具，报告整洁美观。

五、思考题

（1）选择适用于热锻造的金属材料，设计一个轴对称零件的三维模拟文件，基于Deform 软件，分析模拟结果，了解锻造过程中的变形、应力分布和温度分布。

（2）选择适用于热锻造的金属材料，设计一个工件镦粗的三维模拟文件，基于 Deform软件，进行工件镦粗过程的热锻造模拟，分析形变、应力和温度分布，通过模拟结果了解锻造过程中的材料流动和变形行为。

第三节　焊接模拟仿真实验

一、实验目的

（1）理解和掌握焊接原理：通过模拟仿真，深入理解焊接的基本原理，包括电弧行为、熔池形成、焊接冶金等过程。

（2）掌握焊接工艺：在模拟环境中尝试不同的焊接工艺，包括焊接参数的选择、焊接路径的规划等，以了解其对焊接结果的影响。

（3）优化焊接过程：对焊接过程进行优化，以提高焊接效率、减少焊接缺陷，从而提高焊接质量。

（4）预测和评估：对焊接过程进行预测和评估，如预测焊接接头的力学性能、热影响区的范围等。

二、实验原理

焊接问题中的温度场和应力变形等最终可以归结为求解微分方程组，对于该类方程求解的方式通常为两大类：解析法和数值法。由于只有在做了大量简化假设，并且问题较为简单的情况下，才可能用解析法得到方程解，因此对于焊接问题的模拟通常采用数值方法。

1. 焊接分析数值方法

在焊接分析中，常用的数值方法包括：差分法、有限元法、数值积分法、蒙特卡罗法。

（1）差分法：该方法通过把微分方程转换为差分方程来进行求解。对于规则的几何特性和均匀的材料特性问题，编程简单，收敛性好。但该方法仅局限于规则的差分网格（正方形、矩形、三角形等），同时差分法只考虑节点的作用，而不考虑节点间单元的贡献，常常用来进行焊接热传导、氢扩散等问题的研究。

（2）有限元法：该方法是将连续体转化为由有限个单元组成的离散化模型，通过位移函数对离散模型求解数值解。该方法灵活性强，适用范围广，因此广泛应用于焊接热传导、焊接热弹塑性应力、变形和焊接结构的断裂分析等领域。

（3）数值积分法：该方法采用辛普生法则等方式对很难求得原函数的问题进行积分求解，通过该方法避免了求解复杂的原函数问题，同时使用较少的点即可获得较高的精度。

（4）蒙特卡罗法：该方法基于随机模拟技术，对随机过程的问题进行原封不动的数值模拟。

焊接模拟通常基于以上几种理论对焊接热传导、热弹塑性应力等问题进行模拟，而合理地选择热源函数和计算焊接后应力等问题则需要设计人员选择合适的数学模型。

2. 焊接热传导的有限元理论基础

（1）焊接传热过程的基本形式

焊接过程是一个复杂的热力学问题，依据经典的传热学理论，可将焊接过程中热能传播分为热传导、热对流和热辐射三种基本形式。

热传导：不同温度的物体之间通过直接接触或者同一物体的不同区域存在温差时，热量从高温区域向低温区域转移的过程。对于热传导问题通常用 Fourier 定律进行描述：物体等温面上的热流密度和垂直于该处等温面的负温度梯度成正比，与热导率成正比。

热对流：流体中各部分温度不同，由流体介质相对运动实现热量传递的过程。仅由于温度差引起的密度差造成的对流称为自然对流；若依赖外力来保持这种运动则称为强制对流。该对流传热遵循 Newton 定律：与流动气体或者流动液体相接触的某一固体表面微元，其热流密度与对流换热系数成正比，与固体表面温度和气体、液体的温度差成正比。

热辐射：当物体的温度高于绝对零度时，物体能够通过电磁波向外放射辐射能，不同温度的物体之间，通过电磁波实现能量传递的过程称为热辐射。该辐射传热遵守 Stefan - Boltzman 定律：受热物体在单位面积，单位时间上辐射的热能与受热物体表面温度的四次方成正比。

加热固体表面的放热是依靠对流和辐射换热过程实现的，两种过程的物理本质各不相同，彼此之间完全独立，但其换热效果可以直接叠加，即为：全部放热的比热流量等同于对流和辐射换热比热流量的总和。

因而，在焊接数值模拟过程中，通常也将对流换热系数和热辐射环流系数进行统一处理。

（2）焊接导热微分方程

如图 3 - 1 所示，依据傅里叶定律可知，热流密度与其温度梯度成正比，即有：

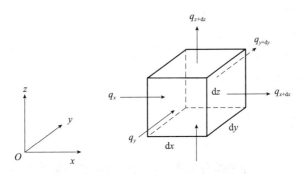

图 3 - 1　微元体导热简图

$$q_x = -k_x \frac{\partial T}{\partial x}, \quad q_y = -k_y \frac{\partial T}{\partial y}, \quad q_z = -k_z \frac{\partial T}{\partial z} \tag{3-1}$$

式中　q_x、q_y、q_z——x、y、z 方向上的热流密度；

k_x、k_y、k_z——x、y、z 方向上的导热系数。

在 dt 时间内沿 x 方向进入微元体内的热量即为：$q_x \mathrm{d}y\mathrm{d}z\mathrm{d}t$。

同时，在 $x+\mathrm{d}x$ 面流出微元体的热量即为：

$$(q_x + d_{qx})\mathrm{d}y\mathrm{d}z\mathrm{d}t \tag{3-2}$$

因此，微元体净流入热量则有：

$$q_x\mathrm{d}y\mathrm{d}z\mathrm{d}t - (q_x + d_{qx})\mathrm{d}y\mathrm{d}z\mathrm{d}t = -\frac{\partial q_z}{\partial z}\mathrm{d}x\mathrm{d}y\mathrm{d}z \tag{3-3}$$

同理可知，y，z 方向上微元体净流入热量为：

$$-\frac{\partial q_y}{\partial y}\mathrm{d}x\mathrm{d}y\mathrm{d}z\mathrm{d}t,\quad -\frac{\partial q_z}{\partial z}\mathrm{d}x\mathrm{d}y\mathrm{d}z\mathrm{d}t \tag{3-4}$$

同时，内热源在单位体积发出的热量为：

$$Q\mathrm{d}x\mathrm{d}y\mathrm{d}z\mathrm{d}t \tag{3-5}$$

当微元体温度升高后，其增加的内能为：

$$c\rho\frac{\partial T}{\partial n}\mathrm{d}x\mathrm{d}y\mathrm{d}z\mathrm{d}t \tag{3-6}$$

依据能量守恒定律，即有：

$$c\rho\frac{\mathrm{d}T}{\mathrm{d}t} = -\left(\frac{\partial q_x}{\partial x}+\frac{\partial q_y}{\partial y}+\frac{\partial q_z}{\partial z}\right)+\overline{Q} \tag{3-7}$$

将式(3-6)代入式(3-7)，即有：

$$c\rho\frac{\mathrm{d}T}{\mathrm{d}t} = \frac{\partial}{\partial x}\left(k_x\frac{\partial T}{\partial x}\right)+\frac{\partial}{\partial y}\left(k_y\frac{\partial T}{\partial y}\right)+\frac{\partial}{\partial z}\left(k_z\frac{\partial T}{\partial z}\right)+\overline{Q} \tag{3-8}$$

式中 k_x、k_y、k_z 分别为 x、y、z 方向上的导热系数，取 $k_x = k_y = k_z = k$，则有焊接热传导控制方程：

$$c\rho\frac{\mathrm{d}T}{\mathrm{d}t} = \frac{\partial}{\partial x}\left(k\frac{\partial T}{\partial x}\right)+\frac{\partial}{\partial y}\left(k\frac{\partial T}{\partial y}\right)+\frac{\partial}{\partial z}\left(k\frac{\partial T}{\partial z}\right)+\overline{Q} \tag{3-9}$$

式中 c——比热容；

ρ——材料密度；

k——材料的热传导系数；

T——温度场分布函数；

t——焊接传热时间；

Q——内热源强度；

x、y、z——坐标轴方向。

式(3-9)即为热传导的导热微分方程，代表各种导热现象的普遍规律，求解所需导热问题的解，必须确定热传导过程中的单值性条件，即几何条件、时间条件、热物性条件及边界条件的确定。

几何条件即为物体的尺寸和形状。热物性条件通常可分为两类：常热物性(热物性不随温度变化)、变热物性(热物性随温度变化)；时间条件指某一瞬时构件温度的分布；边界条件，即物体边界上的换热条件，通常包括以下三类边界条件：

第一类边界条件。已知构件边界上的温度值，即有：

$$T_s = T_s(x, y, z, t) \tag{3-10}$$

第二类边界条件。已知构件边界上各点热流密度分布，即有：

$$k\frac{\partial T}{\partial n} = q(x, y, z, t) \tag{3-11}$$

第三类边界条件。已知构件边界和附近介质之间的热交换，即有：

$$k\frac{\partial T}{\partial n} = \alpha(T_\alpha - T_0) \tag{3-12}$$

特殊情况：当构件与外界之间无热流交换时，即为绝热边界条件，即有：

$$\frac{\partial T}{\partial n} = 0 \tag{3-13}$$

式中　向量 n——边界外法线方向；

$\partial T/\partial n$——外法线导数；

α——表面换热系数；

T_α——周围介质温度。

3. 焊接数值模拟常用热源模型

焊接热过程是影响焊接质量和生产率的主要因素之一，因此焊接热过程的准确模拟，是准确进行焊接应力变形分析的前提。早期对于焊接热过程的解析，前人进行了大量的理论研究，提出了多种热源分布模型。

（1）集中热源：Rosenthai - Rykalin 公式。

该方法作为典型的解析方法，认为热源集中于一点，此方式仅对于研究区域远离热源时较为适用，同时此方法无法描述热源的分布规律，对于熔合区和热影响区影响较大。

（2）平面分布热源：高斯分布热源、双椭圆分布热源。

高斯热源分布假设焊接热源具有对称分布的特点，在低速焊接时，效果良好，焊接速度较高时，热源不再对称分布，误差较大。此方法适合于电弧强度较弱及电弧对熔池冲击较小的情况。高斯分布虽然给出了热源分布，但未考虑焊枪移动对热源分布的影响。实际上，由于焊缝加热和冷却的速度不同，因此电弧前方的加热区域比后方的加热区域小。

双椭圆分布热源是以内部体热源的形式施加到工件上的，模型中加入了深度方向上的参数 c，考虑了电弧热流沿板厚、方向分布以及焊接束流的挖掘与搅拌作用，能够反映出沿深度方向对焊件进行加热的特点。

（3）体积分布热源：半椭球分布热源、双椭球分布热源。

半椭球分布热源是指对于熔化的气体保护电弧焊或高能束流焊，焊接热源的热流密度不光作用在工件表面上，也沿工件厚度方向作用。此时，应将焊接热源作为体积的分布热源。考虑电弧热流沿工件厚度方向的分布，可以用椭球体模式来描述。实际上，由于电弧沿焊接方向运动，电弧热流是不对称分布的。由于焊接速度的影响，电弧前方的加热区域要比电弧后方得小；加热区域不是关于电弧中心线对称的单个的半椭球体，而是双半椭球体，并且电弧前、后的半椭球体形状也不相同。

双椭球分布热源通常用于热传导分析中的有限元模拟，用于计算三维空间中的温度场。它的输入参数包括热源位置、热源大小、材料热特性等，输出结果为模拟所得的温度场分布。具体来说，双椭球热源子程序通过将热源看作两个相交的椭球来建立热源模型，其中一个椭球代表实际的热源，另一个椭球则用于平滑热源的边界。

4. 焊接变形模拟常用方法

由焊接产生的动态应力应变过程及其随后出现的残余应力和残余变形，是导致焊接裂纹和接头强度与性能下降的重要因素，因此针对焊接变形与残余应力的计算发展出了以下几种理论。

（1）解析法：一维残余塑变解析法。

该方法以焊接变形理论为基础，确定焊接接头收缩的纵向塑变与焊接工艺参数、焊接条件的关系，需要大量经验积累，此方法对规则等截面的梁型结构，较为适用。

（2）固有应变法：固有应变可以看作残余应力的产生源。

焊接时的固有应变包括塑性应变、温度应变和相变应变。焊接构件经过一次焊接热循环后，温度应变为零，固有应变就是塑性应变和相变应变残余量之和。焊接时，固有应变存在于焊缝及其附近，因此了解固有应变的分布规律就能仅用一次弹性有限元计算来预测残余应力大小及结构变形。但此方法同样着重于焊后结构的变形，属于近似方法，未考虑整个焊接传热过程。

（3）热弹塑性有限元法：记录焊接传热过程，描述动态过程的应力和变形。

热弹塑性有限元法首先进行焊接热过程分析，得到焊接结构瞬态温度场，再以此为结果，进行焊接应力和变形计算。由于该计算为非线性计算过程，因此计算量大，一般用来研究焊接结构的力学行为，而不用来进行大型复杂结构的整体研究。

三、实验设备

1. 实验设备

笔记本电脑 1 台、ABAQUS 软件。

2. ABAQUS 软件简介

ABAQUS 是功能强大的有限元软件，由于 ABAQUS 强大的分析能力和模拟复杂系统的可靠性，它在各国的工业和研究中得到广泛应用，在大量的高科技产品开发中发挥着巨大的作用。其具有复杂的固体力学、结构力学系统，特别是能够驾驭非常庞大且复杂的问题和模拟高度非线性问题。模拟典型工程材料的性能，其中包括金属、橡胶、高分子材料、复合材料、钢筋混凝土、可压缩超弹性泡沫材料以及土壤和岩石等地质材料。除此之外，其还能解决其他工程问题，如热传导、质量扩散、热电耦合分析、声学分析、岩土力学分析（流体渗透/应力耦合分析）及压电介质分析等。

四、实验内容与步骤

1. 模拟实验步骤

（1）利用软件调整实验参数单位，并创建项目文件。

常用单位可设置为：m、N、kg、s、Pa、J、kg/m³ 等。

（2）根据零件图要求绘制三维模型。

（3）对三维模型进行网格划分。

1）创建焊缝元素和母材元素。先利用拆分面，绘制焊缝的轨迹；然后拆分集合元素，对焊缝轨迹进行扫掠。

2）定义焊缝、母材、焊缝和母材的集，并在三维建模的实体中选择其相应的几何元素。

3）划分网格，利用网格控制属性，依次选择左侧板、焊缝、右侧板并沿深度方向进行扫掠。

4）为边部种，按数量或尺寸为实体方向、焊接轨迹方向部种。

5）将焊缝和母材的单元类型指派为温度—位移耦合，为焊缝和母材依次划分网格，并进行简缩积分。

（4）编辑生死单元。根据焊接尺寸和焊接形式，设计生死单元程序。若为平板对接焊接，其焊接循环次数为5，每次焊接进给距离为2mm，则生死单元程序为：

$p = mdb. models['Model-1]. parts[Part-1]$

$e = p. elements$

$elements = e[0：26*5]$

$p. Set(elements = elements, name = Set-1)$

for i in range(9)：

$p = mdb. models[Model-1]. parts[Part-1]$

$e = p. elements$

$elements = e[26*5*(i+1)：26*(i+2)*5]$

$set = 'Set-' + str(i+2)$

$p. Set(elements = elements, name = set)$

（5）设置材料属性。将密度、弹性、塑性、膨胀、传导率、比热都设置为使用与温度相关的数据，如图3-2所示。创建截面，将材料属性赋予相应的模型，完成材料创建。

导热系数	温度	密度	温度	热膨胀系数	温度	杨氏模量	泊松比	温度	屈服强度	温度	比热	温度
50	20	7850	20	1.10E-05	20	2.05E+11	0.28	20	3.45E+08	20	460	20
49	100	7850	100	1.05E-05	100	1.97E+11	0.28	100	3.10E+08	100	465	100
47	250	7850	250	1.22E-05	250	1.87E+11	0.29	250	2.75E+08	250	480	250
40	500	7850	500	1.39E-05	500	1.50E+11	0.31	500	2.40E+08	500	575	500
27	750	7850	750	1.48E-05	750	7.00E+10	0.35	750	4.00E+07	750	625	750
30	1000	7850	1000	1.35E-05	1000	2.00E+10	0.40	1000	2.00E+07	1000	675	1000
35	1500	7850	1500	1.33E-05	1500	1.00E+08	0.45	1500	1.00E+06	1500	650	1500
145	2000	7859	2000	1.31E-05	2000	1.00E+06	0.48	2000	1.00E+06	2000	820	2000

图3-2 Q345qD 材料与温度相关的部分数据

（6）进行装配。导入模型，设置原点为焊缝中点处，x 轴为焊缝方向，z 轴为宽度方向，y 轴为厚度方向。

（7）建立分析步：

1）建立温度—位移耦合的分析步，设置时间、最大增量步数和每步载荷允许的最大温度改变值。

2）根据设置数据编辑生死单元的分析步程序。若打开几何非线性，时间为 $1e^{-10}$s，最大增量步数为 10000，每步载荷允许的最大温度改变值为 2000℃，则分析步程序为：

for i in range(50)：

    step0 = ' Step – ' + str(i)

    step1 = ' Step – ' + str(i + 1)

    mdb. models['Model – 1]. CoupledTempDisplacementStep(name = step1，previous = step0，timePeriod = 2. 4，maxNumlnc = 10000initiallnc = 0. 001，minInc = 1e – 07，maxlnc = 2，deltmx = 2000. 0)

3）插入温度—位移耦合冷却步（在分析步后），设置时间、初始增量步、最大增量步、最小增量步和每步载荷允许的最大温度改变值。

4）利用输出管理器，取消不需要的作用力和反作用力、接触等物理性质。

5）利用相互作用模块，在焊接开始前创建相互作用，将焊缝杀死。

6）建立重激活相互作用程序，并把其导入相互作用管理器。重激活相互作用程序为：

from abaqus import ＊

from abaqusConstants import ＊

from caeModules import ＊

for i in range(10)：

    a = mdb. models[' Model – 1]. rootAssembly

    set = ' Set – ' + str(i + 1)

    region = a. instances[Part – 1 – 1]. sets[set]

    int = ' Int – ' + str(i + 1)

    step = ' Step – ' + str(i + 1)

    mdb. models[' Model – 1]. ModelChange(name = int，createStepName = step，

    region = region，regionType = ELEMENTS，activelnStep = True，includeStrain = False)

7）在第一次焊接循环开始时插入表面热交换条件，选择三维实体，设置膜层散热系数及环境温度。

8）在第一次焊接循环开始时插入表面辐射条件，设置发射率和环境温度。

（8）创建载荷。利用载荷管理器，在焊接刚开始时设置通量形式，并定义其分布方式和大小，最后关闭冷却步的热源激活。

(9)设置边界条件。在初始步选择位移转角，从实体中选择两侧的面，并将其固定住，如图3-3所示。

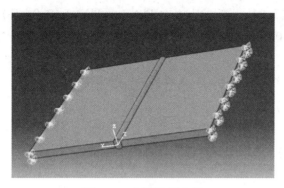

图3-3　设置边界条件

(10)定义温度场。针对所有的集创建一个温度场，根据温度场形式和环境温度编辑温度场程序。若温度场为双椭球热源，环境温度20℃，则热源程序为：

SUBROUTINE DFLUX（FLUX，SOL，KSTEP，KINC，TIME，NOELNPT，COORDSJLTYP，TEMP，PRESSSNAME）

INCLUDE 'ABA' PARAM，INC

DIMENSION COORDS（3），FLUX（2），TIME（2）

CHARACTER * 80 SNAME

x = COORDS（1）

y = COORDS（2）

z = COORDS（3）

wu = 18. 0

wi = 80. 0

effi = 0. 8

V = 0. 005

g = wu * wi * effi

d = V * TIME（2）

a = 0. 003

b = 0. 003

c = 0. 003

aa = 0. 006

f1 = 1. 0

Pl　 = 3. 1415926

x0 = 0

y0 - 0

$z0 = 0$

$heat1 = 6.0 * sqrt(3.0) * q/(aa * b * c * PI * sqrt(Pl)) * f1$

$heat2 = 6.0 * sqrt(3.0) * q/(a * b * c * Pl * sqrt(Pl)) * (2.0 - f1)$

$shape1 = exp(-3.0 * (x - xrd) * *2/aa * *2 - 3.0 * (y - y0) * *2/b * *2 - 3.0 * (Z - z0) * *2/c * *2)$

$shape2 = exp(-3.0 * (x - x0 - d) * *2/a * *2 - 3.0 * (y - y0) * *2/b * *2 - 3.0 * (z - z0) * *2/c * *2)$

JLTYP = 1

IF(x. GE. (x0 + d)) THENFLUX(1) = heat1 * shape1

ELSE

FLUX(1) = heat2 * shape2ENDIF

RETURN

END

(11)进入作业。打开作业管理器,进行模拟,焊接模拟过程如图3-4所示。

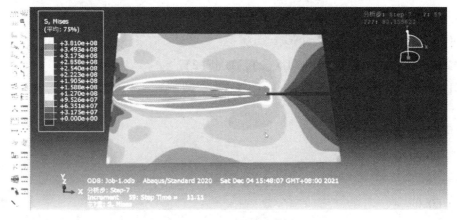

图3-4　焊接模拟过程

2. 实验内容

图3-5　平板焊接

实验一:平板焊接(见图3-5)。

已知:两块相同材质相同大小的 Q235 钢板,其大小为:长 0.1m、宽 0.05m、厚 0.004m。现要将两块板的两块金属板焊接在一起,确保两块板之间的焊缝为 4mm,焊缝余沟为 1mm。

要求:结合所学知识对平板焊接的温度场和热力场进行分析,设计出实验步骤;利用 ABAQUS 软件完成三维建模、单元划分、编辑生死单元、创建分析步、定义温度场等步骤，合理设置平板焊接的实验条件对平板焊接进行模拟。

实验二：圆柱焊接(见图 3 - 6)。

若将平板进行加工处理后得到一段圆柱形管道，但是在实际应用时发现，该段管道长度不够，需要利用焊接进行二次加工以延长管道长度。

已知：该管道的外径为 0.35m、内径为 0.34m、厚度为 4mm，若将同材质的两节管道进行焊接，两者之间的焊接距离为 5mm，焊缝为 1mm。

要求：结合所学知识对圆柱焊接的温度场和热力场进行分析，设计出实验步骤；利用 ABAQUS 软件完成圆柱焊接的三维建模、

图 3 - 6　圆柱径焊

单元划分、编辑生死单元程序、创建分析步、定义温度场等步骤，合理设置实验条件，对圆柱焊接进行模拟。

实验三：圆柱面螺纹路径焊接(见图 3 - 7)。

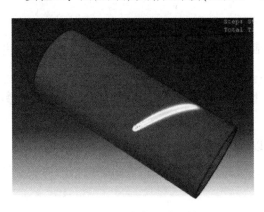

图 3 - 7　圆柱螺纹路径焊

由于频繁的工作，圆柱形管道在实际应用中出现了腐蚀，检查发现管道上出现了螺纹状裂缝，为保证正常使用，可以利用焊接技术进行修复。

已知：裂缝长度 0.08m、圆柱外径 0.35m、内径 0.34m、板材厚 4mm、焊缝为 1mm。

要求：结合所学知识对圆柱面螺纹路径焊接的温度场和热力场进行分析，设计出实验步骤；利用 ABAQUS 软件完成圆柱面螺纹

路径焊接的三维建模、单元划分、编辑生死单元程序、创建分析步、定义温度场等步骤，合理设置实验条件，对圆柱面螺纹路径焊接进行模拟。

五、实验报告要求

(1)实验前要求做好预习，熟悉实验目的、具体实验内容、实验原理及实验步骤，并事先对所使用软件有一定的了解等准备工作。

(2)实验报告内容应包括：

1)实验名称；

2）实验目的；

3）实验内容与实验步骤，包括实验内容、原理分析及具体实验步骤；

4）实验设备及材料，包括实验所使用的软件；

5）实验结果，包括实验数据的处理与分析方法，填写实验结果记录表，绘制实验曲线等；

6）回答思考与讨论题目，总结实验的心得体会等内容。

（3）实验报告书写在专用实验报告纸上，要求字体规范得体，绘图要用直尺等绘图工具，报告整洁美观。

六、思考题

（1）传统焊接有什么局限性，焊接模拟的优势是什么？

（2）焊接模拟常用的分布热源类型有哪些？

（3）用一句话概括焊接模拟的实验原理。

第四节　热处理仿真实验

一、实验目的

（1）理解热处理工艺的基本原理，使实验者深入理解热处理工艺的基本原理。学习并掌握热处理工艺中各个阶段的设计和控制要点。

（2）研究热传递过程的影响，具体包括以下三个方面：不同介质的选择、热传递系数的调整、辐射传热的模拟。

（3）模拟不同温度条件下的热处理过程，以深入了解温度对材料性能的影响。

（4）分析热处理过程中的相变与组织演变，研究相变行为模拟、组织结构的演变、硬度和强度的变化。

（5）评估热处理工艺对材料性能的影响，进行力学性能的定量分析、微观结构与性能关联、工艺参数的优化建议。

二、实验原理

1. 热传递与介质设置

热传递是热处理过程中一个关键的物理现象，它直接影响材料的温度分布和相变行为。在 Deform – 3D 软件中，通过设置不同介质的热传递系数，可以模拟材料在不同环境中的热传递过程。热传递系数表示材料与周围介质之间的热交换强度，该值的变化直接影响材料的升温速率、冷却速率以及最终的组织结构和性能。

通过添加不同介质，如空气、油、加热炉等，可以模拟真实工业热处理过程中不同的工艺条件。每种介质都有特定的热传递系数，而 Deform – 3D 软件允许用户对这些系数进行精细的调整。改变介质的热传递系数不仅可以模拟不同冷却速率下材料的相变行为，还能研究不同环境中热处理过程的差异。

2. 热处理过程的定义

Deform – 3D 软件通过用户定义的热处理过程，模拟了材料在升温、保温、冷却等阶段的行为。这一步骤的核心在于准确定义每个阶段的温度、持续时间，以及介质的选择，以模拟真实的工业热处理工艺。通过这一系列的定义，Deform – 3D 软件能够模拟整个热处理过程，允许用户深入研究不同阶段对材料性能的影响。温度和时间的设定直接影响相变行为、晶体结构的演变和最终的力学性能。

3. 相变与组织演变

在 Deform – 3D 软件中，相变与组织演变是模拟热处理过程中至关重要的因素。这一步骤主要涉及材料的微观结构变化，包括奥氏体、珠光体、马氏体、贝氏体等的形成和变化。

4. 热传递系数的变化

在 Deform – 3D 软件中，热传递系数是模拟热处理过程中的关键参数之一。热传递系数表示材料与周围介质之间的热交换强度，对于模拟不同介质中的热处理过程具有重要作用。

5. 温度变化对热传递系数的影响

在 Deform – 3D 软件中，温度变化对热传递系数的定义是模拟热处理过程中的关键步骤之一。这一步骤使得用户能够考虑温度对热传递行为的影响，进一步提高了仿真模型的精确性。通过这一步骤，Deform – 3D 软件为实验者提供了一个精细调控热传递参数的手段，有助于更全面地理解温度变化对材料性能的影响。这也使得模拟结果更具有实际工程应用的可靠性。

三、实验内容与步骤

目前 Deform – 3D 软件的材料库只带有 45 钢、15NiCr13 和 GCr15 三种材料模型，而且受到相变模型的局限，因此只能做淬火和渗碳淬火分析，更多分析需要进行二次开发。

以 45 钢热处理淬火工艺的模拟过程为例，通过应用 Deform – 3D 热处理模块，了解热处理工艺过程有限元模拟的基本方法与步骤。

1. 问题设置

单击"文档"(File)或"新问题"(New problem)，创建新问题。在弹出的图框中，选择"热处理导向"(heat treatment wizard)选项，见图 4 – 1。

2. 初始化设置

完成问题设置后，进入前处理设置界面。首先修改公英制，将默认的英制（English）修改成公制（SI），同时选中"形变"（Deformation）、"扩散"（Diffusion）和"相变"（Phase transformation），见图 4 – 2。

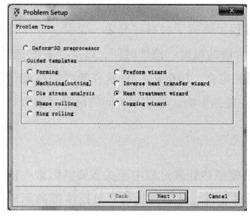

图 4 – 1 设置新问题

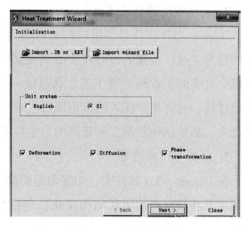

图 4 – 2 初始化设置

3. 输入几何体

在工件几何体输入对话框内，选择从数据库或关键文件夹（Import from a geometry，Key or DB file）中输入，见图 4 – 3。输入的文件必须是 STL 格式的，见图 4 – 4。

图 4 – 3 输入几何体

图 4 – 4 选择几何体文件

4. 网格划分

工件输入后，可以进行网格划分。这里取网格数 8000；在表面网格结构（Structured surface mesh）中，层的数量取 1；层厚度（Layer thickness）为 0.005；厚度模式（Thickness mode）取与外形尺寸成比例（Ratio to overall dimension），见图 4 – 5。

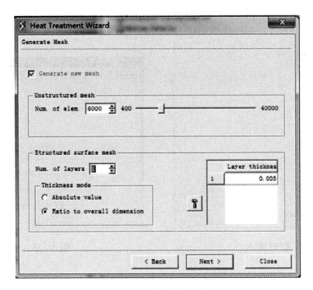

图 4 - 5 网格划分

其实层厚度是默认好的，单击 🔧 图标，就会显示默认的数据，然后单击"OK"按钮，完成设置，见图 4 - 6。网格生成后的工件三维图形见图 4 - 7。

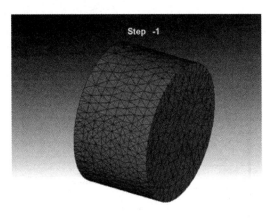

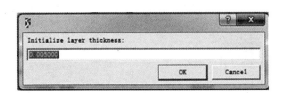

图 4 - 6 层厚度设置

图 4 - 7 网格生成后的工件三维图形

5. 材料设置

（1）选择从数据库或关键文件夹（Import from. DB or. KEY files）中输入，见图 4 - 8。由于数据库和关键文件夹尚未建立，因此在选择从数据库或关键文件夹选项后，不要直接单击"下一步"按钮，而是单击"高级"（Advanced）按钮，弹出"材料设置"对话框，见图 4 - 9。

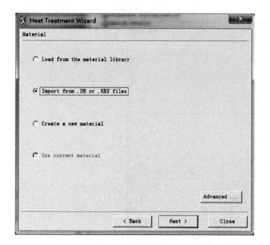

图4-8 材料输入

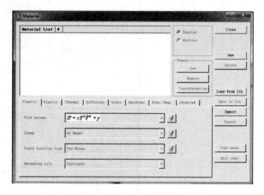

图4-9 材料设置

（2）在"材料设置"对话框中，单击从材料库中加载（Load from lib.），并在弹出的对话框中选择"Steel"，"AISI-1045_ Heat Treatment"，类似国产45钢，并加载，见图4-10。加载后，材料列表中会显示材料型号以及相变名称，这里显示的是45号钢及奥氏体、珠光体和马氏体，见图4-11。

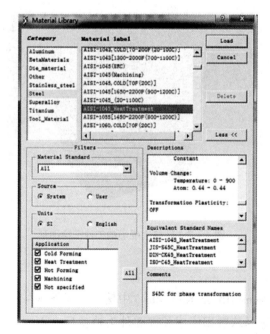

图4-10 选择钢号

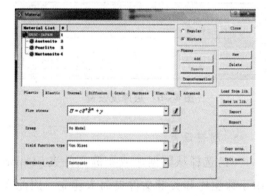

图4-11 加载后的材料列表

（3）输出材料保存到关键文件夹。单击"输出"（Export）按钮，在关键文件夹中选择材料并保存，见图4-12。

（4）打开保存到关键文档中的材料并加载，完成材料的设置，见图4-13。

图4-12　保存到关键文件夹

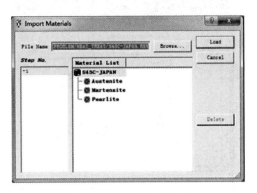

图4-13　完成材料设置

6. 工件初始化设置

在工件初始化对话框中，将温度（Temperature）、原子（Atom）、相体积分数（Phase volume fraction）均选择为均匀（Uniform）。并将温度设置为"20"；原子为"0.44"；将马氏体（Martensite）的体积分数设置为"1"，见图4-14。

原子百分比设置，这里的数值代表含碳量。可以从材料性能表中的描述（Description）一栏中查到，见图4-10。

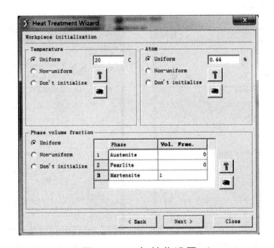

图4-14　初始化设置

7. 介质的详细设置

介质设置的界面见图4-15，这里的介质主要有加热炉和水。

（1）加热炉设置

单击"加号"按钮，在弹入的对话框中用英语填写"Heating Furnace"，然后单击"OK"按钮完成设置，见图4-16。

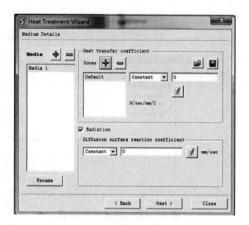

图 4 - 15　介质设置界面

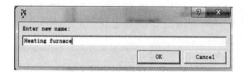

图 4 - 16　加热炉设置

（2）加热炉参数设置

单击"减号"按钮，去掉"Media 1"，将热传递系数（Heat transfer coefficient）改为 0.1，选中辐射"Radiation"，见图 4 - 17。

（3）添加介质水

单击"加号"按钮，在弹出的图框中输入"Water"，将默认的热传递系数修改为"7"，取消选择辐射，见图 4 - 18。

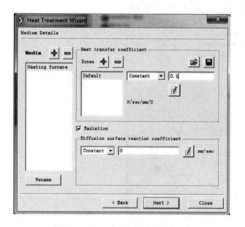

图 4 - 17　加热炉参数设置

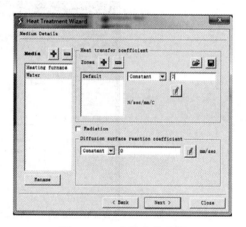

图 4 - 18　介质水的设置

（4）添加区域 1（Zone1）

在区域设置栏中，单击"添加"按钮，会自动生成"Zone1"，见图 4 - 19。

（5）写入对流系数

在常数（Constant）项的下拉菜单中，选择与温度关联"f(Temp.)"，见图 4 - 20。写入对流系数（Convection coefficient），见图 4 - 21。

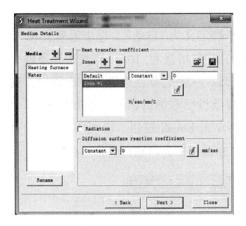

图 4 –19　添加区域 1

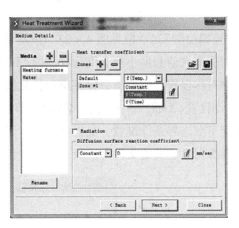

图 4 –20　选择 f(Temp)

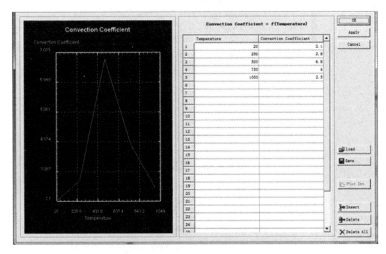

图 4 –21　温度与对流系数设置

8. 工艺程序设置

工艺程序设置包括：持续加热(冷却)时间、介质、温度等参数设置。这里设置了三个阶段，分别为预热阶段、升温阶段和冷却淬火阶段，其中预热和升温介质为加热炉(Heating furnace)，冷却淬火介质为水(Water)。

(1)预热阶段：温度为 550℃，持续加热时间 1800s；

(2)升温阶段：温度为 900℃，持续加热时间 7200s；

(3)冷却阶段：温度为 20℃，持续冷却时间 600s。

同时在开始操作(Start operation)栏目中，选择"2"，见图 4 –22。

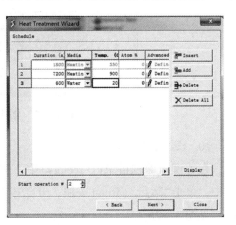

图 4 –22　工艺程序设置

9. 模拟控制设置

"模拟控制"对话框见图 4 – 23。按默认的步数定义为"自动",每步温度变化为"5",每步时间最大值和最小值分别为"0.001"和"10",步数增量为"10"。附加边界条件中由于未考虑对称设置,因此栏目保存空白,见图 4 – 23。在固定节点边界条件设置中,选择点击"自动设置(Auto)",这时会出现固定节点边界条件已添加的回答,单击"OK"按钮,完成固定节点边界条件设置,见图 4 – 24。然后再单击 Finish 按钮,出现图 4 – 25 的回答,大意是数据库、关键文件等已成功创建,请退出并返回主窗口进行模拟运行。

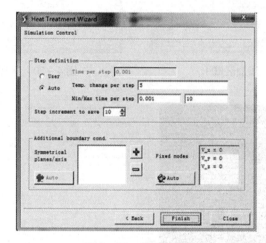

图 4 – 23　模拟控制

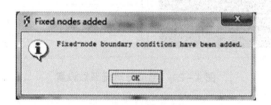

图 4 – 24　固定节点边界条件已经添加提示

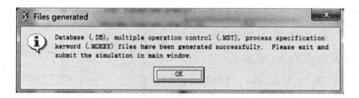

图 4 – 25　创建数据库文件已经成功提示

10. 模拟和后处理

在主窗口课题目录(Directory)中,选择需要模拟的文件,然后在模拟器(Simulator)栏目中,单击"运行"(Run)按钮,开始模拟。模拟进行状况可以从信息(Message)窗口观察到,见图 4 – 26。

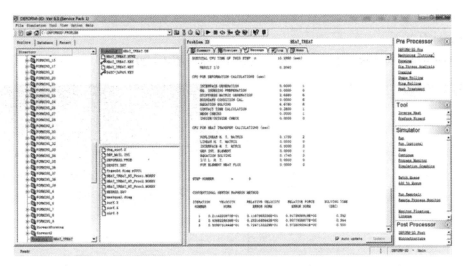

图4-26　模拟运行

模拟达到指定的步数或时间后模拟停止，这时单击"退出"图标，退出模拟。再次打开主窗口，在目录栏中选中课题，然后在后处理器中单击"Deform-3d Post"进入后处理窗口。

热处理模拟的后处理窗口应包括以下内容：

(1)图形显示窗口；

(2)步数选择和动画播放器；

(3)图形状态选择按钮；

(4)图形位置控制按钮；

(5)状态变量选择与分析按钮。

热处理模拟的后处理分析如下：

(1)加热和冷却过程动画播放

为了播放加热和冷却过程的动画，应先在状态变量选择菜单内，选择温度(Temperature)，然后再单击播放器，在显示窗口观察加热和冷却的变化过程，见图4-27。

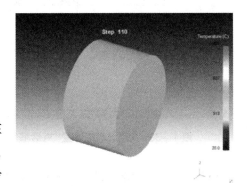

图4-27　加热和冷却过程模拟

(2)加热和冷却温度分布均匀度分析

1)剖切零件

为了分析温度分布均匀度，需要将工件剖切。可以应用剖切(Slicing)分析工具，将对话框中的模式选为"1Point+Normal"，在输入栏内，将P行的X坐标值修改成"1"，单击"OK"按钮完成零件的剖切。

如果要尽可能在圆柱体的中心位置进行剖切，就需要进行中心点的坐标计算。默认的P点的Y、Z轴的坐标为"0"，因此只要计算X轴的坐标点即可。一种方法采用拉动图标下方的滑标，大致放在中间位置即可。要精确定位，需要通过计算，可以根据滑尺两端的数字相加后除2。

本例计算如下：

$(-35.934+16.054)/2 = -9.94$，见图4-28、图4-29。

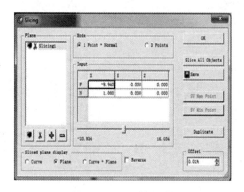

图4-28　剖切设置

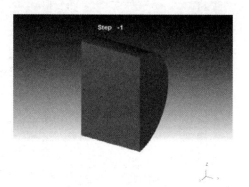

图4-29　剖切后的零件

2）定点跟踪设置

单击"定点跟踪分析"（Point Tracking）按钮，弹出"定点跟踪设置"对话框，见图4-30。沿工件剖面的对角线选择几个点，如图4-31的P1、P2、P3。

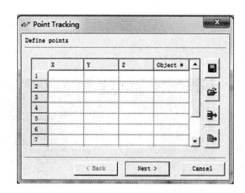

图4-30　"定点跟踪设置"对话框

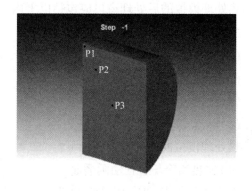

图4-31　选择跟踪点

这时，在"定点跟踪设置"对话框中自动出现点的坐标位置，见图4-32。单击"Next"按钮和"Finish"按钮完成跟踪设置。

3）温度均匀度分析

在"状态变量"菜单中选择"温度"选项，在窗口即会显示温度的定点跟踪曲线，见图4-33。

从曲线中可以分析出，三个点的温度基本是一致的，这是由于工件尺寸较小，加热保温时间充足造成的。

图4-34所示为较大尺寸工件的定点跟踪曲线，三个点的温度明显产生差别。图4-35所示为较大工件的温度均匀度定点跟踪曲线。图4-36所示为较大尺寸工件冷却时，剖面上温度均匀度分布状况。

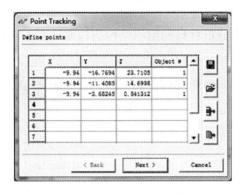

图 4-32　定点跟踪设置

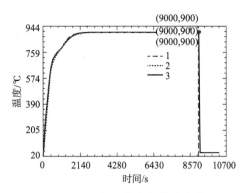

图 4-33　温度的定点跟踪曲线

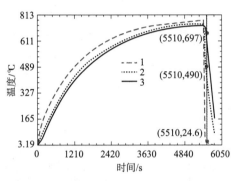

图 4-34　温度分布的定点跟踪

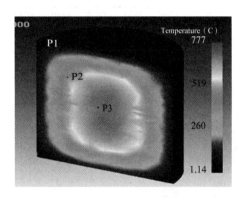

图 4-35　温度均匀度分析

（3）残余应力的定点跟踪分析

热处理淬火后会留有残余应力，严重的话，会造成零件变形。图 4-36 所示为等效残余应力定点跟踪分析曲线，最大残余应力位于零件表面。

（4）硬度的定点跟踪分析

图 4-37 所示为硬度的定点分析，由于工件尺寸小，温度均匀，因此硬度也比较均匀。图 4-38 所示为较大尺寸工件的硬度分析。硬度明显不一致，表面硬度较高，中心硬度最低。

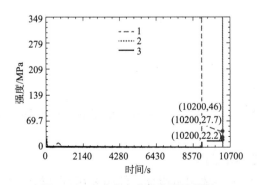

图 4-36　残余应力定点跟踪分析

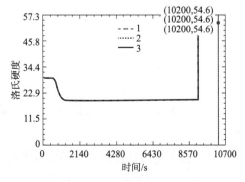

图 4-37　硬度的定点跟踪分析

（5）相的体积分数分析

相的体积分数分析即金相分析，可以进一步分析材料的组织结构的构成。图4-39~图4-41所示为较大零件相的体积分数分析结果。

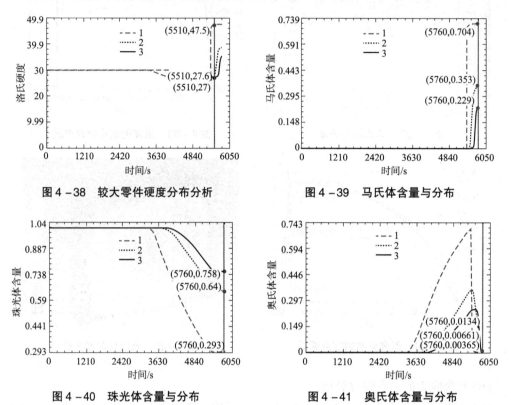

图4-38　较大零件硬度分布分析　　　　图4-39　马氏体含量与分布

图4-40　珠光体含量与分布　　　　　　图4-41　奥氏体含量与分布

四、实验报告要求

（1）实验前要求做好预习，熟悉实验目的、具体实验内容、实验原理及实验步骤，并事先对所使用的软件有一定的了解等准备工作。

（2）实验报告内容应包括：

1）实验名称；

2）实验目的；

3）实验内容与实验步骤，包括实验内容、原理分析及具体实验步骤；

4）实验设备及材料，包括实验所使用的软件；

5）实验结果，包括实验数据的处理与分析方法，填写实验结果记录表，绘制实验曲线等；

6）回答思考与讨论题目，总结实验的心得体会等内容。

（3）实验报告书写在专用实验报告纸上，要求字体规范得体，绘图要用直尺等绘图工具，报告整洁美观。

五、思考题

（1）在热处理仿真实验中，温度和时间是两个关键因素。讨论它们对实验结果的影响，以及如何控制这些因素以确保实验的准确性。

（2）在热处理仿真实验中，如何评估实验结果的可靠性？有哪些标准或准则可以用来评估实验的准确性？

（3）分析热处理过程中温度场的不均匀性对实验结果的影响。如何优化温度场分布以提高实验的准确性？

参考文献

[1]张锐. 现代材料分析方法[M]. 北京：化学工业出版社，2010.

[2]周玉，武高辉. 材料分析测试技术[M]. 2版. 哈尔滨：哈尔滨工业大学出版社，2021.

[3]《中国材料工程大典》编委会. 中国材料工程大典(第26卷)：材料表征与检测技术[M]. 北京：化学工业出版社，2008.

[4]张锐，范冰冰. 材料现代研究方法[M]. 北京：化学工业出版社，2022.

[5]邱平善，王桂芳，郭立伟. 材料近代分析测试方法实验指导[M]. 哈尔滨：哈尔滨工程大学出版社，2001.

[6]潘清林. 材料近代分析测试实验教程[M]. 北京：冶金工业出版社，2011.

[7]盖登宇，侯乐干，丁明惠. 材料科学与工程基础实验教程[M]. 哈尔滨：哈尔滨工程大学出版社，2012.

[8]吴润，刘静. 金属材料工程实践教学综合实验指导书[M]. 北京：冶金工业出版社，2008.

[9]葛利玲. 材料科学与工程基础实验教程[M]. 北京：机械工业出版社，2008.

[10]杨顺贞. 工程材料实践教程[M]. 北京：机械工业出版社，2011.

[11]李慧中. 机械工程材料实验教程[M]. 北京：中国水利水电出版社，2011.

[12]王运炎. 机械工程材料[M]. 3版. 北京：中国水利水电出版社，2019.

[13]王文先. 焊接结构[M]. 北京：化学工业出版社，2012.

[14]李喜孟. 无损检测[M]. 北京：机械工业出版社，2018.

[15]贺文雄. 焊接工艺及应用[M]. 北京：国防工业出版社，2010.

[16]刘春玲. 焊工实用手册[M]. 安徽：安徽科学技术出版社，2009.

[17]杨春利. 电弧焊基础[M]. 哈尔滨：哈尔滨工业大学出版社，2013.

[18]《熔模铸造手册》编委会. 熔模铸造手册[M]. 北京：机械工业出版社，2000.

[19]柳百成，荆涛. 铸造工程的模拟仿真与质量控制[M]. 北京：机械工业出版社，2001.

[20]傅建，彭必友，曹建国. 材料成型过程数值模拟[M]. 北京：化学工业出版社，2009.

[21]唐剑，王满德，刘静安，等. 铝合金熔炼与铸造技术[M]. 北京：冶金工业出版社，2009.